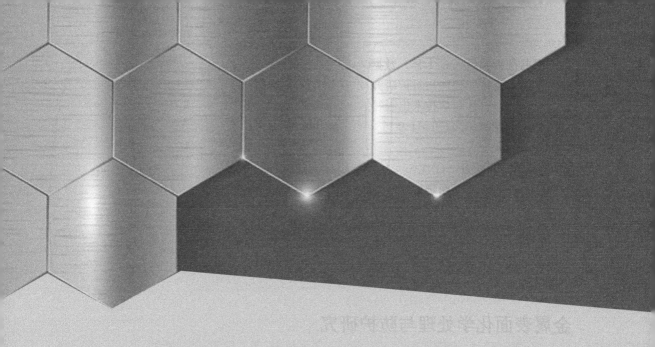

金属表面化学处理与防护研究

沈 培 刘利娟 著

吉林科学技术出版社

图书在版编目（CIP）数据

金属表面化学处理与防护研究 / 沈培，刘利娟著
. -- 长春 : 吉林科学技术出版社，2023.5
ISBN 978-7-5744-0464-9

Ⅰ. ①金… Ⅱ. ①沈… ②刘… Ⅲ. ①金属表面处理
—化学处理②金属表面防护 Ⅳ. ①TG17

中国国家版本馆 CIP 数据核字(2023)第 105642 号

金属表面化学处理与防护研究

著 沈 培 刘利娟
出版人 宛 霞
责任编辑 吕东伦
封面设计 南昌德昭文化传媒有限公司
制 版 南昌德昭文化传媒有限公司
幅面尺寸 185mm×260mm
开 本 16
字 数 320 千字
印 张 14.875
印 数 1-1500 册
版 次 2023 年 5 月第 1 版
印 次 2024 年 1 月第 1 次印刷

出 版 吉林科学技术出版社
发 行 吉林科学技术出版社
地 址 长春市南关区福祉大路 5788 号出版大厦 A 座
邮 编 130118
发行部电话/传真 0431—81629529 81629530 81629531
81629532 81629533 81629534
储运部电话 0431-86059116
编辑部电话 0431-81629510
印 刷 廊坊市印艺阁数字科技有限公司

书 号 ISBN 978-7-5744-0464-9
定 价 75.00 元

《金属表面化学处理与防护研究》编审会

沈　培　刘利娟　杨玉凤

王国星　万　敏　吕海鹏

陈向东　李雅洁　关晶晶

曹根旺　王林静　王永辉

前言 PREFACE

表面工程技术是一门由多学科交叉融合而形成的实用性较强的技术，它不仅涉及材料学，同时还涉及物理、化学、机械、电子和生物等诸多学科。近年来，随着科学技术的快速发展，许多传统的表面处理技术已经不适应新形势下工业发展的需要，这势必要对过去的一系列技术进行改进、复合和革新，因此表面工程技术领域的许多新工艺、新技术和新方法不断地涌现，并得到了极大创新和提高。且在日常科研过程中我们发现，表面处理技术在民用工程、军事武器装备等方面的应用日益广泛，地位越来越重要，作用越来越大。在一些相关学科，比如化工、环境保护、机械设计与制造、金属加工、材料腐蚀与防护等学科的教学、科研中经常涉及金属或非金属表面处理技术的知识。

随着我国社会经济的快速发展，使用者对各类金属制产品的外观装饰和保护提出了更高的要求，从节约资源和环保的角度考虑，金属材料的表面处理及防护也意义重大。但在进行表面处理的过程中，存在着许多需要解决的问题，一线的生产工作人员迫切需要一本系统全面、理论与实际相结合的金属表面处理书籍。

本书结合金属表面处理生产管理的最新知识和技术，特撰写了此书，书中首先论述了金属的性能、金属表面防护理论及金属表面的预处理，接下来重点研究了涂层技术、膜层处理、化学镀技术、堆焊技术、阳极氧化处理、缓蚀剂防腐技术以及性能检测技术，本书论述严谨，条理清晰，是一本值得学习研究的书籍。

本书写作过程中，参考了大量国内外著作及文献资料，在此谨向原作者表示崇高的敬意和衷心的感谢。

表面处理技术涉及内容丰富，限于写作人员水平及实际工作经验水平，书中难免存在错漏之处，恳请读者批评指正，多提宝贵意见。

目录 CONTENTS

第一章　金属的性能 1

第一节　静态力学性能 …… 1

第二节　动态力学性能 …… 8

第三节　高温力学性能 …… 11

第四节　理化工艺性能 …… 13

第二章　金属表面防护理论 18

第一节　金属表面防护概述 …… 18

第二节　金属表面结构 …… 25

第三节　表面防护层界面结合 …… 27

第四节　金属表面的吸附 …… 30

第五节　金属表面的润湿与腐蚀 …… 38

第三章　金属表面的预处理 43

第一节　机械清理 …… 43

第二节　碱洗除油 …… 46

第三节　溶剂清洗 …… 54

第四节　酸浸蚀除锈 …… 56

第五节　难镀材料的前处理 …… 63

第四章　金属表面涂层技术 67

第一节　涂料的概述 …… 67

第二节　涂装前处理技术 …… 75

第三节　涂装技术 …… 82

第五章　金属表面膜层处理技术 90

第一节　化学氧化技术 …… 90

第二节　磷化技术 …… 93

第三节　电刷镀技术 …… 103

第六章　金属表面化学镀技术　112

第一节　化学镀概述 …… 112
第二节　化学镀镍机制 …… 115
第三节　化学镀镍的溶液及其影响因素 …… 119
第四节　化学镀镍配方及工艺规范 …… 126
第五节　化学镀铜的技术 …… 134

第七章　金属表面阳极氧化处理技术　139

第一节　阳极氧化基本原理 …… 139
第二节　氧化工艺条件及影响因素 …… 146
第三节　氧化层的着色 …… 158
第四节　阳极氧化的应用 …… 162

第八章　金属表面缓蚀剂防腐技术　165

第一节　缓蚀剂防腐技术概述 …… 165
第二节　腐蚀监测技术 …… 171
第三节　酸洗缓蚀剂 …… 175
第四节　中性介质缓蚀剂 …… 178
第五节　气相缓蚀剂 …… 182

第九章　金属表面堆焊技术　187

第一节　堆焊技术概述 …… 187
第二节　堆焊材料的类型和选择 …… 190
第三节　堆焊方法 …… 194

第十章　金属表面性能检测技术　205

第一节　外观检测 …… 205
第二节　耐腐蚀性与耐磨性 …… 210
第三节　结合力与老化性能 …… 221

参考文献　228

第一章　金属的性能

第一节　静态力学性能

一、强度

材料在载荷作用下，抵抗变形和破坏的能力称为强度。由于载荷有拉伸、压缩、弯曲、剪切、扭转等不同形式，相应的强度也分为抗拉强度 σ_b、抗压强度 σ_{bc}、抗弯强度 σ_{bb}、抗剪强度 τ_b 和抗扭强度 τ_t 等。通常用金属的抗拉强度来表示金属的强度。

材料的抗拉强度是通过拉力试验测定的。进行拉力试验时，将制成一定形状的金属试样装在拉伸试验机上，然后逐渐增大拉力，直到将试样拉断为止。试样在外力作用下，开始只产生弹性变形；当拉力增大到一定程度时，就产生塑性变形；拉力继续增大，最终试样会被拉断。

试验前，将被测的金属材料制成一定形状和尺寸的标准试样。拉伸试样的形状一般有圆形和矩形两类，常用的试样截面为圆形。d_0 是试样的直径（mm），L_0 为标距长度（mm）。根据标距长度与直径之间的关系，试样可分为长试样（$L_0 = 10d_0$）和短试样（$L_0 = 5d_0$）。

在试验过程中，把外加载荷与试样的相应变形量画在以载荷 F 为纵坐标、变形量 ΔL 为横坐标的图形上，就得到了力 - 伸长曲线，或称拉伸曲线。

低碳钢的力 - 伸长曲线有以下几个变形阶段：

oe——弹性变形阶段。试样在载荷作用下均匀伸长，伸长量与所加载荷成正比关系，试样发生的变形完全是弹性的，卸载后试样即恢复原状，没有残余变形。F_e 为能恢复原始形状和尺寸的最大拉伸力。

os——屈服阶段。当载荷超过 F_e 时，试样除产生弹性变形外，开始出现塑性变形。若卸载的话，试样伸长只能部分地恢复而保留一部分残余变形。当载荷增加到 F_e 时，图上出现水平线段（或锯齿状），即表示载荷不增加，变形继续增加，这种现象称为

屈服。S 点叫屈服点，F_e 时称为屈服载荷。屈服后，材料将残留较大的塑性变形。

sb——强化阶段。在屈服阶段以后，欲使试样继续伸长，必须不断加载。随着塑性变形增大，试样变形抗力也逐渐增加，这种现象称为形变强化（或加工硬化），F_b 为试样拉伸试验时的最大载荷。

bz——颈缩阶段。当载荷增加到最大达 F_b 时，变形显著地集中在材料最薄弱的部分，试样出现局部直径变细，称为“颈缩”，由于试样断面缩小，载荷也就逐渐降低，当达到 z 点时，试样就在颈缩处拉断。

金属材料的强度指标根据其变形特点分为三种。

（一）弹性极限

材料能保持弹性变形的最大应力，用符号 σ_e 表示。

$$\sigma_e = \frac{F_e}{S_0}$$

式中：σ_e——弹性极限（MPa）

F_e——弹性极限载荷（N）

S_0——试样原始横截面积（mm^2）

材料在弹性范围内，应力 σ（试样单位横截面上的拉力）与应变 ε（试样单位长度的伸长量）的比值 E 称为弹性模量，即 $E = \sigma / \varepsilon$。

材料弹性变形的能力称为刚度。弹性模量 E 相当于引起单位弹性变形时所需要的应力，金属材料的刚度常用它来衡量。弹性模量愈大，则表示在一定应力作用下能发生的弹性变形愈小，也就是材料的刚度愈大。

（二）屈服点（或称屈服极限）

试样在试验过程中，力不增加即保持恒定仍能继续伸长时的应力称为屈服点或屈服极限，用符号 σ_s 表示。

$$\sigma_s = \frac{F_s}{S_0}$$

式中：σ_s——屈服极限（MPa）

F_s——试样屈服时载荷（N）

S_0——试样原始横截面积（mm^2）

由于许多工程材料（如铸铁、高碳钢）没有明显的屈服现象，测定很困难。工程技术上规定：试样标距长产生 0.2% 塑性变形时对应的载荷 F 所产生的应力为屈服极限，称为“条件屈服极限”，用 $\sigma_{0.2}$ 示。

$$\sigma_{0.2}=\frac{F_{0.2}}{S_0}$$

式中：$F_{0.2}$——试样产生永久变形 0.2% 的载荷（N）

一般机械零件不是在破断时才造成失效，而是在产生少量塑性变形后，零件精度降低或与其他零件的相对配合受到影响而造成失效。所以，σ_s 和 $\sigma_{0.2}$ 成为零件设计时的主要依据，也是评定金属材料优劣的重要指标。例如：发动机气缸盖的螺栓受应力都不应高于 σ_s；否则，因螺栓变形将使气缸盖松动漏气。

（三）抗拉强度

材料在拉断前所能承受的最大应力称为抗拉强度，用符号 σ_b 表示。

$$\sigma_b=\frac{F_b}{S_0}$$

式中：σ_b——抗拉强度（MPa）

F_b——拉断试样的最大载荷（N）

S_0——试样原始横截面积（mm^2）

σ_b 越大，表示材料抵抗断裂的能力越大，即强度越高。

屈服强度和抗拉强度在设计机械和选择、评定金属材料时有重要意义，因为金属材料不能在超过其 σ_s 的条件下工作，否则会引起机件的塑性变形；更不能在超过其 σ_b 的条件下工作，否则会导致机件的破坏。

金属材料的强度，不仅与材料本身的内在因素（如化学成分、晶粒大小等）有关，还会受外界因素如温度、加载强度、热处理状态等的影响而有所变化。要控制和调整材料的强度，可通过细化晶粒、合金化或热处理方法来达到，以最大限度地发挥材料内部的潜力，延长其使用寿命。σ_s 愈大，材料抵抗断裂的能力就愈大。

二、塑性

材料在静载荷作用下，产生塑性变形而不破坏的能力称为塑性。塑性用伸长率和断面收缩率来表示。塑性指标也是由拉伸试验测得的。

（一）伸长率

试样拉断后，标距的伸长与原始标距长度的百分比称为伸长率，用符号 δ 表示。

$$\delta=\frac{\Delta L}{L_0}\times100\%=\frac{L_1-L_0}{L_0}\times100\%$$

式中：δ——伸长率（%）

L_1——试样拉断后的标距（mm）

L_0——试样的原始标距（mm）

若采用的拉伸试样标准不同，测得的伸长率也不相同，长短试样的伸长率分别用符号 δ_{10} 和 δ_5 表示，短试样的伸长率大于长试样的伸长率即 $\delta_5 > \delta_{10}$。习惯上，δ_{10} 也常写成 δ，但 δ_5 不能将右下角的“5”字省去。

通常 δ 小于 5% 的材料为脆性材料（用 δ 比较材料的塑性时，只能在相同规格的 δ 之间进行，即试棒应一样）。

（二）断面收缩率

试样拉断处的横截面积减小量与试样原来横截面积之比为断面收缩率，用符号 ψ 表示。

$$\psi = \frac{\Delta S}{S_0} \times 100\% = \frac{S_0 - S_1}{S_0} \times 100\%$$

式中：ψ——断面收缩率（%）

S_0——试样的原始横截面积（mm^2）

S_1——试样拉断处的横截面积（mm^2）

在实践中，没有发现断面收缩率的数值与试样的尺寸有多大的关系，材料的收缩率和断面收缩率数值越大表示材料的塑性越好。塑性好的金属可以发生大量塑性变形而不破坏，便于通过塑性变形加工成形状复杂的零件。例如，工业纯铁的 δ 可达 50%、ψ 达 80%，可以拉成细丝、轧薄板等。而铸铁的 δ 和 ψ 几乎为零，所以不能进行塑性变形加工。塑性好的材料，在受力过大时，由于首先产生塑性变形而不致发生突然断裂，因此比较安全。

必须指出，材料的塑性高与低与使用外力的大小无关，这可从 δ、ψ 的计算公式中得知。

三、硬度

工程材料表面上局部体积内抵抗其他更硬的物体压入其内的能力叫硬度。硬度是材料性能的一个综合的物理量，表示金属材料在一个小的体积范围内抵抗弹性变形、塑性变形或破断的能力。

硬度是材料的重要机械性能之一，测定硬度的方法有布氏硬度试验、洛氏硬度试验、维氏硬度试验等。

材料硬度的测定需要具备如下两个条件：

①压头，即一个标准物体用于压入被测材料的表面；

②载荷，即加在压头上的压力。

若压头相同、载荷也相同时，压痕越大或越深则表示被测材料的硬度越低。

硬度试验设备简单、操作方便迅速，硬度值可间接地反映工程材料的强度，又是非破坏性的试验，可做产品成品性能检验。因此它是热处理工件质量检验的主要指标，应用十分广泛。

（一）布氏硬度

1. 测试原理

用一定直径 D 的球体（钢球或硬质合金球），在规定载荷 F 的作用下，压入被测试的工程材料表面，保持一定时间后卸除载荷，材料表面便留下一个压痕，用球面压痕单位表面积上所承受的平均压力作为布氏硬度值，用符号 HBS（当用钢球压头时）或 HBW（当用硬质合金球时）来表示。

$$HBS(W)=\frac{F}{S}=\frac{F}{\pi Dh}=0.102\frac{2F}{\pi D\left(D-\sqrt{D^2-d^2}\right)}$$

式中：F——试验力（N）

D——球体直径（mm）

S——压痕球面积（mm^2）

h——压痕深度（mm）

d——压痕平均直径（mm）

从式中得知：当外载荷 F、压头球体直径 D 一定时，只有 d 是变数，布氏硬度值仅与压痕直径 d 的大小有关。d 越小，布氏硬度值越大，材料越硬；d 越大，布氏硬度值越小，硬度也越低，即材料越软。

在实际应用中，布氏硬度值既不标注单位，也不需要进行计算，而是用专用的刻度放大镜量出压痕直径 d，再根据压痕直径 d 和选定的压力 F 查布氏硬度表，从而得出相应的 HBS（收）值。

2. 试验规范的选择

当使用不同大小的载荷和不同直径的球体进行试验时，只要能满足 F/D^2 为一常数，那么对同一种金属材料当采用不同的 F、D 进行试验时，可保证得到相同的布氏硬度值。国标规定 F/D^2，的比值有 30、15、10、5、2.5、1.25、1，共七种比值。布氏硬度试验时，根据被测材料的种类、工件硬度范围和厚度的不同，选择相应的压头球体直径 D、试验力 F 及试验力保持时间如常用的压头球体直径 D 有 1、2、2.5、5 和 10mm 五种。试验力 F 为 9.80KN（1kgf）~ 29.42KN（3000kgf）。试验力保持时间：一般黑色金属为 10 ~ 15s；有色金属为 30s，布氏硬度值小于 35 时为 60s。

3. 布氏硬度的符号及表示方法

用淬火钢球压头测得的布氏硬度以 *HBS* 表示，用硬质合金球压头测得的布氏硬度以表示。*HBS* 用于 $HB < 450$ 的材料，*HBW* 用于 *HB* 在 450 ~ 650 的材料。

布氏硬度的表示方法规定为：符号 HBS 或曲中之前的数字为硬度值；符号后面按以下顺序用数字表示试验条件：①球体直径，②试验力，③试验力保持的时间（10 ~ 15s 不标注）。

4. 应用范围及特点

布氏硬度主要用于测定铸铁、有色金属及合金、各种退火及调质钢材的硬度，特别对于软金属，如铝、铅、锡等更为适宜。布氏硬度的特点如下：

①硬度值较精确，因为压痕直径大，能较真实地反映金属材料的平均性能，不会因组织不匀或表面略有不光洁而引起误差；

②可根据布氏硬度近似换算出金属的强度，因而工程上得到广泛应用；

③测量过程比较麻烦且压痕较大，不宜测量成品及薄件，只适合测量硬度不高的铸铁，有色金属、退火钢的半成品或毛坯；

④用钢球压头测量时，硬度值必须小于 450，用硬质合金球压头时，硬度值必须小于 650，否则球体本身会发生变形，致使测量结果不准确。

（二）洛氏硬度

洛氏硬度试验是目前工厂中应用最广的试验方法。与布氏硬度试验一样，洛氏硬度试验也是一种压入硬度试验。两者的不同之处在于，洛氏硬度不是测量压痕的面积，而是测量压痕的深度，以深度的大小来表示材料的硬度值。

1. 测试原理

在压头（金刚石圆锥体或钢球）上施加初始试验力（F_0=10kgf），使金属很好地和压头接触，压入深度为 h_0，再加主试验力 F_1 于压头，则总试验力 $F_0 + F_1$ 施于被测工件表面上，经规定保持时间卸去主载荷 F_1 后，测量其压入深度 h_1。用 h_1 与 h_0 之差 h 来计算洛氏硬度值。h 越大，表示材料硬度越低，实际测量时硬度可直接从洛氏硬度计表盘上读得。根据压头的种类和总载荷的大小，洛氏硬度常用的表示方式有 *HBA*、*HRB*、*HRC* 三种。显然，h 越大，金属的硬度越低；反之，则越高。考虑到数值越大，表示金属的硬度越高的习惯，故采用一个常数 K 减去 h 来表示硬度的高低，并用每 0.002mm 的压痕深度为一个硬度单位，由此获得的硬度值称为洛氏硬度值。

$$HR = \frac{k-h}{0.002}$$

式中：k—— 常数（用金刚石圆锥体作压头时 k=0.2mm，用淬火钢球作压头时 k=0.26mm）

h——压入金属表面塑性变形的深度（mm）

所有的洛氏硬度值都没有单位，在试验时一般由硬度计的指示器上直接读出。

2. 常用洛氏硬度标尺及适用范围

为了扩大硬度计测定硬度的范围，以便测定不同金属材料从软到硬的各种硬度值，常采用以不同的压头和总载荷组成不同的洛氏硬度标尺来测定不同硬度的金属材料。常用的洛氏硬度标尺有 *HRA*、*HRB*、*HRC* 三种，其中 HRC 的应用最广泛。三种洛氏硬度标尺的试验条件和适用范围见表 1-1。

表 1-1　常用洛氏硬度标尺的试验条件和适用范围

硬度标尺	压头类型	试验载荷（N）		硬度值有效范围	应用举例
		P_0	P_1		
HRC	120° 金刚石圆锥体	98	1373	20 ～ 67	一般淬火件
HRB	$\Phi''\frac{1}{10}$淬火钢球	98	883	25 ～ 100	软钢退火钢、铜合金
HRA	120° 金刚石圆锥体	98	490	60 ～ 85	硬质合金、表面淬火钢

应注意：各种不同标尺的洛氏硬度值不能直接进行比较，但可用实验测定的换算表相互比较。

3. 特点

①测量硬度的范围大，可测从很软到很硬的金属材料。

②测量过程简单迅速，能直接从刻度盘上读出硬度值。

③压痕较小，可测成品及薄的工件。

④精确度不如布氏硬度高，当材料内部组织和硬度不均匀时，硬度数据波动较大，结果不够准确。通常需要在不同部位测量数次，取其平均值代表金属材料的硬度。

（三）维氏硬度

上述两种硬度试验方法因载荷大和压痕深，所以不能用来测量很薄工件的硬度，而维氏硬度试验法可以解决这个问题。

1. 测试原理

维氏硬度试验原理基本上和布氏硬度试验相同，只是维氏硬度用的压头是相对面夹角为 136° 的正四棱锥体金刚石压头，负荷较小（常用的载荷 F 有 5、10、20、30、100 和 120kgf 几种）。

试验时，在规定载荷 F 作用下压入被测试的金属表面，保持一定时间后卸除载荷，然后再测量压痕投影的两对角线的平均长度 d，进而可以计算出压痕的表面积 S，最后求出压痕表面积上的平均压力，以此作为被测试金属的硬度值，称为维氏硬度，用符号 *HV* 表示。

$$HV = \frac{F}{S} = 0.1891\frac{F}{d^2}$$

式中：HV——维氏硬度

F——试验力（N）

d——压痕两对角线长度算术平均值（mm）

当所加载荷 F 选定，维氏硬度 HV 值只与压痕投影的两对角线的平均长度 d 有关，d 愈大，则 HV 值愈小；反之，HV 值愈大。

在实际工作中，维氏硬度值同布氏硬度值一样，不用计算，而是根据 d 的大小查表得所测的硬度值。

2. 特点及应用

维氏硬度可测定极软到极硬的各种材料。由于所加压力小、压入深度较浅，故可用于测量极薄零件表面硬化层及经化学热处理的表面层（如渗氮层）的硬度，但测量手续较繁。

用维氏硬度测量有如下特点：

①因压头 136° 锥角很浅不致压穿试件，故可测量硬度高而薄的试件。

②因压痕的面积较浅而大，试件硬度的高低在压坑对角线的长度上很敏感，故维氏硬度测量值比较精确。

③测定过程较麻烦并且压痕小，对试件表面质量要求较高。

各种硬度试验法测得的硬度值不能直接进行比较，必须通过专门的硬度换算成同一种硬度值后才能比较其大小。

硬度是检验毛坯、成品、热处理工件的重要性能指标，零件图中都注有零件的硬度要求。

如一般刀具、量具等要求 HRC=60 ~ 63，机器结构零件要求 HRC=24 ~ 45，弹簧零件要求 HRC=40 ~ 52，适宜切削加工的硬度 HRC=18 ~ 35。

第二节　动态力学性能

一、韧性

许多机器零件和工具在工作过程中，往往受到冲击载荷的作用，如加工零件的突然吃刀，冲床的冲头、制钉枪等。由于冲击载荷的加载速度高、作用时间短，它的破坏力比静载荷要大得多，故对承受冲击载荷的零件的性能要求高，仅具有高的强度和一定的硬度是不够的，还必须具有足够的抵抗冲击载荷的能力。

材料在冲击载荷作用下抵抗破坏的能力叫冲击韧性。冲击韧性通常是在冲击试验中测定的。

（一）冲击试样

为了使试验结果可以互相比较，试样必须采用标准试样。常用的试样类型有10×10×55mm 的 V 型缺口和 U 型缺口试样。

（二）冲击试验的原理及方法

冲击试验利用了能量守恒原理：试样被冲断过程中吸收的能量等于摆锤冲击试样前后的势能差。

①将标准规格的待测材料试件放置在冲击试验机的支座上，使试样缺口背向摆锤的冲击方向。

②将具有一定重力 G 的摆锤举起至一定高度 H_1。

③使摆锤自由落下，冲断试件，并向反向升起一定高度 H_2。

试样被冲断所吸收的能量即是摆锤冲击试样所做的功，称为冲击吸收功，用符号 A_k 表示。

$$A_k = GH_1 - GH_2 = G(H_1 - H_2)$$

式中：A_k—— 冲击吸收功（J）

G—— 摆锤的重力（N）

H_1—— 摆锤举起的高度（m）

H_2—— 冲断试样后，摆锤回升的高度（m）

实际上，冲击吸收功值可由冲击试验机的刻度盘直接读出，不需计算。

用冲击吸收功 A_k 除以试样缺口处的横截面积 S_0 即可得到材料的冲击韧性，用符号 a_k 表示，即

$$a_k = \frac{A_k}{S_0}$$

式中：a_k—— 冲击韧性（J/cm^2）

A_k—— 冲击吸收功（J）

S_0—— 试样缺口处横截面积（cm^2）

冲击韧性 a_k 值愈大，表明材料的韧性愈大。韧性大的金属，在冲击载荷作用下不易损坏。飞机上承受冲击和震动的机件，如起落架等，就需选择韧性较好的材料。

必须说明的是，使用不同类型的试样（U 型缺口或初 V 型缺口）进行试验时，其

冲击吸收功应分别称为 A_{ku} 或 A_{kv}，冲击韧性则标为 $_{aku}$ 和 a_{kv}。

我国东北的冬季时间长达 5 ~ 6 个月，挖掘机在 -35℃ ~ 50℃温度下工作，其斗柄、齿轮齿条、主轴、连接筒等零件以及推土机的转向离合器等经常发生低温断裂失效。这是由于冲击韧性随温度的降低而下降。应注意：低温条件下使用的钢材，碳素结构钢韧脆转变温度为 -20℃。

（三）小能量多次冲击试验

工程上许多承受冲击载荷的零件很少有因一次大能量冲击而被破坏的，而是要经过千百万次小能量多次冲击才发生断裂，如凿岩机风镐上的活塞、冲模的冲头等。它们的破坏是由于多次冲击损伤的积累，导致裂纹的产生与发展的结果，其破坏的形式与大能量一次冲击载荷下的破坏过程不同。

小能量多次冲击试验是在落锤式试验机上进行的，多次冲击抗力指标一般以某种冲击吸收功作用下，开始出现裂纹和最后断裂的冲击次数来表示的。

实践证明，金属材料受大能量的冲击载荷作用时，其冲击抗力主要取决于冲击韧度 A_k 的大小，而在小能量多次冲击条件下，其冲击抗力主要取决于材料的强度和塑性。只凭材料的强度大小或塑性高低不能说明韧性的优劣。材料的韧性较高说明材料兼有较高的强度和塑性，因而不易发生断裂。

冲击韧度一般只作为选材的参考，有不少机器零件，如冲床连杆、冲头、锻模、锤头、火车挂钩、汽车变速齿轮等，工作时还要承受冲击载荷的作用，如果仅用强度来计算，就不能保证这些零件工作时的安全可靠性，这就要考虑韧性。

二、疲劳强度

许多机械零件，如曲轴、齿轮、弹簧等，在工作过程中受到大小、方向随时间呈周期性变化的交变应力的作用。这些零件发生断裂时的应力远小于该材料的 σ_b，有的甚至低于 σ_s，这种现象称为疲劳或疲劳断裂。

疲劳破坏是机械零件失效的主要原因之一。据统计，有 80% 以上的机械零件失效属于疲劳破坏。疲劳断裂与静载荷作用下的断裂不同，无论是脆性材料还是韧性材料，疲劳断裂都是突然发生的，事先没有明显的塑性变形，很难事先观察到，因此具有很大的危险性。

（一）疲劳破坏的特点

①疲劳断裂时并没有明显的宏观塑性变形，断裂前没有预兆，而是突然破坏。

②引起疲劳断裂的应力很低，常常低于材料的屈服点。

③疲劳破坏的宏观断口由两部分组成，即疲劳裂纹的策源地及扩展区（光滑部分）

和最后断裂区（毛糙部分）。

（二）疲劳曲线和疲劳极限

疲劳曲线是指交变应力与循环次数的关系曲线。曲线表明，当承受的交变应力 σ 越大，断裂前应力循环的周次就越小。应力循环周次随承受的交变应力下降而增加，当交变应力低于某一值时，应力循环周次可达无限多次而不发生疲劳断裂。所谓疲劳极限是指金属材料在无限多次交变载荷作用下，而不致发生断裂的最大应力，又称为疲劳强度，用 σ_{-1} 表示。实际上，材料不可能作无限次交变载荷试验。对于黑色金属，一般规定应力循环 107 周次而不断裂的最大应力称为疲劳极限。有色金属、不锈钢等为 108 周次。

材料的疲劳强度值大小受许多因素的影响，如工作条件、表面质量状态、材料的本质以及内部残余内应力等。所以，降低零件表面的粗糙度，避免断面形状上出现应力集中，采取各种表面强化方法（表面喷丸、表面渗氮、表面淬火、表面冷轧等），使零件表面产生残余压应力，均可有效地提高零件的疲劳强度。

第三节 高温力学性能

很多机件是在高温下运转，如航空发动机、高压蒸汽锅炉、汽轮机、化工炼油设备等。“高温”或“低温”是相对该金属的熔点而言，常采用约比温度即 T/Tm（T 为试验或工作温度，Tm 为金属熔点，均为热力学温度），当约比温度大于 0.5 时为高温，反之为低温。

由于随温度增加，原子的扩散加快，因此高温对材料的力学性能有很大影响。一般随温度的升高，金属材料的强度和弹性模量降低而塑性增加。但当高温长时负载时，金属材料的塑性却显著降低，往往出现脆性断裂现象。由此可见，对于高温材料的力学性能，不能使用常温下短时拉伸的应力－应变曲线来评定，还必须加入温度与时间两个因素。

一、蠕变极限

蠕变是高温下金属力学行为的一个重要特点，当材料在高于一定温度下受到应力作用时，即使应力小于屈服强度，但随着时间的延长也会缓慢地产生塑性变形的现象称为蠕变，这种变形最后导致的材料断裂称为蠕变断裂。对于不同的材料发生蠕变的温度不同，高分子材料通常在室温下就存在蠕变现象，金属材料产生蠕变的温度要高一些。

金属材料的蠕变过程可用蠕变曲线表示。蠕变曲线是材料在一定温度和应力作用下，伸长率随时间变化的曲线，典型的金属蠕变曲线可分为三个阶段。

ab 部分——蠕变减速阶段。包括瞬时变形 *oa* 和蠕变变形 *ab*，*ab* 部分称蠕变起始阶段，这部分的蠕变速度是逐渐减小的。

bc 部分——恒速蠕变阶段。这部分的蠕变变形与时间呈线性关系，在整个蠕变过程中，这部分的蠕变速度最小并维持恒定。一般指的蠕变速率就是这一阶段曲线的斜率。

cd 部分——加速蠕变阶段。由于试样出现颈缩或材料内部产生空洞、裂纹等，使蠕变速率急剧增加，直至 *d* 点材料断裂。

同一材料蠕变曲线形状与温度高低、应力大小有很大关系。显然，温度高、应力大，蠕变速率增加，蠕变第三阶段提前。

蠕变极限是指在高温长期负荷作用下，材料抵抗塑性变形的能力，一般采用以下两种表示方法：

①在给定温度和规定时间内达到规定的变形量的蠕变极限，以 $\sigma^{t}_{\delta/\tau}$ 表表示，单位为 MPa。其中，t 为温度（℃），δ 为变形量（%），τ 为持续时间（h）。如 $\sigma^{800}_{0.2/1000}$=60MPa，表示试件在 800℃的工作、试验条件下，经过 1000h，产生 0.2% 的变形量的应力为 60MPa。这种蠕变极限的表示方法一般用于需要提供总蠕变变形量的构件设计。

②在给定温度下，恒定蠕变速度达到规定值时的蠕变极限，以 σ^{t}_{v} 表示，单位为 MPa。其中，t 为温度（℃），v 为恒定蠕变速度，也是蠕变速度最小的阶段，即稳态蠕变阶段的蠕变速度（%/h）。如 $\sigma^{600}_{1\times10^{-5}}$=60MPa，表示试件在 600℃条件下，恒定蠕变速度为 1×10^{-5}%/h 时的蠕变应力为 60MPa. 这种蠕变极限一般用于受蠕变变形控制的运行时间较长的构件设计。

二、持久强度

材料在高温下的变形抗力和断裂抗力是两种不同的性能指标。持久强度是指材料在高温长时载荷作用下抵抗断裂的能力，用在给定温度下材料经过规定时间发生断裂的应力值 σ^{t}_{τ} 来表示。这里所指规定时间是以机组的设计寿命为依据的，锅炉、汽轮机等机组的设计寿命为数万至数十万小时，而航空喷气发动机的寿命则为一千或几百小时。例如某材料在 700℃条件下承受 30MPa 的应力作用，经 1000h 后断裂，则称这种材料在 700℃、1000h 的持久强度为 30MPa，写成 σ^{700}_{1000}=30MPa。

对于设计某些在高温运转过程中不考虑变形量大小，而只考虑在承受给定应力下使用寿命的零件来说，金属材料的持久强度是极其重要的性能指标。

对于持久断裂的试样，还可进一步测量试样在断裂后的延伸率 δ% 和断面收缩率

$\psi\%$，以反映材料的持久塑性。持久塑性也是耐热材料的一个重要性能指标，过低的持久塑性会使材料在设计使用期间发生脆性断裂，对于制造汽轮机、燃气轮机紧固件用的低合金钢，一般希望 $\delta \geqslant 3 \sim 5\%$。

三、松弛稳定性

高温下，在具有恒定总变形的零件中，随着时间的延长而应力减低的现象称为应力松弛。例如，当用螺栓把两个零件紧固在一起时，需转动螺帽使螺杆产生一定的弹性变形，这样相应地在螺杆中产生了拉应力，而螺杆作用于螺帽的力就使两个零件连为一体了。但在高温下，经过一段时间后，虽然螺杆总变形没变，但这种拉应力逐渐自行减小。这是由于随时间延长，弹性变形会不断地转变为塑性变形，使得弹性应变不断减小。根据虎克定律可知，应力会相应降低。

材料的应力松弛过程可通过松弛曲线来描述，松弛曲线是在给定温度 T℃和给定初应力 σ_0（MPa）条件下，应力随时间而变化的曲线。整个曲线可分为两个阶段：第一阶段持续时间较短，应力随时间急剧降低；第二阶段持续时间很长，应力下降逐渐缓慢，并趋于恒定。

材料抵抗松弛的性能称为松弛稳定性。松弛稳定性评价指标有多种，其中常用的是以在一定温度和一定初应力作用下，经过 t 时间后的“残余应力” σ 来表示。对不同材料，在相同 T℃和 σ_0 条件下，残余应力值越高的材料松弛稳定性越好。

第四节　理化工艺性能

一、金属的理化性能

（一）物理性能

金属材料的物理性能是指金属固有的属性，包括密度、导电性、熔点、导热性、热膨胀性和磁性等。

1. 密度

密度是物体的质量与其体积之比值。密度的表达式如下：

$$\rho = \frac{m}{V}$$

式中：P——物质的密度（kg/m^3）

m——物质的质量（kg）

v——物质的体积（m2）

根据密度大小，可将金属分为轻金属和重金属。一般将密度小于 $4.5g/cm^3$ 的金属称为轻金属，而把密度大于 $4.5g/cm^3$ 的金属称为重金属。材料的密度直接关系到由它所制成设备的自重和效能，航空工业为了减轻飞行器的自重，应尽量采用密度小的材料来制造，如钛及钛合金在航空工业中应用很广泛。

抗拉强度与相对密度之比称为比强度，弹性模量与相对密度之比称为比弹性模量。这两者也是考虑某些零件材料性能的重要指标，如飞机和宇宙飞船上使用的结构材料对比强度的要求特别高。

2. 熔点

熔点是指材料从固态转变为液态的转变温度。工业上一般把熔点低于700℃的金属或合金称为易熔金属或易熔合金，把熔点高于700℃的金属或合金称为难熔金属或难熔合金。高温下工作的零件，应选用熔点高的金属来制作，而焊锡、保险丝等则应选用熔点低的金属制作。

纯金属都有固定的熔点，合金的熔点取决于它的成分。例如钢和生铁虽然都是铁和碳的合金，但由于含碳量不同，熔点也不同。熔点对于金属和合金的冶炼、铸造、焊接是重要的工艺参数。通常，材料的熔点越高，高温性能就越好。陶瓷熔点一般都显著高于金属及合金的熔点，所以陶瓷材料的高温性能普遍比金属材料好。由于玻璃不是晶体，所以没有固定熔点，而高分子材料一般也不是完全晶体，所以也没有固定熔点。

3. 导电性

导电性是指工程材料传导电流的能力。衡量材料导电性能的指标是电阻率 ρ，ρ 越小，工程材料的导电性越好。纯金属中，银的导电性最好，其次是铜、铝。合金的导电性比纯金属差。导电性好的金属如纯铜、纯铝，适宜作导电材料。导电性差的某些合金，如 Ni-Cr 合金、Fe-Cr-Al 合金，可作电热元件。

4. 导热性

导热性是指工程材料传导热量的能力。导热性的大小用热导率 λ 来衡量，λ 越大，工程材料的导热性越好。金属中银的导热性好，铜、铝次之。纯金属的导热性又比合金好。金属的导热性与导电性之间有密切的联系，凡是导电性好的金属其导热性也好。

材料导热性的好坏直接影响着材料的使用性能，如果零件材料的导热性太差，则零件在加热或冷却时，由于表面和内部产生温差，膨胀不同，就会产生变形或断裂。一般导热性好的材料（如铜、铝等）常用来制造热交换器等传热设备的零部件。维护工作中应注意防止导热性差的物质如油垢、尘土等粘附在这些零件的表面，以免造成散热不良。

5. 热膨胀性

热膨胀性是指工程材料的体积随受热而膨胀增大、冷却而收缩减小的特性。工程材料的热膨胀性的大小可用线胀系数 α 来衡量。线胀系数计算公式如下：

$$\alpha = \frac{l_2 - l_1}{l_1 \Delta t}$$

式中：α——线胀系数（1/k 或 1/℃）

l_0——膨胀前长度（m）

l_1——膨胀后长度（m）

Δt——温度变化量 $\Delta t = t_2 - t_1$（k 或℃）

在实际工作中应考虑材料的热膨胀性的影响。工业上常用热膨胀性来紧密配合组合件，如热压铜套筒就是利用加温时孔经扩大而压入衬套，待冷却后孔径收缩，使衬套在孔中固定；铺设钢轨时，在两根钢轨衔接处应留有一定的间隙，以便使钢轨在长度方向有膨胀的余地。

但热膨胀性对精密零件不利，因为切削热、摩擦热等都会改变零件的形状和尺寸，有的造成测量误差。精密仪器或精密机床常需要在标准温度（20℃）或规定温度下加工或测量就是这个原因。

6. 磁性

磁性是指工程材料能否被铁吸引和被磁化的性质。

磁性材料分为软磁性材料和硬磁性材料两种。软磁性材料（如电工用纯铁、硅钢片等）容易被磁化，导磁性能良好，但外加磁场去掉后，磁性基本消失。硬磁性材料（如淬火的钴钢、稀土钴等）在去磁后仍然能保持磁场，磁性也不易消失。

许多金属材料如铁、镍、钴等均具有较高的磁性，而另一些金属材料如铜、铝、铅等则是无磁性的。非金属材料一般无磁性。磁性不仅与材料自身的性质有关，而且与材料的晶体结构有关。比如铁，在处于铁素体状态时具有较高磁性，而在奥氏体状态时是无磁性的。

（二）化学性能

化学性能指金属抵抗周围介质侵蚀的能力，包括耐腐蚀性和热稳定性。

1. 耐腐蚀性

耐腐蚀性是指工程材料在常温下，抵抗氧、水蒸气及其他化学介质腐蚀破坏作用的能力。

腐蚀作用对材料危害极大，因此，提高工程材料的耐腐蚀性能，对于节约工程材料、延长工程材料的使用寿命，具有现实的经济意义。

船舶上所用的钢材须具有抗海水腐蚀的能力，贮藏及运输酸类用的容器、管道应有较高的耐酸性能。

2. 热稳定性

热稳定性是指工程材料在高温下抵抗氧化的能力。

在高温条件下工作的设备，如锅炉、加热设备、喷气发动机上的部件需要选择热稳定性好的材料制造。

二、金属的工艺性能

工艺性能是指工程材料接受各种工艺方法加工的能力，包括铸造性、锻造性、焊接性、切削加工性等。材料工艺性能的好坏，直接影响到制造零件的工艺方法和质量以及制造成本。所以，选材时必须充分考虑工艺性能。

（一）铸造性

将熔化的金属浇注到铸型内，待其冷却后获得所需毛坯或零件的形状和尺寸的工艺方法称为铸造，材料是否适合于铸造的性质叫铸造性。

对金属材料而言，铸造性主要包括流动性、收缩率、偏析倾向等指标。熔点低、流动性好、收缩率小、偏析倾向小的材料其铸造性也好，铸件组织紧密，成分均匀。各种铸铁、黄铜、青铜、铸铝等都具有良好的铸造性。对某些工程塑料而言，在其成型工艺方法中，要求有较好的流动性和小的收缩率。

（二）锻压性

使工程材料在外力作用下产生塑性变形而得到所需要的形状和尺寸的工艺方法称为压力加工。工程材料是否适合于压力加工的性质叫锻压性。塑性良好、变形抗力低的工程材料其锻压性就好，锻压性包括锻造性和冲压性。

低碳钢、纯铝、纯铜具有很好的锻压性，适宜压力加工。热塑性塑料可经过挤压和压塑成型。

（三）焊接性

把工程材料局部快速加热，使接缝部分迅速呈熔化或半熔化状态（需加压力），从而使接缝牢固地结合成一体的工艺方法称为焊接。工程材料是否易于焊接的性质叫焊接性。在焊接熔化时容易氧化、吸气，导熱性过高或过低，热胀冷缩严重、塑性差，以及在焊接加热时焊缝附近金属容易引起组织、性能改变的金属材料，焊接性都较差。

低碳钢、低碳合金钢的焊接性较好，而铸铁、铝合金焊接较困难。某些工程塑料也有良好的可焊性，但与金属的焊接机制及工艺方法并不相同。

（四）切削加工性

工程材料是否易于用刀具（车刀、刨刀、铣刀、钻头等）进行切削加工的性质称为切削加工性。在切削加工时，切削刀具不易磨损，切削力较小，切削后零件表面光滑，这种材料的切削加工性就比较好。铸铁、青铜、铝合金有较好的切削加工性能。

一般认为材料具有适当硬度和足够的脆性时较易切削。所以铸铁比钢切削加工性能好，一般碳钢比高合金钢切削加工性能好，改变钢的化学成分和进行适当的热处理，是改善切削加工性的重要途径。

第二章　金属表面防护理论

第一节　金属表面防护概述

金属材料是现代最重要的工程材料，在金属材料各种形式的损坏中，金属腐蚀引起人们的特殊关注。另外，在现代工程结构中，特别在高温、高压、多相流作用下，金属腐蚀会变得格外严重。因此，只有研制适宜的耐蚀材料、涂层及保护措施，才能防止或控制金属腐蚀，满足工业生产和材料应用的需求。

一、表面防护处理的意义

金属材料及其制品的腐蚀、磨损及疲劳断裂等主要损伤，一般都是从材料表面、亚表面或因表面因素而引起的，它们带来的破坏和经济损失是十分惊人的。

表面工程不仅是现代制造技术的重要组成与基础工艺之一，同时又为信息技术、航天技术、生物工程等高新技术的发展提供技术支撑。诸如离子注入半导体掺杂已成为超大规模集成电路制造的核心工艺技术。手机上的集成电路、磁带、激光盘、电视机的屏幕、计算机内的集成块等均赖以表面改性、薄膜或涂覆技术才能实现。生物工程中髓关节的表面修补，用超高密度高分子聚乙烯上再镀钴铝合金，寿命达15 ~ 25年，用羟基磷灰石（简称HAP）粒子与金属Ni共沉积在不锈钢基体上，植入人体后具有良好的生物相容性。又如，人造卫星的头部锥体和翼前沿，表面工作温度几千摄氏度，甚至10000℃，采用了隔热涂层、防火涂层和抗烧蚀涂层等复合保护基体金属，才能保证其正常运行。

利用表面工程技术，使材料表面获得它本身没有而又希望具有的特殊性能，而且表层很薄，用材十分少，性能价格比高，节约材料和节省能源，减少环境污染，是实现材料可持续发展的一项重要措施。

随着表面工程与科学的发展，表面工程的作用有了进一步扩展。通过专门处理，

根据需要可赋予材料及其制品具有绝缘、导电、阻燃、红外吸收及防辐射、吸收声波、吸声防噪、防沾污性等多种特殊功能。也可为高新技术及其制品的发展提供一系列新型表面材料，如金刚石薄膜、超导薄膜、纳米多层膜、纳米粉末、碳60、非晶态材料等。

随着人们生活水平的提高及工程美学的发展，表面工程在金属及非金属制品表面装饰作用也更引人注目并得到明显的发展。

二、金属表面的损坏形式

金属材料制品都有一定的使用寿命，随着时间的流逝，它们将受到不同形式的直接或间接的损坏。金属结构材料的损坏形式是多种多样的，其中最重要、最常见的损坏形式是断裂、磨损和腐蚀。

断裂是指金属构件受力超过其弹性极限、塑性极限而导致最终的破坏。它使构件丧失原有的功能。例如，轴的断裂、钢丝绳的断裂等均属此类。不过，断裂的轴可以作为炉料进行熔炼，材料还可以再生。

磨损是指金属构件和其他部件相互作用，由于机械摩擦而引起的逐渐破坏。最明显的例子是活塞环的磨损、机车的车轮与钢轨间的磨损。在某些情况下，磨损了的零件是可以修复的。例如，用快速刷镀法可以修复已轻微磨损了的车轴。

腐蚀是指金属材料或其制品在周围环境介质的作用下，逐渐产生的损坏或变质现象，金属材料的锈蚀是最常见的腐蚀现象之一。在机械设备的损坏中，腐蚀与磨损经常是同时进行，腐蚀与断裂往往也是如此。实践表明，上述3种破坏形式往往相互交叉、相互渗透、互相促进。

与断裂不同，金属材料的磨损与腐蚀是一个渐变的过程，它们与金属的粉化和氧化有关，且腐蚀使损伤的金属转变为化合物，是不可恢复，不可再生的。

三、金属表面防护技术的分类和内容

（一）表面技术的分类

表面技术没有统一的分类方法，我们可以从不同角度进行分类。

1. 按具体表面技术方法划分

包括表面热处理、化学热处理、物理气相沉积、化学气相沉积、离子注入、电子束强化、激光强化、火焰喷涂、电弧喷涂、等离子喷涂、爆炸喷涂、静电喷涂、流化床涂覆、电泳涂装、堆焊、电镀、电刷镀、自催化沉积（化学镀）、浸镀、化学转化、溶胶－凝胶技术、高温合成、搪瓷等。每一类技术又进一步细分为多种方法，例如，火焰喷涂包括粉末火焰喷涂和线材火焰喷涂，粉末喷涂又有金属粉末喷涂、陶瓷粉末喷涂和塑料粉末喷涂等。

2. 按表面层的使用目的划分

大致可分为表面强化、表面改性、表面装饰和表面功能化四大类。表面强化又可以分为热处理强化、机械强化、冶金强化、涂层强化和薄膜强化等，着重提高材料的表面硬度、强度和耐磨性；表面改性主要包括物理改性、化学改性、三束（激光、电子束和离子束）改性等，着重改善材料的表面形貌及提高其表面耐腐蚀性能；表面装饰包括各种涂料涂装和精饰技术等，着重改善材料的视觉效应并赋予其足够的耐候性；表面功能化则是指使表面层具有上述性能以外的其他物理化学性能，如电学性能、磁学性能、光学性能、敏感性能、分离性能、催化性能等。

3. 按表面层材料的种类划分

一般分为金属（合金）表面层、陶瓷表面层、聚合物表面层和复合材料表面层四大类。许多表面技术都可以在多种基体上制备多种材料表面层，如热喷涂、自催化沉积、激光表面处理、离子注入等；但有些表面技术只能在特定材料的基体上制备特定材料的表面层，如热浸镀。不过，并不能据此判断一种表面技术的优劣。

4. 从材料科学的角度划分

按沉积物的尺寸进行，表面工程技术可以分为以下 4 种基本类型。

①原子沉积。以原子、离子、分子和粒子集团等原子尺度的粒子形态在基体上凝聚然后成核、长大，最终形成薄膜。被吸附的粒子处于快冷的非平衡态，沉积层中有大量结构缺陷。沉积层常和基体反应生成复杂的界面层。凝聚成核及长大的模式，决定着涂层的显微结构和晶型。电镀、化学镀、真空蒸镀、溅射、离子镀、物理气相沉积、化学气相沉积、等离子聚合、分子束外延等均属此类。

②颗粒沉积。以宏观尺度的熔化液滴或细小固体颗粒在外力作用下于基体材料表面凝聚、沉积或烧结。涂层的显微结构取决于颗粒的凝固或烧结情况。热喷涂、搪瓷涂覆等都属此类。

③整体覆盖。欲涂覆的材料于同一时间施加于基体表面。如包箔、贴片、热浸镀、涂刷、堆焊等。

④表面改性。用离子处理、热处理、机械处理及化学处理等方法处理表面，改变材料表面的组成及性质。如化学转化镀、喷丸强化、激光表面处理、电子束表面处理、离子注入等。

（二）表面技术的内容

表面技术内容种类繁多，随着科技不断发展，新的技术也不断涌现，下面仅就一些常见的表面技术做简单介绍。

金属和非金属表面处理技术如下。

1. 金属涂层

①电镀。电镀是在含有欲镀金属离子的溶液中，以被镀材料或制品为阴极，通过电沉积作用，在基体表面获得镀层的方法。

②化学镀。化学镀是金属和还原剂在同一溶液中进行自催化的氧化还原反应，在固体表面沉积出金属镀层的方法。

③渗镀。渗镀是通过固态扩散，使一种或几种金属元素渗入基体金属表面而形成表面合金层的方法。这种表面合金层又称为扩散渗镀层。

④热浸镀。热浸镀简称热镀，是将被镀件浸入熔融的金属液中，使其表面形成镀层的方法。热浸镀层金属的熔点要求比基体金属的熔点低得多，常限于采用低熔点金属及其合金，如锌、铝、锡、铅及其合金。

⑤喷镀。喷镀是利用热能或电能，把加热到熔化或接近熔化状态的涂层材料的微粒，喷涂在制品表面形成覆盖层的方法。根据热源及涂层材料的种类和形式，热喷镀可粗略地分为火焰线材喷镀、火焰粉末喷镀、火焰爆炸喷镀、电弧喷镀、等离子喷镀等。

⑥真空蒸镀。真空蒸镀是在真空容器中把欲镀金属、合金或化合物加热熔化，使其呈分子或原子状态逸出，沉积到被镀材料表面而形成固态薄膜或涂层的方法。它是物理气相沉积中应用最广泛的一种镀膜技术。

⑦真空溅射。真空溅射是真空蒸镀的一种发展。用高能粒子轰击蒸发材料，通过粒子的动量交换使其汽化，冷凝沉积在基体表面，而不用电子加热或电子束加热。真空溅射镀膜密度高，无气孔，与基体材料之间附着性好，特别适合制备高熔点、低蒸气压元素和化合物薄膜材料。

⑧离子镀。离子镀是在一定真空状态下，利用气体放电将部分蒸发材料（镀膜材料）的原子电离，然后沉积在工件表面形成镀膜的方法。离子镀除兼有真空蒸镀和真空溅射的优点外，还具有膜层附着力强、绕射性好、工件温升低等突出特点。特别是它易获得所需功能的化合物膜层。因此，离子镀是物理气相沉积中最有发展前途的新技术。

⑨离子注入。离子注入是将某种元素的原子进行电离，并使其在电场中加速，在获得较高的速度后射入固体材料表面，以改变这种材料表面的物理化学及力学性能的一种离子束技术。它与离子镀的区别在于，镀膜材料的颗粒不是部分的而是全部的离子化，其加速后的能量也高得多。

2. 非金属涂层

①化学氧化。化学氧化利用化学反应的方法在钢铁制品表面生成稳定的 Fe3O4 氧化膜的工艺过程。因四氧化三铁膜呈蓝黑色，所以又把钢铁的化学氧化称作发蓝、黑。

②阳极氧化。阳极氧化是通过电化学方法使金属与某些特定介质的阴离子相互反应，在其表面获得一层保护膜的方法。将处理的金属作为阳极，利用外加电流的方法，形成化学转化膜。它是由基体金属直接参与成膜反应而生成的。因此，膜与基体金属

的结合力比电镀层要好得多。由于转化膜的多孔性，通常大多需要补以其他防护措施。

③磷酸盐处理。将金属放入含有磷酸盐的溶液中进行化学处理，在金属表面上形成一种难溶于水、附着性良好的磷酸盐保护膜的过程叫作金属的磷酸盐处理，简称磷化。磷化不仅适用于钢铁，而且适用于锌、铝及其合金及锌、镉、铜等镀层。

④铬酸盐处理。铬酸盐处理是将金属或金属镀层浸入含某些添加剂的铬酸或铬酸盐溶液中，采用化学或电化学的方法使金属表面形成由三价铬和六价铬组成的铬酸盐膜的过程。这种工艺常用作锌镀层、铬镀层的后处理，以提高镀层的耐蚀性。也可用作其他金属如铝、铜、锡、镁、镍及其合金的表面防蚀。

⑤涂料。涂料旧称油漆，是一种有机高分子胶体的混合物的溶液或粉末，涂在物体表面上，能形成一层附着牢固的连续涂层。其目的是赋予被处理物以耐蚀性、装饰性与功能性。

⑥玻璃钢衬里。玻璃钢是玻璃纤维增强塑料的俗称。它是以合成树脂为胶结材料，以玻璃纤维（玻璃丝、玻璃布及短切玻璃纤维等）为增强材料而制成的。为了防止腐蚀性液体与金属相接触，在工业生产中常采用各种耐蚀材料贴衬、套衬或者黏合在金属设备或零件表面。除橡胶、陶瓷衬里外，玻璃钢衬里使用较多。

⑦橡胶衬里。橡胶具有良好的耐酸碱性能，天然橡胶和合成橡胶均可用于防蚀衬里。尤其天然橡胶有较长的使用历史，并有显著的防蚀效果。

⑧搪瓷。搪瓷又称珐琅，是类似玻璃的物质。它是将钾、钠、钙、铝等金属的硅酸盐和硼砂在金属基体上搪烧而成的。若将其中的 SiO_2 成分适当增加（如 60% 以上），这样的搪瓷具有耐酸的性质，故称为耐酸搪瓷。如果在搪瓷中加入 20% ~ 30% 的 Al_2O_3，并减少碱分，还可获得耐热搪瓷。

⑨防锈油脂。防锈油脂一般以矿物脂（凡士林）或机油为基础，用皂类或蜡类稠化，再配以油溶性缓蚀剂、助剂混合而成。常温条件下，防锈油脂为膏状厚膜。在工件入库前，用防锈油脂进行防锈处理，待金属材料投入使用时，再将表面的防锈油脂去除，恢复原状。

四、表面防蚀处理技术的发展和展望

表面技术的使用，自古至今已经历了几千年的岁月。最初各类表面技术的发展也是分别进行、互不相关的。但是，近几十年来，随着经济和科技的迅速发展，人们开始将各类表面技术互相联系起来。探讨它们的共性，阐明各种表面现象与表面特性的本质，通过各种学科和技术的相互交叉和渗透，改进表面技术的应用更为广泛。下面从几个方面说明表面技术的发展过程和趋势。

（一）表面涂敷技术的发展

在表面涂敷技术中，涂料和涂装工艺是一个重要组成部分。最早从野生漆树收集天然漆，用来装饰器皿。由于化工等工业的发展，出现了酚醛树脂、醇酸树脂，从而进入合成树脂涂料时期。它们的使用范围远远超出装饰目的，已涉及材料保护和具有各种功能的领域。涂装技术也摆脱原来手工操作的局限，根据各种用途开发了能满足要求的涂装设备和工艺，并力求花费较少的涂装成本而得到较好的涂装效果。静电喷漆、高压无空气喷漆、电泳涂装、辐射固化等涂装技术获得大量应用，在工业上出现了大量的涂装流水线。另外，由于涂料制造和涂装行业是资源耗量很大的工业领域，又是大气和水质的污染源之一，因而开发和采用资源利用率高的、低污染或无污染型涂料和涂装技术已成为重要的研究方向。

开发多种功能涂层，使零件、构件的表面延缓腐蚀，减少磨损，延长疲劳寿命。随着工业的发展，在治理这3种失效之外又提出了许多特殊的表面功能要求。例如，舰船上甲板需要有防滑涂层，现代装备需要有隐身涂层，军队官兵需要防激光致盲的镀膜眼镜，在太阳能取暖和发电设备中需要高效的吸热涂层和光电转换涂层，在录音机中需要有磁记录镀膜，不粘锅中需要有氟树脂涂层，建筑业中的玻璃幕墙需要有阳光控制膜等。此外，隔热涂层、导电涂层、减振涂层、降噪涂层、催化涂层、金属染色技术等也有广泛的用途。在制备功能涂层方面，表面技术也可大显身手。

（二）金属材料表面强化技术的发展

金属材料一般是以合金的形式投入使用，具有良好的强度与塑性配合、优良的加工性，许多金属还具有优异的物理特性，因而应用非常广泛。但是，金属材料的表面在外界环境的作用下亦容易发生各类磨损、腐蚀氧化和疲劳等破坏，这方面造成的损失是十分巨大的。此外，许多零部件要求的表面性能与内部性能之间存在着一定的矛盾，整体处理时往往两者不能兼顾。因此，金属材料的表面强化技术受到了人们的高度重视。

金属表面形变强化如喷丸、滚压和内孔挤压等技术的应用已有较长的历史。

表面热处理和化学热处理是人们早就使用的表面技术。

利用荷能离子与材料表面相互作用，改变表面成分和结构，从而引入离子注入技术，不仅用于电子工业及无机非金属材料和有机高分子材料的表面改性，也是金属材料表面强化的重要途径。后来人们又将离子注入与镀膜技术结合起来，发展出新颖的离子束合成薄膜技术。

自20世纪60年代以来，激光和电子束等新热源，由于具有能量集中加热迅速、加热层薄、自激冷却、变形很小、无须淬火介质、有利环境保护、便于实现自动化等优点，因而在金属材料表面强化方面的应用越来越广泛。

（三）复合表面技术的发展

在单一表面技术发展的同时，综合运用两种或多种表面技术的复合表面技术（也称第二代表面技术）有了迅速的发展。复合表面技术通过最佳协同效益使工件材料表面体系在技术指标、可靠性、寿命、质量和经济性等方面获得最佳的效果，克服了单一表面技术存在的局限性，解决了一系列工业关键技术和高新技术。

目前，复合表面工程技术的研究和应用已取得了重大进展，如热喷涂与激光重熔复合、热喷涂与刷镀的复合、化学热处理与电镀的复合、表面涂覆强化与喷丸强化的复合、表面强化与固体润滑层的复合、多层薄膜技术的复合、金属材料基体与非金属表面复合、镀锌或磷化与有机漆的复合、渗碳与铁沉积的复合、物理和化学气相沉积同时进行离子注入等。伴随复合表面工程技术的发展，梯度涂层技术也获得较大发展，以适应不同涂覆层之间的性能过渡，以达到最佳的优化效果。

（四）表面加工技术的发展

表面加工技术所包含的内容十分广泛，尤其是表面微细加工技术已经成为大规模集成电路和微细图案成形必不可少的加工手段，在电子工业尤其是微电子技术中占有特殊的地位。

早期晶体管一般用生长结法、合金结法和扩散台面法制作，在器件结构和工艺上都存在较大的问题。后来开发了硅平面工艺，使晶体管及集成电路的制作主要由氧化、光刻、扩散等工艺组成，因而在工艺上做了很大的改进。

而芯片集成的高速度发展，归功于高速发展的表面微细加工技术。这项技术涉及的范围较为广泛，目前大致可包括微细图形加工技术、精密控制掺杂技术、超薄层晶体及薄膜生长技术三大类，而每大类又包含了许多先进技术。表面微细加工技术是许多科学技术的综合结晶。它不仅是集成电路的发展基础，也是半导体微波技术、声表面波技术、光集成等许多高科技的发展基础。

现在微细加工技术在微电子技术成就的基础上正在向微机械技术和纳米级制造技术推进。微机械技术是指在几个厘米以下及微米尺度上制造微机械装置。而这种装置将为电子系统提供通向外部物质世界更加直接的窗口，使它们可以感受并控制力、光、声、热及其他物质的作用；微米级制造工艺包括光刻、刻蚀、淀积、外延生长、扩散离子注入等。纳米级制造包括微米级制造中的一些技术如离子束刻，同时还包括采用扫描隧道显微镜（STM）等设备对材料进行原子量级的修改与排列的技术。

（五）扩展表面技术的应用领域

表面技术已经在机械产品、信息产品、家电产品和建筑装饰中获得富有成效的应用，但是其深度和广度仍不够。表面技术在生物工程中的延伸已引起了人们的注意，前景十分广阔。

随着专业化生产方式的变革和人们环保意识的增强，现在呼唤表面处理向原材料制造业转移，这也是一种重要动向。

备受家用电器厂家欢迎的是预涂型彩色钢板，是在金属材料表面涂上一层有机材料的新品种，具有有机材料的耐腐蚀、色彩鲜艳等特点，同时又具有金属材料的强度高、可成形等特点，只需对其作适当的剪切、弯曲、冲压和连接即可制成多种产品外壳，不仅简化了加工工序，也减少了家用电器厂家对设备的投资，成为制作家用电器外壳的极佳材料。

汽车制造业的表面加工任务很重，要求表面由成品厂家处理转变为在原材料制造时进行的出厂前主动处理。这种变革不是表面处理任务的简单转移，更重要的是一种节能、节材，有利环保的举措。它可以简化脱脂、除锈工序，还可以利用轧钢后的余热来降低能耗。在西欧一些国家的钢厂中，就对半成品进行表面处理，如热处理、热浸镀、磷化、钝化等。

纳米材料的研究成为世界范围内新的热点，并逐渐进入实用化的阶段。采用纳米级材料添加剂的减摩技术，可以在摩擦部件动态工作中智能地修复零件表面的缺陷，实现材料磨损部位原位自动修复，并使裂纹自愈合。又如，用电刷镀制备含纳米金刚石粉末涂层的方法可以用来修复模具，延长模具使用寿命，是模具修复的一项突破。其他各种陶瓷材料、非晶态材料、高分子材料等也将不断地被应用于表面工程中。

从上面举例中可以看到，表面技术是一门涉及面广而边缘性很强的技术，它的发展必然受到许多学科和技术的促进和制约，而近代科学和工业技术的迅速发展又促使表面技术发生巨大的变革，并对社会的发展起着越来越重要的作用。

第二节　金属表面结构

一、金属的表面

金属表面可以认为是金属体相沿某个方向劈开造成的，从无表面到生成一个表面，必须对其做功，该功即转变为表面能或表面自由能。通过断键功劈开的新表面，每个原子并不是都原封不动地保留在原来的位置上，由于键合力的变化必然会通过弛豫等重新组合而消耗掉一部分能量，称为松弛能。严格来讲，表面能应等于断键功和松弛能之和，但是由于松弛能一般都很小，仅占2% ~ 6%，因此，也可近似用断键功表示表面自由能的大小。

固体中的原子、离子或分子之间存在一定的结合键。这种结合键与原子结构有关。大多数元素的原子最外电子层没有填满电子，具有争夺电子成为类似惰性气体那种稳定结构的倾向。由于不同元素有不同的电子排布，所以可能导致不同的键合方式。

固体也可按结合键方式来分类。实际上，许多固体并非由一种键把原子或分子结合起来，而是包含两种或更多的结合键，但是通常其中某种键是主要的，起主导作用。

物质存在的某种状态或结构，通常称为某一相。严格地说，相是系统中均匀的、与其他部分有界面分开的部分。在一定温度和压力下，含有多个相的系统称为复相系。两种不同相之间的交界区称为界面。

固体材料的界面有以下 3 种。

①表面固体材料与气体或液体的分界面。

②晶界（或亚晶界）多晶材料内部成分、结构相同而取向不同的晶粒（或亚晶）之间的界面。

③相界固体材料中成分、结构不同的两相之间的界面。

二、金属表面的结构构成

（一）金属的理想表面

理想表面是理论探讨的基础，它可以想象为无限晶体中插进一个平面，将其分成两部分后所形成的表面，并认为半无限晶体中的原子位置和电子密度都和原来无限晶体一样。显然，自然界中很难获得这种理想表面。

由于在垂直于表面方向上，晶内原子排列呈周期性的变化，而表面原子的近邻原子数减少，使其拥有的能量大于晶体内部原子的能量，超出的能量正比于减少的键数，该部分能量即为材料的表面能。表面能的存在使得材料表面易于吸附其他物质。

（二）金属的洁净表面和清洁表面

尽管材料表层原子结构的周期性不同于体内，但如果其化学成分仍与体内相同，这种表面就称为洁净表面，它是相对于理想表面和受环境气氛污染的实际表面而言的。洁净表面允许有吸附物，但其覆盖的概率非常低。显然，洁净表面只有用特殊的方法才能得到，如高温热处理、离子轰击加热退火、真空沉积、场致蒸发等。在高洁净度的表面上，可以发生多种与体内不同的结构和成分变化，如弛豫、偏析、吸附、化合物和台阶。

与洁净表面相对应的概念是清洁表面。在表面工程技术中获得各种涂层或镀膜之前，为了保证涂镀层与基体材料之间有良好的结合，常常需要采取各种预处理工艺获得清洁表面。微电子工业中的气相沉积技术和微细加工技术一般需要洁净表面甚至超

洁净表面。洁净表面的“清洁程度”比清洁表面高。

（三）金属机械加工过的表面

实际零件的加工表面不可能绝对平整光滑，而是由许多微观不规则的峰谷组成。评价实际加工零件表面的微观形貌，一般从垂直于表面的二维截面上测量、分析其轮廓变化。表面的不平整性包括波纹度和粗糙度两个概念，前者指在一段较长距离内出现一个峰和谷的周期，后者指在较短距离内（2 ~ 800 μm）出现的凹凸不平（0.03 ~ 400.00 μm）。此外，零件的加工表面还与基体内部在物理、力学性能方面有关。实践表明，材料表面的粗糙度与加工方法密切相关，尤其是最后一道加工工序起着决定性的作用。

材料的表面粗糙度是表面工程技术中最重要的概念之一。它与表面工程技术的特征及实施前的预备工艺紧密联系，并严重影响材料的摩擦磨损、腐蚀性能、表面磁性能和电性能等。例如，在气相沉积技术实施之前，要求加工材料表面有很低的粗糙度，以提高膜的连续性和致密性；热喷涂工艺施工前则要求表面有一定的粗糙度，以提高涂层与基材的结合强度。

（四）金属的实际表面

纯净的清洁表面是很难制备的，通常接触的是实际表面。实际表面区分为两个范围：一是所谓“内表面层”，它包括基体材料层和加工硬化层等；二是所谓“外表面层”，它包括吸附层、氧化层等。对于给定条件下的表面，其实际组成及各层的厚度，与表面制备过程、环境（介质）及材料本身的性质有关。因此，实际表面的结构及性质是很复杂的。

第三节 表面防护层界面结合

一、表面防护层的含义

表面工程是通过表面涂覆和表面改性及它们的复合处理来获得所需表面性能的。在表面涂覆和表面改性两大技术群中，表面改性主要是通过表面扩散渗入和离子注入等技术来改变表面及亚表面的成分、结构和性能。由于其表面成分和结构变化发生在基体材料（基材）的表面区域，且这种变化一般是较连续的，故这种改性表层通常不存在与基材结合不牢的问题。

而表面涂覆技术一般是通过喷涂、电镀、电刷镀、气相沉积等手段将某种材料涂覆或沉积在基材表面，形成覆层。通常情况下，覆层的材料成分、组织结构、应力状态与基材有明显的区别，因此其与基材之间会形成明显的界面。对于表面涂覆技术，界面研究的重点侧重于研究覆层在基材上的生长过程、覆层的成长过程、覆层与基材的结合机制、覆层的特性等。它涉及覆层制备中的各种物理化学现象，包括金属材料的熔化结晶（或非晶化）、熔融合金化过程、晶体结构和缺陷、相变及塑性变形、覆层形成中的化学和电化学反应、高分子材料的固化反应、覆层成分和组织结构与性能的关系等。

在不均匀体系中至少存在有两个性质不同的相，各相并存必然有界面。可以认为界面是由一个相到另一个相的过渡区域。常把界面区域作为另一个相来处理，称为界面相或界面区。所谓表面实际上就是两相之间的界面。习惯上，常把气－固、气－液界面称为表面，而固－液、液－液、固－固之间的过渡区域称为界面。

二、防护层界面的结合性能

涂覆在基材表面上的覆层能否正常使用，除与覆层本身的特性有关外，还与覆层与基材的结合状态有关。表面覆层能否牢固、可靠地与基材保持正确的位置，是涂覆技术能否应用的关键。因此，覆层与基材的结合力是覆层界面结合的主要性能，一些影响结合力的因素都会影响到涂覆技术的应用。

在表面涂覆技术中，覆材与基材通过一定的物理化学作用结合在一起，存在于二者界面上的结合力随涂覆类型的不同有着较大的差异。这些力既可以是主价键力，也可以是次价键力。主价键力又称化学键力，存在于原子（或离子）之间，包括离子键力、共价键力及金属键力；次价键力又称分子间的作用力，包括取向力、诱导力、色散力，合称为范德华力。对于有些情况，还存在有氢键力、静电引力及机械作用力。当两种物质的分子或原子充分靠近，即它们的距离处于引力场范围内时，由于主价键力或次价键力的作用，便使它们产生吸附引力。主价键力形成化学吸附，次价键力形成物理吸附。次价键力的作用范围一般不超过1nm；主价键力的作用距离更小，为0.1～0.3nm。

在覆材与基材之间普遍存在的是分子间的作用力——范德华力。关于该力的构成，在极性分子间存在有取向力、诱导力和色散力，在极性分子与非极性分子间存在后两种力，而在非极性分子间只存在色散力。

三、覆层界面结合性能的影响因素

覆层与基体界面的实际结合力（或结合强度）是由实验测定的，它与理论上的分析计算会有很大差别。这是因为实际结合力的大小取决于材料的每一个局部性质，而不等于分子（原子）作用力的总和。实际上覆层与基体难以做到完全接触，界面缺陷、应力集中等都会削弱覆层的结合力，因而理论计算值只是理想情况下的极限值。影响覆层结合力的因素在不同涂覆技术中是不完全一样的，但如下一些因素却是共性的。

（一）覆材与基材成分、结构及其匹配性

覆材与基材的成分、结构及其匹配性是决定其结合性能的基础因素，润湿性、扩散性及应力状态等影响因素均受其与环境条件的支配和影响。覆材与基材为相同材料时可得最佳的结合强度。但覆层与基材通常为异种材料，理论分析和实验结果指出，对于异种的金属晶体，其晶格类型相同或相近，晶格常数相近，在覆材与基材分子（原子）充分接近的条件下（如熔焊时）可获得较高的结合强度。随着高性能覆层、功能覆层与复合材料等覆层的发展，金属与陶瓷、金属与聚合物等非金属材料的膜－基结合种类越来越多，其间的界面结合极为复杂，虽有一定研究，但大量的问题还未搞清楚。

（二）材料的润湿性能

在各种涂覆技术中，覆材与基材表面具有良好的润湿情况，是其产生结合作用的前提。各种液态物质，如液态金属、熔融涂料、镀液和胶粘剂等，如不能在固态基体上润湿，也就谈不上与基体的结合。将一液滴置于固体表面上，若液－固－气系统中通过液－固界面的变化可使系统的自由能降低，则液滴就会沿固态表面自动铺开。润湿程度的好坏用液体在光滑固态表面上润湿角 θ 的大小来衡量。

一般来说，若 $0° < \theta < 90°$，即为有润湿性；若 $90° < \theta < 180°$，即为润湿性不好。当 $\theta=0°$ 时，为完全润湿；而当 $\theta=180°$ 时，则为完全不润湿。

要改善覆材对基材间的润湿性能，除合适的材料配物外，还应保证基体表面的清洁；此外，对某些工艺方法还可借助适当的活性物质来改善液－固相界面的润湿性。例如，电镀溶液中常加入表面活性剂。

（三）界面元素的扩散情况

元素的扩散是存在于覆材与基材界面的一种普通运动形式。在覆材与基材间因浓度不平衡，在受热条件下可同时进行多种元素的扩散。扩散主要发生在界面两侧较窄的区域，可形成固溶体、低熔点共晶或金属间化合物。元素扩散与扩散系统的本性（元素的种类、溶剂或接受扩散金属的种类、晶格结构）、温度和时间有关，调整这些参数可改变扩散的进行程度。其中温度的高低反映供给扩散系能量的大小，温度越高则元素进行扩散的概率越大。此外，第三元素的存在经常对另外两个组元的扩散速度产生显著影响。

（四）基材表面状态

金属表面上一般存在有一定厚度的污染和缺陷层——吸附层（由吸附大气中的

O_2、N_2 等气体，水分及油脂等组成）；几至几十纳米的氧、氮、硫等化合物膜层，加工生成的塑性变形层（或待修复件的腐蚀、疲劳等缺陷层）等，然后才是基体金属本身。对于所有表面涂覆技术，在涂覆前必须有效地清除表面上的污染物、疏松层等有害物质，否则难以得到应有的结合强度。

不同的表面涂覆技术要求基体表面具有相应的表面粗糙度。热喷涂及粘涂前的表面糙化处理可在覆层与基体间引入机械连接（抛锚或嵌接）作用，这对于提高结合强度是必不可少的。适宜的表面预处理方法既可改善表面的湿润性和粗糙度，又能得到内聚力强的高能表面层，增加覆层的结合力。

（五）覆层的应力状态

覆层的应力是影响覆层结合强度的重要因素。无论是拉应力作用，还是压应力作用，都会在界面间产生剪应力。而当剪应力大到高于覆层与基体界面间的附着力时，覆层就会开裂、翘曲或脱落。因而，应合理地匹配覆材与基材，正确地制定制膜工艺以尽量减小覆层内应力的影响。

此外，涂覆的工艺参数、覆材粒子与基体表面的活化状态、覆层结晶质量等因素对覆层的结合性能也有不同程度的影响。

第四节　金属表面的吸附

一、吸附的基本特征

在表面技术中，许多工艺是通过基体与气体的相互作用来实现表面改性的，如气体渗扩、气相沉积等。还有一些工艺是通过基体与液体的接触而实现的，如电镀、化学镀和涂装等，因此了解表面对于气体及液体的基本作用规律是非常重要的。

固体表面具有吸附其他物质的能力。固体表面的分子或原子具有剩余的力场，当气体或液体分子趋近固体表面时，受到固体表面分子或原子的吸引力被吸附到表面，在固体表面富集。这种吸附只限于固体表面，包括固体孔隙的内表面，如果被吸附物质深入到固体体相中，则称为吸收。吸附与吸收往往同时发生，很难区分。

固体表面的吸附可分为物理吸附和化学吸附两类。物理吸附中固体表面与吸附分子之间的力是范德华力。在化学吸附中，吸附原子与固体表面之间的结合力和化合物中原子间形成化学键的力相似，比范德华力大得多，因此两类吸附所放出的热量也大小悬殊。

二、吸附现象

（一）固体对气体的吸附

任何气体在其临界温度以下，都会被吸附于固体表面，即发生物理吸附。物理吸附不发生电子的转移，最多只有电子云中心位置的变动。化学吸附中，吸附剂和固体表面之间有电子的转移，二者产生了化学键力。物理吸附往往很容易解吸，为可逆过程；而化学吸附则很难解吸，为不可逆过程。

并不是任何气体在任何表面上都可以发生化学吸附，有时也会出现化学吸附和物理吸附同时存在的现象。例如，H_2 可以在 Ni 的表面上发生化学吸附而在铝上则不能。常见气体对大多数金属而言，其吸附强度大致可以按下列顺序排列：

$$O_2 > C_2H_2 > C_2H_4 > CO > H_2 > CO_2 > N_2$$

固体表面对气体的吸附在表面工程技术中的作用非常重要。例如，气相沉积时薄膜的形核首先是通过固体表面对气体分子或原子的吸附来进行的。类似的现象在热扩渗工艺的气体渗碳、渗氮等工艺中也存在。

（二）固体对液体的吸附

固体表面对液体分子同样有吸附作用，这包括对电解质的吸附和非电解质的吸附。对电解质的吸附将使固体表面带电或者双电层中的组分发生变化，使溶液中的某些离子被吸附到固体表面，而固体表面的离子则进入溶液之中，产生离子交换作用。这一现象是实施电镀工艺的基础。对非电解质溶液的吸附，一般表现为单分子层吸附，吸附层以外就是本体相溶液。溶液吸附的吸附热很小，差不多相当于溶解热。

因为溶液中至少有两个组分，即溶剂和溶质，它们都可能被固体吸附，但被吸附的程度不同。如果吸附层内溶质的浓度比本体相大，称为正吸附；反之则称为负吸附。显然，溶质被正吸附时，溶剂必然被负吸附；反之亦然。在稀溶液中可以将溶剂对吸附的影响忽略不计，将溶质的吸附简单地当作气体的物理吸附一样处理。而当溶质浓度较大时，则必须把溶质的吸附和溶剂的吸附同时考虑。

固体对液体的吸附也分为物理吸附和化学吸附。普通润滑油，在低速、低载荷运行情况下，极化了的长链结构的油分子，呈垂直方向与金属表面发生比较弱的分子引力结合，形成了物理吸附膜。物理吸附膜一般对温度很敏感。温度提高后会引起吸附膜的解吸、重新排列甚至熔化。因此，作为润滑膜，物理吸附膜只能用于环境温度较低、低载荷低速度下的情况。化学吸附膜往往是先当成物理吸附膜，然后在界面发生化学反应转化成化学吸附，它比物理吸附的结合能高得多，并且不可逆。

固体表面对液体吸附的规律性和影响因素、固体表面对溶质或溶剂的吸附一般都有一定的选择性，并受到许多因素的影响。使固体表面自由能降低得越多的物质，越容易被吸附。与固体表面极性相近的物质较易被吸附。通常极性物质倾向于吸附极性物质，非极性物质倾向于吸附非极性物质。例如，活性炭吸附非电解质的能力比吸附电解质的能力大，而一般的无机固体类吸附剂吸附电解质离子比吸附非电解质大。与固体表面有相同性质或与固体表面晶格大小适当的离子较易被吸附。离子型晶格的固体表面吸附溶液中的离子，可以视为晶体的扩充，故与晶体有共同元素的离子能结成同晶型的离子，较易被吸附。溶解度小或吸附后生成化合物的物质，较易被吸附。例如，在同系有机物中，碳原子越多溶解度越小，较易被同一固体吸收。固体表面带电时，较易吸附反电性离子或易被极化的离子。固体表面在溶液中略显电性的原因很多，可以是吸附离子带电，或是自身离解带电，或是相对于液体移动带电，也可以是固体表面不均匀或本身极化带电。因此，易于吸电性相反的离子，特别是高价反电性离子。一般来说，固体表面污染程度、液体表面张力、被吸附物质的浓度、温度等对吸附均有影响。

（三）固体表面之间的吸附

固体和固体表面同样有吸附作用，但是两个表面必须接近到表面力作用的范围内（即原子间距范围内）。如将两根新拉制的玻璃丝相互接触，它们就会相互黏附。两个不同物质间的黏附功往往超过其中较弱物质的内聚力。

表面的污染会使黏附力大大减小，这种污染往往是非常迅速的。例如，铁若在水银中断裂，两个裂开面可以再黏合起来，而在普通空气中就不行。因为铁迅速与氧气反应，形成一个化学吸附层。表面净化一般会提高黏结强度，固体的黏附作用只有当固体断面很小并且很清洁时才能表现出来。

固体的黏附作用只有当固体断面很小并且很清洁时才能表现出来。这是因为黏附力的作用范围仅限于分子间距，而任何固体表面从分子的尺度看总是粗糙的，因而它们在相互接触时仅为几点的接触，虽然单位面积上的黏附力很大，但作用于两固体间的总力却很小。如果固体断面相当光滑，接合点就会多一些，两固体的黏附作用就会明显。或者使其中一固体很薄（薄膜），它和另一固体容易吻合，也可表现出较大的吸附力。因此，玻璃间的黏附只有新拉制的玻璃丝才能显示出来，用新拉制的玻璃棒就不行，因为后者接触面积太小，又是刚性的，不可能粘住。

研究表明，材料的变形能力大小，即弹性模量的大小，会影响两个固体表面的吸附力。就是说，如果把两个物体压合，其柔软性特别重要。把很软的金属铟半球用 1N 的压力压到钢上，则必须使用 1N 的力才能把它们分开，而把钢球换为铜球，球就会马上松开。铝和软铁的冷焊属于这方面的例子。锻焊中，常采用高温，因黏结强度只与表面自由能有关，而与温度几乎无关，高温的主要作用是降低材料的刚性，增加变形，从而增加接合面积。

从以上讨论可见，当固体表面暴露在一般的空气中就会吸附氧或水蒸气，甚至在一定的条件下发生化学反应而形成氧化物或氢氧化物。金属在高温下的氧化是一种典型的化学腐蚀，形成的氧化物大致有3种类型：一是不稳定的氧化物，如金、铅等的氧化物；二是挥发性的氧化物，如氧化钼等，它以恒定的、相当高的速率形成；三是在金属表面上形成一层或多层的一种或多种氧化物，这是经常遇到的情况。

实际上在工业环境中除了氧和水蒸气外，还可能存在CO_2、SO_2、NO_2等各种污染气体，它们吸附于材料表面生成各种化合物。污染气体的化学吸附和物理吸附层中常存在有机物、盐等，与材料表面接触后也留下痕迹。

研究实际表面在现代工业特别是高新技术方面，有着重要的意义。其中，制造集成电路是一个典型的实例。制造集成电路包含高纯度材料的制备、超微细加工等工艺技术。其中，表面净化和保护处理在制作高质量、高可靠性的集成电路中是十分重要的。因为在规模集成电路中，导电带宽度为微米或亚微米级尺寸，一个尘埃大约也是这个尺寸，如果尘埃刚好落在导电带位置，在沉积导电带时就会阻挡金属膜的沉积，从而影响互连，使集成电路失效。不仅是空气，还有在清洗水和溶液中，如果残存各种污染物质，而且被材料表面所吸附，那么将严重影响集成电路和其他许多半导电器件性能、成品率和可靠性。除了空气净化、水纯化等的环境管理和半导体表面的净化处理之外，表面保护处理也是十分重要的，因为不管表面净化得如何细致，总会混入某些微量污染物质，所以为了确保半导体器件实际使用的稳定性，必须用纯化膜等保护措施。

当然，各种器件表面清洁程度的要求是相对的，例如，有的器件体积大，用的是多晶材料，有些场合即使洁净程度不很高也能制造出电路和器件，但或多或少会影响到成品率和性能。

还应指出，实际表面还包括许多特殊的情况，如高温下实际表面、薄膜表面、超微粒子表面等，深入研究这些特殊情况具有重要的实际意义。

三、表面吸附力

（一）物理吸附力

物理吸附力是在所有的吸附剂与吸附质之间都存在的，这种力相当于液体内部分子间的内聚力，视吸附剂和吸附质的条件不同，其产生力的因素也不同，其中以色散力为主。

色散力是因为该力的性质与光色散的原因之间有着紧密的联系。它来源于电子在轨道中运动而产生的电矩的涨落，此涨落对相邻原子或离子诱导一个相应的电矩；反过来又影响原来原子的电矩。色散力就是在这样的反复作用下产生的。

实际上，色散力在所有体系中都存在。例如，极性分子在共价键固体表面上的吸附及球对称惰性原子在离子键固体表面上的吸附中，虽然静电力起着明显的作用，但也有色散力存在并且是主要的。研究指出，只有非极性分子在共价键固体表面上的物理吸附中的吸引力，才可以认为几乎完全是色散力的贡献。

当一个极性分子接近一种金属或其他传导物质，如石墨，对其表面将有一种诱导作用，但诱导力的贡献比色散力的贡献低很多。

具有偶极而无附加极化作用的两个不同分子的电偶极矩间有静电作用，此作用力称之为取向力。其性质、大小与电偶极矩的相对取向有关。假如被吸附分子是非极性的，则取向力的贡献对物理吸附的贡献很小。但是，如果被吸附分子是极性的，取向力的贡献要大得多，甚至超过色散力。

（二）化学吸附力

化学吸附与物理吸附的根本区别是吸附质与吸附剂之间发生了电子的转移或共有，形成了化学键。这种化学键不同于一般化学反应中单个原子之间的化学反应与键合，称为“吸附键”。吸附键的主要特点是吸附质粒子仅与一个或少数几个吸附剂表面原子相键合。纯粹局部键合可以是共价键，这种局部成键，强调键合的方向性。吸附键的强度依赖于表面的结构，在一定程度上与底物整体电子性质也有关系。对过渡金属化合物来讲，已证实化学吸附气体化学键的性质，部分依赖于底物单个原子的电子构型，部分依赖于底物表面的结构。

（三）表面吸附力的影响因素

吸附键性质会随温度的变化而变化。物理吸附只是发生在接近或低于被吸附物所在压力下的沸点温度，而化学吸附所发生的温度则远高于沸点。不仅如此，随着温度的增加，被吸附分子中的键还会陆续断裂以不同形式吸附在表面上。

吸附键断裂与压力变化的关系。由于被吸附物压力的变化，即使固体表面加热到相同的温度，脱附物并不相同。

表面不均匀性对表面键合力的影响。如果表面有阶梯和折皱等不均匀性存在，对表面化学键有明显的影响。表现最为强烈的是 Zn 和 Pt。当这些金属表面上有不均匀性存在时，一些分子就分解；而在光滑低密勒指数表面上，分子则保持不变。乙烯在 200K 温度的 Ni（111）面上为分子吸附，而在带有阶梯的 Ni 表面上，温度即使低到 150K 也可完全脱掉氢形成 C。有些研究还指出，表面阶梯的出现会大大增加吸附概率。

（四）其他吸附物对吸附质键合的影响

当气体被吸附在固体表面上时，如果此表面上已存在其他被吸附物或其他被吸附物被同时吸附时，则对被吸附气体化学键合有时会产生强烈的影响。这种影响可能是由于这些吸附物质的相互作用而引起的。

四、金属表面的吸附理论

（一）Langmuir吸附理论

在大量实验的基础上，Langmuir 从动力学的观点出发，提出单分子吸附层理论。固体中的原子或离子按照晶体结构有规则地排列着，表面层中排列的原子或离子，其吸引力（价力）一部分指向晶体内部，已达饱和；另一部分指向空间，没有饱和。这样就在晶体表面上产生一吸附场，它可以吸附周围的分子。但是这个吸引力（剩余价力）所能达到的范围极小，只有一个分子的大小，即数量级为 10 ~ 10m，所以固体表面只能吸附一层分子而不重叠，形成所谓“单分子层吸附”。固体表面是均匀的，即表面上各处的吸附能力相同。

气体被吸附在固体表面上是一种松懈的化学反应，因而，被吸附的分子还可以从固相表面脱附下来进入气相。吸附质的分子从固相脱附的概率只受吸附剂的影响而不受周围环境的影响，即只认为吸附剂与吸附质分子间有吸引力，而被吸附的分子之间没有吸引力。

吸附平衡是一动态平衡。固体吸附气体时，最初的吸附速率很快。后来因为固相表面已有很多分子吸附，空位减少，吸附速率便减慢；与此相反，脱附速率则不断增快。当吸附速率等于脱附速率时，吸附就达到平衡。

气体在固体表面上的吸附速率决定于气体分子在单位时间内单位面积上的碰撞次数，即与压力 p 成正比，但吸附是单分子层的，只是还没有发生吸附的那部分固体才具有吸附能力，因而吸附速率又正比于固体表面未被吸附分子的面积与固体总表面之比。由此导出

$$\frac{1}{\gamma}=\frac{1}{\gamma_m}+\frac{1}{\gamma_m Cp}$$

上式称为Langmuir等温方程式。式中，C为吸附系数；r为平衡压力为p时的吸附量；r_m 为饱和吸附量，即固体表面吸附满一层分子后的吸附量。

若以$\frac{1}{r}$对$\frac{1}{p}$作图，则得一直线，该直线的斜率为$\frac{1}{r_m C}$，截距为$\frac{1}{r_m}$。把实验数据代入r_m和C。

一般来说，若固体表面是均匀的，且吸附层是单分子层时，Langmuir 等温方程式能满意地符合实验结果。否则，此式与实验不符。尤其当吸附剂是多孔物质，气体压力较高时，气体在毛细孔中可能发生液化，Langmuir 的理论和方程式就不适用。

（二）Freundlich吸附等温方程

Freundlich 公式描述如下：

$$\gamma=\frac{x}{m}=kp^{\frac{1}{n}}$$

式中，m 为吸附剂的质量，常以 g 或 kg 表示；x 为被吸附的气体量，常以 mol、g 或状况下的体积表示；r 为单位质量吸附剂吸附的气体之量；p 为吸附平衡时气体的压力；k 和 $1/n$ 为经验常数，它们的大小与温度、吸附剂和吸附质的性质有关。$1/n$ 是一个真分数，在 0 ~ 1。

Freundlich 公式是经验公式，在气体压力（或溶质浓度）不太大也不太小时，一般能很好地符合实验结果。

（三）BET 多分子层吸附理论

在 Langmuir 模型的基础上提出了多分子层的气－固吸附理论（BET）。BET 吸附模型假定固体表面是均一的，吸附是定位的，并且吸附分子间没有相互作用。BET 吸附模型认为，表面已经吸附了一层分子之后，由于气体本身的范德华引力还可继续发生多分子层的吸附。不过第一层的吸附与后面的吸附有本质的不同，第一层是气体分子与固体表面直接发生关系，而以后各层则是相同分子间的相互作用，显然第一层的吸附热也与以后各层不相同，而第二层以后各层的吸附热都相同，接近于气体的凝聚热，并且认为第一层吸附未满前其他层也可以吸附。在恒温下，吸附达到平衡时，气体的吸附量应等于各层吸附量的总和，因而可得到吸附量与平衡压力之间存在如下定量关系：

$$\gamma=\frac{\gamma_m C_p}{(p_0-p)\left[1+(C-1)(p/p_0)\right]}$$

上式即 BET 方程。式中，r 为吸附量；r_m 为单分子层时的饱和吸附量；p/p_0 为吸附平衡时，吸附质气体的压力 p 对相同温度时的饱和蒸气压 p_0 的比值，称为相对压力，以 x 表示，即 $x=p/p_0$；$C=e^{(Q-q)}/RT$，，其中 Q 为第一层的吸附热，q 为吸附气体的凝聚热。因此，BET 方程也可写成

$$\frac{\gamma}{\gamma_m}=\frac{Cx}{(1-x)(1-x+Cx)}$$

此 BET 方程主要用于测定比表面。用 BET 法测定比表面必须在低温下进行，最好是在接近液态氮沸腾时的温度下进行。这是因为作为公式的推导条件，假定是多层的物理吸附，在这样低温度下不可能有化学吸附。此方程通常只适用于相对压力 x 在 0.05 ~ 0.35，超出此范围会产生较大的偏差。相对压力太低时，难于建立多层物理吸附平衡，这样表面的不均匀性就显得突出；相对压力过高时，吸附剂孔隙中的多层吸附使孔径变细后，而发生毛细管凝聚现象，使结果偏离。

五、吸附对材料力学性能的影响

在许多情况下，由于环境介质的作用，材料的强度、塑性、耐磨性等力学性能大大降低。产生的原因分为两类：一种是不可逆物理过程与物理化学过程引起的效应，如各种形式的腐蚀等，它与化学、电化学过程及反应有关。通常，腐蚀并不改变材料的力学性能，而是逐渐均匀地减小受载件的尺寸，结果使危险截面上的应力增大，当超过允许值时便发生断裂。另一种主要是可逆物理过程和可逆物理化学过程引起的效应，这些过程降低固体表面自由能，并不同程度地改变材料本身的力学性能。这种因环境介质的影响及表面自由能减少导致固体强度、塑性降低的现象，称为莱宾杰尔效应。任何固体（晶体和非晶体、连续的和多孔的、金属和半导体、离子晶体和共价晶体、玻璃和聚合物）都有莱宾杰尔效应。玻璃和石膏吸附水蒸气后，其强度明显下降；铜表面覆盖熔融薄膜后，会使其固有的高塑性丧失，这些都是莱宾杰尔效应的例子。

莱宾杰尔效应具有如下显著特征。

①环境介质的影响有很明显的化学特性。例如，只有对该金属为表面活性的液态金属才能改变某一固体金属的力学性能，降低它的强度和塑性。如水银急剧降低的强度和塑性，但对镉的力学性能没有影响，虽然镉和锌在周期表中同属一族，且晶体点阵也相同（密排六方）。

②只要很少量的表面活性物质就可以产生莱宾杰尔效应。在固体金属（钢或锌）表面微米数量级的液体金属薄膜就可以导致脆性破坏，这和溶解或其他腐蚀形式不同。在个别情况下，试样表面润湿几滴表面活性的熔融金属，就会引起低应力试样脆性断裂。

③表面活性熔融物的作用十分迅速。在大多数情况下，金属表面浸润一定的熔融金属，或其他表面活性物质后，其力学性能实际上很快就发生变化。

④表面活性物质的影响是可逆的，即从固体表面去除活性物质后，它的力学性能一般会完全恢复。

⑤莱宾杰尔效应的产生需要拉应力和表面活性物质同时起作用。在多数情况下，介质对无应力试样及无应力试样随后受载时的作用并不显著改变力学性能，只有熔融物在无应力试样中沿晶界扩散的情况例外。

莱宾杰尔效应的本质，是金属表面对活性介质的吸附，使表面原子的不饱和键得到补偿，使表面能降低，改变了表面原子间的相互作用，使金属的表面强度降低。

在生产中，莱宾杰尔效应具有重要的实际意义。一方面，可利用此效应提高金属加工（压力加工、切削、磨削、破碎等）效率，大量节省能源；另一方面，应注意避免因此效应所造成的材料早期破坏。

第五节 金属表面的润湿与腐蚀

一、金属表面的润湿

（一）润湿现象和机制

液体在固体表面上铺展的现象，称为润湿。润湿现象是常见的自然现象，例如，在干净的玻璃上滴一滴水，水滴会很快沿着玻璃表面展开，成为凸镜的形状。若将水滴在一块石蜡上，则水不能在石蜡上展开，只是由于重力的作用，而形成一扁球形。上述两种情况说明，水能润湿玻璃，但不能润湿石蜡。能被水润湿的物质叫亲水物质，如玻璃、石英、方解石、长石等；不能被水润湿的物质叫疏水物质，如石蜡、石墨、硫黄等。

其实，润湿和不润湿不是截然分开的，通常可采用润湿角θ来描述润湿程度。润湿角是指固、液、气三相接触达到平衡时，从三相接触的公共点沿液、气界面所引切线与固、液界面的夹角。通常，润湿程度的定义如下。

当$\theta < 90$。时称为润湿。θ越小，润湿性越好，液体越容易在固体表面展开。

当$\theta > 90$。时称为不润湿。θ越大，润湿性越不好，液体越不容易在固体表面上铺展开，并越容易收缩至接近呈圆球状。

当$\theta=0°$或180°时，则相应地称为完全润湿和完全不润湿。应当指明，这只是习惯上的区分，其实只是润湿程度有所不同而已。

θ的大小，与界面张力有关。在固、液、气三相稳定接触的条件下，液－固两相的接触端点处受到固相与气相（σ_{S-G}）、固相与液相（σ_{S-L}）和液相与气相（σ_{L-G}）之间的3个界面张力的作用，这3个力互相平衡，合力为零，因此有

$$\cos\theta = \frac{\sigma_{S-G} - \sigma_{S-L}}{\sigma_{L-G}}$$

上式称为Young方程，它表明润湿角的大小与三相界面张力之间的定量关系。因此，凡是能引起任一界面张力变化的因素都能影响固体表面的润湿性。

从Young方程可以看出：

当$\sigma_{S-G} > \sigma_{S-L}$时时，$\cos\theta$为正值，$\theta < 90°$，对应为润湿状态；而且$\sigma_{S-G}$和$\sigma_{S-L}$相差越大，$\theta$越小，润湿性越好。

当$\sigma_{S-G} < \sigma_{S-L}$时，$\cos\theta$为负值，$\theta > 90°$，对应为不润湿状态；$\sigma_{S-L}$越大或$\sigma_{S-G}$越小，$\theta$越大，不润湿程度也越严重。

润湿作用可以从分子间的作用力来分析。润湿与否取决于液体分子间相互吸引力（内聚力）和液－固分子间吸引力（黏附力）的相对大小。若液－固黏附力较大，则液体在固体表面铺展，呈润湿；若液体内聚力占优势则不铺展，呈不润湿。例如，水能润湿玻璃、石英等，因为玻璃和石英是由极性键或离子键构成的物质，它们和极性水分子的吸引力大于水分子间的吸引力，因而滴在玻璃、石英表面上的水滴可以排挤它们表面上的空气而向外铺展。水不能润湿石蜡、石墨等，是因为石蜡及石墨等是由弱极性键或非极性键构成的物质，它们和极性水分子间的吸引力小于水分子间的吸引力。因而，滴在石蜡上的水滴不能排开它们表面层上的空气，只能紧缩成一团，以降低整个体系的表面能。

（二）润湿理论的应用

润湿理论在各种工程技术尤其是表面工程技术中应用很广泛。

在表面重熔、表面合金化、表面覆层及涂装等技术中，都希望得到大的铺展系数。为此，不仅要通过表面预处理使材料表面有合适的粗糙度，还要对覆层材料表面成分进行优化，以得到均匀、平滑的表面。对于那些润湿性差的材料表面，还必须增加中间过渡层。在热喷涂、喷焊和激光熔覆工艺中广为应用的自熔合金，就是在常规合金成分的基础上，加上一定含量的硼、硅元素，使材料的熔点大幅降低，流动性增强，同时提高喷涂材料在高温液态下对基材的润湿能力而设计的。自熔合金的出现，使热喷涂和喷焊技术发生了质的飞跃。

利用润湿现象的另一个典型范例是不粘锅的表面“不粘”涂层。不粘涂层的原理是：在金属（铝、钢铁等）锅表面先预制底层涂层后，在最表面上涂覆一层憎水性的高分子材料，如聚四氟乙烯（PTFE）等。由于水在该涂层表面不能润湿，在干燥后饭粒（如煮饭时）也不会与基体紧密黏附而形成锅巴，只要轻轻用饭铲一铲，即可清除黏附的饭粒。不粘涂层的原理还被人们用来防腐蚀。在被保护的材料表面涂覆一层不粘涂层，可以防止材料表面有电解质溶液长期停留，从而避免形成腐蚀原电池。

二、金属表面的腐蚀

自然界中只有金、银、钳、钛等很少的贵金属是以金属状态存在，而绝大多数金属都以化合物状态存在。按照热力学的观点，绝大多数金属的化合物处于低能位状态，而单体金属则是处于高能位状态，所以，腐蚀是一种自发的过程。这种自发的变化过程破坏了材料的性能，使金属材料向着离子化或化合物状态变化。

腐蚀按其作用机制大致可分为化学腐蚀与电化学腐蚀两类：化学腐蚀是干燥气体或非电解质液体与金属间发生化学作用时出现的。例如，钢铁的高温氧化、银在碘蒸气中的变化等；电化学腐蚀，则是腐蚀电池作用的结果。研究发现，金属在自然环境和工业生产中的腐蚀破坏主要是由电化学腐蚀造成的。潮湿大气、天然水、土壤和工业生产中的各种介质等，都有一定的导电性。在电解质溶液中，同一金属表面各部分的电位不同或两种及两种以上金属接触时都可能构成腐蚀电池，从而造成电化学腐蚀。

（一）腐蚀的起因

金属在电解质溶液中的腐蚀是一种电化学腐蚀过程，它必然引起某些电化学现象，电化学腐蚀必定是一个有电子得失的氧化还原反应等。我们可以用热力学的方法研究它的平衡状态，判断它的变化倾向。工业用金属一般都含有杂质，当其浸在电解质溶液中时，发生电化学腐蚀的实质就是在金属表面形成了许多以金属为阳极、以杂质为阴极的腐蚀电池。在绝大多数情况下，这种电池是短路的原电池。

短路的原电池已失去了原电池的原有定义，仅仅是一个进行着氧化还原反应的电化学体系，其反应结果是作为阳极的金属材料被氧化而溶解（腐蚀）。我们把这种只能导致金属材料破坏而不能对外做有用功的短路原电池，定义为腐蚀原电池或腐蚀电池。

根据组成腐蚀电池电极的大小和促使形成腐蚀电池的主要影响因素及金属腐蚀的表现形式，可以将腐蚀电池分为两大类，即宏观腐蚀电池和微观腐蚀电池。

1. 宏观腐蚀电池

这种腐蚀电池通常是指由肉眼可见的电极构成，它一般可引起金属或金属构件的局部宏观浸蚀破坏。宏观腐蚀电池有如下几种构成方式。

①异种金属接触电池。当两种不同金属或合金相互接触（或用导线连接起来）并处于某种电解质溶液中时，电极电位较负的金属将不断遭受腐蚀而溶解，而电极电位较正的金属则得到了保护，这种腐蚀称为接触腐蚀或电偶腐蚀。形成接触腐蚀的主要原因是异类金属的电位差，两种金属的电极电位相差越大，接触腐蚀越严重。

②浓差电池。它是指同一金属不同部位与不同浓度介质相接触构成的腐蚀电池。最常见的浓差电池有两种：氧浓差电池和溶液浓差电池。

③温差电池。它是由于浸入电解质溶液中的金属因处于不同温度的区域而形成的温差腐蚀电池。它常发生在热交换器、浸式加热器、锅炉及其他类似的设备中。

2. 微观腐蚀电池

微观腐蚀电池是用肉眼难以分辨出电极的极性，但确实存在着氧化和还原反应过程的原电池。微观腐蚀电池是因为金属表面电化学不均匀性引起的。所谓电化学不均匀性，是指金属表面存在电位和电流密度分布不均匀而产生的差别。引起金属电化学不均匀性的原因很多，主要有金属的化学成分、金属组织结构、金属物理状态和金属表面膜的不完整性。

腐蚀电池的工作原理与一般原电池并无本质区别，但腐蚀电池又有自己的特点：

一般情况下，它是一种短路的电池。因此，虽然当它工作时也产生电流，但其电能不能被利用，而是以热量的形式散失掉了，其工作的直接结果是引起了金属的腐蚀。

（二）金属电化学腐蚀倾向的判断

人类的经验表明，一切自发过程都是有方向性的。过程发生之后，它们都不能自动地恢复原状。例如，把锌片浸入稀的硫酸铜溶液中，将会自动发生取代反应，生成铜和硫酸锌溶液。但若把铜片放入稀的硫酸锌溶液里，却不会自动地发生取代作用，也即逆过程是不能自发进行的。又如，电流总是从高电位的地方向低电位的地方流动；热的传递也总是从高温物体流向低温物体，反之是不能自动进行的。所有这些自发变化的过程都具有一个显著的特征——不可逆性。因此，讨论什么因素决定这些自发变化的方向和限度尤为重要。

1. 腐蚀反应自由能的变化与腐蚀倾向

金属腐蚀过程一般都是在恒温恒压的敞开体系下进行，根据热力学第二定律，可以通过自由能的变化（ΔG）来判断化学反应进行的方向和限度。

从热力学观点来看，腐蚀过程是由于金属与其周围的介质构成了一个热力学上不稳定的体系，该体系有从不稳定趋向稳定的倾向。这种倾向的大小可以通过腐蚀反应自由能的变化 ΔG_{TP} 来衡量。对于各种金属，这种倾向是很不相同的。若 A$\Delta G_{TP} < 0$，则腐蚀反应可能发生，自由能变化的负值越大一般表示金属越不稳定。若 $\Delta G_{TP} > 0$，则表示腐蚀反应不可能发生，自由能变化的正值越大通常表示金属越稳定。

2. 可逆电池电动势和腐蚀倾向

从腐蚀的电化学机制出发，金属的腐蚀倾向也可用腐蚀过程中主要反应的腐蚀电池电动势来判别。从热力学可知，在恒温恒压下，可逆过程所做的最大非膨胀功等于反应自由能的减少。

在含有溶解氧的水溶液条件下，当金属的平衡电极电位比氧的电位更负时，金属发生腐蚀。

在不含氧的还原性酸溶液中，当金属的平衡电极电位比溶液中的析氢电位更负时，金属发生腐蚀。

当两种不同的金属偶接在一起放入水溶液中时，电位较负的金属可能腐蚀，而电位较正的金属可能不发生腐蚀。

由上可知，一个金属在溶液中发生电化学腐蚀的能量条件，或者说，一个金属在溶液中发生电化学腐蚀过程的原因是：溶液中存在着可以使该种金属氧化成为金属离子或化合物的物质，且这种物质的还原反应的平衡电位必须高于该种金属的氧化反应的平衡电位。

（三）电位-pH图

电位 -pH 图是基于化学热力学原理建立起来的一种电化学平衡图，它是综合考虑了氧化还原电位与溶液中离子的浓度和酸度之间存在的函数关系，以相对于标准氢电极的电极电位为纵坐标，以 pH 为横坐标绘制而成。为简化起见，往往将浓度变数指定为一个数值，则图中明确地表示出在某一电位和 pH 的条件下，体系的稳定物态和平衡状态。在研究金属腐蚀与防护的问题中，它可用于判断腐蚀倾向，估计腐蚀产物和选择可能的腐蚀控制途径。

金属在水溶液中的腐蚀过程所涉及的化学反应可分为 3 类：一类是只同电极电位有关而同溶液中的 pH 无关的电极反应；一类只是同溶液中的 pH 有关而同电极电位无关的化学反应；还有一类既同电极电位有关又同溶液中的 pH 有关的化学反应。每一类又可分为均相反应和复相反应两种情况。均相反应是指反应物都存在于溶液相中的反应，复相反应是指某一个固相与溶液相之间或两个固相之间的反应。

第三章　金属表面的预处理

第一节　机械清理

一、机械清理的目的

机械清理就是借助机械力除去金属及非金属表面上的腐蚀产物、油污、旧漆膜及各种杂物，以获得洁净的表面，从而有利于后续工序的施工，并保证防护层的牢固附着和质量，延长产品的使用寿命。与化学清理比较，机械清理具有以下特点。

①适应性强。机械清理既可除去钢铁表面的油污、铁锈，又可除去用化学法较难清理的氧化皮、焊渣和铸件表面的型砂及其他金属表面的腐蚀产物。并且清理比较彻底，可保证前处理质量。

②清理效果比较好。机械清理对于用化学法难以除净的油污，如各种防锈油、防锈脂、压延油等，更能显示其优越性。

③可使表面粗化，增加涂抹附着力。

④机械清理不使用酸、碱或有机溶剂，特别适用于不宜采用化学法处理的铸件清理。因为铸件多细孔，渗入孔内的残余酸、碱不易冲洗干净，也难以完全中和。不使用酸、碱和有机溶剂，既不腐蚀基体金属，也不腐蚀设备。此外，机械清理所需设备比较简单，操作比较方便，所以机械清理在表面处理中占有十分重要的地位。不足之处是本法较适合于结构简单的零部件，结构较复杂的零部件内部难以施工，劳动条件较差。

机械清理，其工作内容依其清理的目的不同，可分为除锈，除氧化皮，除腐蚀物，除型砂、泥土，除旧漆膜，除油污，粗化表面。非金属主要用于清除塑料表面的污垢，并使之粗化。依其底材不同，内容稍有差异。

在表面处理行业中，采用机械清理最广泛的部门，是大型造船厂、重型机械厂、汽车厂等，主要用于清除热轧厚钢板上的氧化皮、铸造件的型砂。

二、机械清理的方法

机械清理就是借助机械力除去材料表面上的腐蚀产物、油污及其他各种杂物。机械清理工艺简单，适应性强，清理效果好，适于除锈、除油、除型砂、去泥土和表面粗化等。机械清理方法主要包括磨光、抛光、滚光、光饰和喷砂等。

①磨光。磨光的主要目的是使金属部件粗糙不平的表面得以平坦和光滑，还能除去金属部件的毛刺、氧化皮、锈蚀、砂眼、焊渣、气泡和沟纹等宏观缺陷。

磨光是利用粘有金刚砂或氧化铝等磨料的磨轮在高速旋转下（10 ~ 30m/s）磨削金属表面。根据要求，一般需选取磨料粒度逐渐减小的几次磨光，如依次采用120#、180#、240#、320#的金刚砂磨料。当然，对磨料的选用应根据加工材质而定，见表3-1。

表3-1　常用磨料及途径

磨料名称	主要成分	用途
人造金刚砂（碳化硅）	SiC	铸铁、黄铜、青铜、铝、锡等脆性、低强度材料的磨光
人造刚玉	Al_2O_3	可锻铸铁、锰青铜、淬火钢等高韧性、高强度材料的磨光
天然刚玉	Al_2O_3、Fe_2O_3	一般金属材料的磨光
石英砂	SiO_2	通用磨料，可用于磨光、抛光、滚光、喷砂等
浮石	SiO_2、Al_2O_3	适用于软金属、木材、塑料、玻璃、皮革等材料的磨光及抛光
硅藻土	SiO_2	通用磨光、抛光材料，适宜黄铜、铝等较软金属的磨光或抛光

磨光使用的磨轮多为弹性轮。根据磨轮本身材料的不同，可分为软轮和硬轮两种。对于硬度较高和形状简单、粗糙度大的部件，应采用较硬的磨轮；对于硬度低和形状复杂、切削量小的部件，应采用较软的磨轮，以免造成被加工部件的几何形状发生变化。

②机械抛光。机械抛光的目的是消除金属部件表面的微观不平，并使它具有镜面般的外观，也能提高部件的耐蚀性。表面工程技术中，机械抛光是电镀和化学镀技术、气相沉积技术、离子注入技术必须进行的表面预处理工艺。

机械抛光是利用装在抛光机上的抛光轮来实现的。抛光机和磨光机相似，只是抛光时采用抛光轮，并且转速更高些。抛光时，在抛光轮的工作面上周期性地涂抹抛光膏。同时，将加工部件的表面用力压向高速旋转的抛光轮工作面，借助抛光轮的纤维和抛光膏的作用，使表面获得镜面光泽。抛光膏由微细颗粒的磨料、各类油脂及辅助材料制成。应根据需抛光的镀层及金属来选用抛光膏。常用的抛光膏的性能及用途见表3-2。

表 3-2 常用抛光膏的性能及用途

抛光膏类型	特点	用途
白抛光膏	由氧化钙、少量氧化剂及胶结剂制成，粒度小而不锐利，长期存放易风化变质	抛光较软的金属及塑料，如镍、铜、铝及其合金、有机玻璃、胶木等
红抛光膏	由氧化铁、氧化铝和胶结剂制成，硬度中等	抛光一般钢铁零件；铝、铅零件的粗抛光
绿抛光膏	由氧化铬和胶结剂制成，硬面锐利，磨削能力强	抛光硬质合金钢、错层和不锈钢

③滚光。滚光是将零件与磨削介质一起放入滚筒中做低速旋转，依靠磨料与零件、零件与零件之间的相互摩擦及滚光液对零件的化学作用，将毛刺和锈蚀等除去的过程。常用的滚筒多为六边形和八边形。滚光液为酸或碱中加入适量的乳化剂、缓蚀剂等。常用磨料有钉子头、石英砂、皮革角、铁砂、贝壳、浮石和陶瓷片等。

滚光常用于形状不太复杂的中、小型零件的大批量处理，可以代替磨光和抛光。滚光可分为普通滚光和离心滚光等，都是利用滚动和振动原理的光饰方法。

④光饰。光饰处理的目的在于制备平整而光洁的表面。光饰可分为振动光饰和离心光饰等，振动光饰应用的相对比较广泛。振动光饰是在滚筒滚光的基础上发展起来的一种高效光饰方法。振动光饰机是将一个筒形或碗形的容器安装在弹簧上，通过容器底部的振动装置，使容器产生上下左右的振动，带动容器内的零件沿着一定的运动路线前进，在运动中零件与磨料相互摩擦，达到光饰的目的。振动光饰的效率比普通滚光高得多，适用于加工比较大的零件。振动频率和振幅是振动光饰的两个重要参数，振动频率一般采用 20 ~ 30Hz，振动幅度 3 ~ 6mm。

⑤喷砂。喷砂是用压缩空气将砂子喷射到工件上，利用高速砂粒的动能，除去部件表面的氧化皮、锈蚀或其他污物。喷砂不但可以清理零件表面，使表面粗化，提高涂层与基体的结合力，而且还可以提高金属材料的抗疲劳性能。

喷砂分干喷砂和湿喷砂两种。干喷砂用的磨料有石英砂、钢砂、氧化铝、碳化硅等，应用最广的是石英砂，使用前应烘干。干喷砂的加工表面比较粗糙，其工艺条件见表 3-3。湿喷砂所用磨料和干喷砂相同，可先将磨料和水混合成砂浆，磨料的体积通常占砂浆体积 20% ~ 35%（体积分数），要不断地搅拌以防止沉淀，用压缩空气压入喷嘴后喷向工件。为了防止喷砂后零件锈蚀，必须在水中加一些亚硝酸钠或其他缓蚀剂，砂子在每次使用前要预先烘干。湿喷砂操作时对环境的污染较小，常用于较精密的加工。

表 3-3 干喷砂的工艺条件

零件类型	石英砂粒度 /mm	压缩空气压力 /MPa
厚度 3mm 以上的较大的钢铁零件	2.5 ～ 3.5	0.3 ～ 0.5
厚度 1 ～ 3mm 的中型钢铁零件	1.0 ～ 2.0	0.2 ～ 0.4
小型薄壁黄铜零件	0.5 ～ 1.0	0.15 ～ 0.25
厚度 1mm 以下的钢件钣金件、铝合金件	0.5 以下	0.10 ～ 0.15

⑥喷丸。喷丸与喷砂相似，只是用钢铁丸和玻璃丸代替喷砂的磨料，而且没有含硅的粉尘污染。喷丸能使部件产生压应力，以提高其疲劳强度和抗应力腐蚀的能力，并可代替一般冷、热成形工艺，还可对扭曲的薄壁件进行校正。使用喷丸的硬度、大小和速度要根据不同的要求来进行选择。

第二节　碱洗除油

一、碱液清洗的目的

碱液清洗又称化学除油或化学脱脂，就是利用碱与油脂起化学反应除去工件表面上的油污，目的是增强表面防护层的附着力，保证涂层不脱落、不起泡、不产生裂纹，保证防锈封存、表面改性、转化膜质量，是后续工序顺利进行必不可少的工序。

碱液清洗随着清洗液配方的改进和操作方法的改善，使其具有去油能力强、操作简便、安全可靠，并可实现机械化或自动化等特点，因此在表面处理行业得到广泛的应用。

二、碱液清洗的方法

零件黏附各种油脂是难以避免的。机械加工过程需用油脂润滑；半成品储存运输时要涂防锈油脂；抛光过的零件上也黏附有抛光油脂等。无论是何种油脂，都必须在涂镀前除去。（工件表面的油脂主要分为矿物油和动植物油。其中，矿物油包括机械油、润滑油、变压器油、凡士林等。矿物油主要是各种碳氢化合物，它们不能与碱作用，故又称为非皂化油。去除这种油只能依靠乳化或溶解作用来实现。所有的动植物油主要成分是各种脂肪酸的甘油酯，它们都能与碱作用生成肥皂，故又称为皂化油，包括菜籽油、豆油、椰子油、猪油、花生油等。去除这类油脂可以依靠皂化、乳化和溶解的作用。）

除油又称脱脂。除油的方法很多，主要包括有机溶剂除油、化学除油、电化学除油、擦拭除油和滚筒除油。这些方法可单独使用，也可联合使用。若在超声场内进行有机溶剂除油或化学除油，速度更快，效果更好。常用的几种除油方法的特点及应用范围见表 3-4。

表 3-4　常用除油方法

除油方法	特点	适用范围
有机溶剂除油	速度快，能溶解两类油脂，一般不腐蚀零件，但除油不彻底，需用化学或电化学方法进行补充除油。多数溶剂易燃或有毒，成本较高	可对形状复杂的小零件、有色金属件、油污严重的零件或易被碱液腐蚀的零件进行初步除油
化学除油	设备简单，成本低，但除油时间较长	一般零件的除油
电化学除油	除油快，能彻底除去零件表面的浮灰、浸蚀残渣等机械杂质。但需直流电源，阴极除油时，零件容易渗氢，除深孔内的油污较慢	一般零件的除油或清除浸蚀残渣
擦拭除油	操作灵活，但劳动强度大，效率低	大型或其他方法不易处理的零件
滚筒除油	工效高，质量好	精度不太高的小零件

三、有机溶剂除油

有机溶剂除油是皂化油和非皂化油的普遍溶解过程。由于两种油脂都能被迅速除去，所以此法获得广泛应用。有机溶剂除油的特点是快速，对零件无腐蚀。但是不能做到彻底除油，因为有机溶剂挥发后，在零件上仍残留薄油层。所以有机溶剂除油之后，必须用化学除油或电化学除油进行补充除油处理。鉴于上述特点，有机溶剂除油多用于含油污严重的零件的预处理。有机溶剂除油的另一特点是溶剂易燃或有毒，使用时应特别注意安全。在多数情况下，有机溶剂除油比化学除油成本高一些。但若设备设计合理，可对有机溶剂反复蒸馏再生，循环使用，这一缺点也可弥补，并突出了它的速度快的优点。例如，含油污较多的零件化学除油需 2 ~ 4h，而采用三氯乙烯除油只需 3 ~ 5min，工效之高是显而易见的，零件数量大时，更能显示其优点。

有机溶剂除油重点用于使用了油封材料制造的工件。在化学除油之前宜先用有机溶剂洗刷一遍，以提高化学除油的除油效果。经油封保存的工件和工件的螺孔部位、角落部位油污比较多，倘若某个工件的两个螺孔内有油污，而有机溶剂洗刷时只洗去一个螺孔内的油污，另一个螺孔内的油污照样存在，仍然没有达到设计的效果。

生产中常用的有机溶剂有煤油、汽油、丙酮、甲苯、三氯乙烯、四氯乙烯、四氯化碳等。煤油、汽油及苯类属有机烃类溶剂，其特点是毒性较小，但易燃烧，对大多数金属无腐蚀作用，用冷态浸渍或擦拭除油。三氯乙烯、四氯化碳等属于有机氯化烃类溶剂，其特点是除油效率高，不燃，允许加温操作，因此可进行气、液相联合除油，而且能再生循环使用。除铝、镁外，对大多数金属无腐蚀作用。但是它们毒性大，有强烈的麻醉作用。使用这类溶剂时，零件应是干燥的，而且温度不能高。否则三氯乙烯会分解出盐酸和剧毒的光气，这一点要特别引起重视。

有机溶剂除油方法有浸洗法、喷淋法、蒸气除油法、联合除油法等几类。

（一）浸洗法

将带油的工件浸泡在有机溶剂槽内，槽可安装搅拌装置及加热设备，根据实际情况的需要决定是否搅拌、加热。因为加热或搅拌都可以加速工件表面油污的溶解，但又容易使有机溶剂蒸发，造成损失，所以必须考虑既能提高除油的效率，又要节省溶剂及成本。为提高除油效果和速度，可以在槽内加入超声波，可加速油污脱离工件表面溶入溶剂中，特别是对有残留抛光膏的工件表面更为有效。

（二）喷淋法

喷淋法是将新鲜的有机溶剂直接喷淋到工件表面，将表面的油污不断地溶解而带走，直至喷洗干净为止。喷淋液可以加热后再喷，加热喷淋的溶解效率高，但要有加热装置先加热。喷淋法还可以加速将大颗粒的铁粉、锈粒及粉尘除下。另外，喷淋法提高压力等级就成为喷射法，通过压力将溶剂喷射到工件的表面，油污受到冲击及溶解的作用而脱离工件的表面，该方法效率比喷淋法高，但只能用不易挥发及性能稳定的溶剂，且设备复杂，必须在特别而方便操作的密闭容器内进行，而且要配套安全操作规范。

（三）蒸气除油法

蒸气除油是将有机溶剂装在密闭容器的底部，将带油的工件吊挂在有机溶剂的水平面上。容器的底部有加热装置将溶剂加热，有机溶剂变成蒸气不断地在工件表面上与油膜接触并冷凝，将油污溶解后掉下来，新的有机溶剂蒸气又不断地在表面凝结溶解油污，最终将油污除干净。由于有机溶剂多数是易燃、易爆、有毒及易分解的物质，特别是成为蒸气后更具危险性，所以要做好安全使用的工作，要有良好的安全设备及完善的通风装置，避免事故的发生。最好用三氯乙烯溶剂，由于三氯乙烯密度较大，故不易从槽口逸出，而且除油槽的上部设有冷却装置，有机溶剂蒸气进入冷却范围即冷凝成液体回流至槽底部。

四、化学除油

碱性化学除油虽除油速度不如有机溶剂快，但是它除油液无毒性、不燃烧，设备简单、成本低廉，除铝、镁、锌之外对许多金属无腐蚀性，因而经济合理，是目前生产上应用最普及的一种除油方法。

（一）皂化作用和乳化作用

油污中的动植物油与碱液发生皂化反应的通式如下：

$$(RCOO)_3C_3H_5 + 3NaOH = 3RCOONa + C_3H_5(OH)_3$$

油脂　　碱　　肥皂　　甘油

当R是含17～21个碳原子的烃基时称为硬脂，硬脂发生皂化反应生成的就是普通的肥皂（硬脂酸钠），例如：

$$(C_{17}H_{35}COO)_3C_3H_5 + 3NaOH = 3C_{17}H_{35}COONa + C_3H_5(OH)_3$$

硬脂　　碱　　硬脂酸钠　　甘油

所生成的肥皂和甘油都是易溶于水的，所以这类油脂比较容易除去。

矿物油与碱不发生上述化学反应，但在一定条件下，它在碱溶液中可进行乳化。所谓乳化就是零件表面上的油膜可变成许多很小的油珠，它们分散在碱溶液中形成乳浊液。只要设法不让这些油珠重新凝集在一起，而让它浮于液面上，就可以把它消除掉。由于碱液的乳化作用不够强，不能使矿物油迅速脱离金属表面，为此在配方中必须加入乳化剂。除油液中常用的乳化剂是水玻璃、有机表面活性剂等。

硅酸钠是无机物，其缺点是水洗性较差，含量高时会使除油后水洗困难。皂化反应能促进乳化作用，因为肥皂也是一种较好的乳化剂。而且皂化反应可以在油膜较薄的地方打开缺口。由于金属和碱溶液之间的表面张力比金属和油膜之间的表面张力大得多，这样溶液更容易排挤油污，使其分裂为油珠。

（二）工艺规范举例

使用碱性溶液（并加入乳化剂），利用皂化作用和乳化作用除去工件表面油污。化学除油的优点是设备简单、操作容易、成本低、除油液无毒且不会燃烧，因此使用广泛。但常用的碱性化学除油工艺的乳化作用弱，对于镀层结合力要求高，电镀溶液为酸性或弱碱性（无除油作用）的情况，仅用化学除油是不够的。特别当油污中主要是矿物油时，必须用电解除油进一步彻底清理。另外，化学除油温度高，消耗能源，而且除油速度慢，时间长。

（三）影响因素

碱性化学除油配方通常包括以下组分：氢氧化钠、碳酸钠、磷酸三钠和乳化剂。氢氧化钠是保证皂化反应以一定速度正常进行的重要组分。当pH低至8.5时，皂化反应几乎停止；pH=10.02时，油脂将发生水解；氢氧化钠过高时皂化生成的肥皂溶解度降低，而且使金属表面发生氧化生成褐色膜，而不溶解的肥皂附着于金属表面使除油过程难以继续进行。一般对于黑色金属，pH采用12～14；对于有色金属和轻金属，pH采用10～11为宜。

对铜及其合金，氢氧化钠的加入量要低得多，甚至不加。对铝及其合金则不允许使用氢氧化钠。

溶液中的碳酸钠和磷酸三钠起缓冲作用，保持除油液维持在一定碱度范围。当皂化反应进行时，氢氧化钠不断被消耗，此时，碳酸钠和磷酸三钠发生水解产生氢氧化钠，以补充其消耗。为了有足够的缓冲作用，这两种药品一般含量也较高。磷酸三钠除起缓冲作用外，因清洗性好，还可以帮助提高水玻璃的清洗性。因为水玻璃有一定的表面活性，对金属的吸附倾向大，容易形成一层吸附膜，不易被清洗，附着的水玻璃在后续工序的酸洗除锈时，会形成更难清除的硅酸，影响涂镀层的结合力。磷酸三钠的加入可帮助洗去水玻璃吸附膜。同时它还可使硬水软化，防止除油时形成的固体钙、镁肥皂覆盖于制品表面上。

选择乳化剂及其加入量要视金属制品黏附油脂的性质、数量及制品的几何形状而定。当零件形状简单、油多而且是矿物油时，可用水玻璃，水玻璃的乳化作用虽强，但不易洗去，故形状复杂的零件最好采用有机乳化剂。

温度升高对除油过程有促进作用。温度升高时，油脂变软，有利于除油剂的渗透和润湿作用，从而加速除油过程。另外，随温度升高，肥皂在其中的溶解度增加，这对清洗和延长除油液的使用寿命都是有利的。因此传统的碱性化学除油都是在接近溶液沸点的温度下进行。

但是高温除油能耗较高，在能源日益紧张的今天，低温除油工艺越来越受到人们的重视。低温除油工艺对于表面活性剂的依赖程度是很大的，表面活性剂的浓度要高达 1% ~ 3%。实践表明，非离子表面活性剂与阴离子表面活性剂配合使用有增效作用。为了促进表面活性剂的溶解，往往还要加入亲水基团较多的表面活性剂。用这样的除油液可以在 40Y 左右甚至在室温下有效地除油。

五、电化学除油

将欲除油的零件置于碱性溶液中，通入直流电，使制品作为阳极或阴极的除油方法叫作电化学除油或电解除油。化学除油与电化学除油液的组成大致相同。另一电极用镍板或镀厚镍的铁板，它只起导电作用。电化学除油速度一般比化学除油速度高几倍，而且除油更彻底，这是与电化学除油的机制分不开的。

电化学除油的机制可概述如下：当把带油污的零件浸入电解液后，油与溶液之间的界面张力降低，油膜便产生收缩变形和裂纹。同时，电极通电后产生电极极化，这使电极与碱溶液之间的界面张力大大降低，溶液对电极表面的润湿性加强，溶液便从油膜裂纹和不连续处对油膜发生排挤作用，因而油在金属上的附着力就大大减弱，与此同时，在电流作用下，电极上析出大量的气体，制品为阴极时析出氢气，金属制品作阳极时析出氧气。这些气体以大量小气泡形式逸出，对油膜产生强烈的冲击作用，导致油膜撕裂分散成极小的油珠，而小气泡又容易滞留在小油珠上，当气泡逐渐长大到一定尺寸后，就带着油珠离开电极而上升到液面。析出的气体对溶液发生强烈的搅拌作用，从而使油珠被乳化。总而言之，电化学除油过程是电极极化和气体对油膜的机械撕裂作用的综合，这种作用比乳化剂的作用强得多，故加速了除油过程。

电化学除油分为阴极除油、阳极除油和周期性变换极性联合除油 3 种方法。

（一）阴极除油

当被镀件与电源负极相连作为阴极，除油时在表面上进行的是还原并有氢气析出：

$$2H_2O+2e^-=H_2\uparrow+2OH^-$$

由于产生大量氢气，所以去油污能力强、速度快，但这种方法对氢敏感的材料容易产生氢脆现象。因此，阴极除油时，电流密度要高一些，使除油时间尽量短。

（二）阳极除油

当被镀件与电源正极相接作为阳极，除油时在表面进行的是氧化过程有氧气析出：

$$4OH^--4e^-=O_2\uparrow+2H_2O$$

析出的氧气对表面油膜也有除去作用。由于阳极上产生的氧气泡数量少（只有阴极上产生氢气的一半），所以去油污能力较阴极除油法弱，速度慢。另外，在制品表面进行的是氧化反应，对基体金属有溶解作用，故此法不适用于有色金属的表面除油。

（三）联合除油

这是一种阴极与阳极交替进行的方法，充分利用二者的优点，弥补二者缺点，是一种很有效的方法。电化学除油的机制可以认为主要是油脂被电极上析出的气泡（氢气或氧气）所乳化。在整个过程中，电极表面的润湿现象与电极极化的关系也起着重要作用。当浸有除油液的镀笔与制品表面相接触时，首先是由于溶液中的离子和极性水分子对油分子的作用力比空气中气体分子对油分子的作用力强，而使油与除油液之间的表面张力下降；接触面增大，造成油膜变形以至破裂。

在通电情况下，电极的极化作用使油膜与电极表面的接触角大大减小。同时，电极表面与除油液间的表面张力更加降低，很快增大了二者之间接触面积，提高了电极表面的润湿性，从而更加减弱了电极对油膜的胶附力，使油膜进一步破裂，形成小油珠。与此同时，电极上还不断析出许多小气泡，这些小气泡把附着于电极表面的油膜撕裂，然后脱离电极上浮，上浮过程中对除油液起搅拌作用，从而带动油珠脱离电极表面而上浮。由于电极表面的除油液不断更换，加速了皂化和乳化作用，这样新的气泡不断产生并逐渐变大上浮，因此，油珠在气泡的作用下脱离电极表面而被带到溶液表面上来。

电化学除油时，电解液的温度和电流密度的大小对效果都是有影响的。电解液温度升高时，能提高溶解度，加速动植物油的皂化反应，也能使溶液加快循环，促进乳化过程。电流密度大时，析出的气泡多，对溶液的搅拌作用强，油珠脱离电极表面的速度快，所以提高电流密度，能提高除油速度。但也不能无限制地提高电流密度，这要根据油污的数量和允许除油的时间的长短来确定。

阴极除油的速度比阳极除油快，因为在相同的电流下，从阴极析出的氢气量比在阳极上析出的氧气量多一倍，而且阴极析出的氢气泡比阳极析出的氧气泡小得多，所以乳化能力更强。另外，由于氢离子的放电，阴极附近的液层中 pH 升高，这对除油又很有利。但是阴极除油新生态的氢原子能扩散到金属内部，造成结晶晶格歪扭，引起“氢脆”。氢气吸藏于零件的针孔、夹缝内部时，随后会引起镀层“鼓泡”。所以，高强度钢和弹性材料，不宜采用阴极除油。对于其他材料，为尽量减少渗氢，进行阴极除油时，宜用较高的电流密度，以缩短除油时间。另外，阴极除油时，某些金属杂质

可能在零件上还原析出。实际生产中，常采用阴阳极交替电解除油新工艺，效果较好。阳极除油时，产生的氧气量相对比氢少，而且气泡大，故乳化作用不如阴极除油。同时，阳极除油有些金属或多或少会溶解，特别是有色金属。有些金属又会被阳极氧化，形成一层氧化膜，影响涂镀层结合力。但是阳极除油没有“氢脆”的危险，也不会有金属杂质还原析出。对于有色金属及其合金和已经抛光过的零件不宜采用阳极除油。鉴于阴极和阳极除油各有其特点，在生产中多采用阴极和阳极联合除油，以取长补短。联合除油时，先进行阴极除油，利用其速度快的特点，然后进行短时间的阳极除油，驱除吸藏的氢和阴极还原物。由于时间短，阳极对零件的溶解和氧化的危险也不会发生。

对于黑色金属零件，大多数可采用联合除油方法，而承受重负荷的零件、薄钢片及弹性零件，为绝对避免渗氢造成的危害，只应采用阳极除油。

对于铜和铜合金，不能用阳极除油，要采用阴极除油。并且应尽量避免使用氢氧化钠。

常用的电化学除油的工艺规范见表 3-5。

表 3-5　电化学除油工艺规范

组分及工艺	钢铁	铜及铜合金	铝镁锌锡及其合金
氢氧化钠 / (g/L)	10 ～ 20	—	—
碳酸钠 / (g/L)	50 ～ 60	25 ～ 30	5 ～ 10
磷酸三钠 / (g/L)	50 ～ 60	25 ～ 30	10 ～ 20
温度 / ℃	60 ～ 80	70 ～ 80	40 ～ 50
电流密度 / (A/dm2)	5 ～ 10	5 ～ 8	5 ～ 7
时间	阴极 1min 后阳极 15s	阴极 30s	阴极 30s

电化学除油溶液的碱度可比化学除油低，因此时皂化作用已降到次要地位，而且也不必加乳化剂，特别是不能用有机表面活性剂，因为这些物质会产生大量气泡，覆盖于液体表面上，它们阻碍氢气和氧气的顺利逸出，当接触不良发生火花时还会引起

爆炸事故。

为加快速度，电化学除油也应加温操作，温度升高可强化乳化作用，减少电能的消耗。通常采用在 60 ~ 80℃下作业。

电流密度是影响电化学除油的重要因素，在一定范围内，除油速度随电流密度升高而加快，这一方面是由于电流密度升高电极极化增大，溶液对电极的润湿性更好；另一方面增加电极单位面积上的气体数量，从而使乳化作用也加强。但是电流密度也不能太高，否则会导致槽电压升高，电能消耗增大。

电化学除油，是在通电情况下，用镀笔蘸特制的除油液（电解液），在制品表面擦拭所进行的电解除油过程。它是除油过程中的最后一道工序，称为精除油。

电化学除油比上述任一种除油法的效果都要好。对不同的材料，都有适用的除油液。对某些经过精加工后看上去油污很少的表面，可直接用电化学法一步除油。对几乎所有的待镀件，电化学除油都必须作为最后一道除油工序。

六、超声波除油

超声波清洗是一种新的清洗方法，操作简单，清洗速度快，质量好，所以被广泛应用。

将带有油污的零件放入除油液中以一定频率的超声波辐射进行除油的过程，叫作超声波除油。在上面介绍的有机溶剂除油、化学除油和电化学除油过程中，都可以引入超声波。引入超声波可以强化除油过程，缩短除油时间，提高工艺质量，还可以使深孔和细孔中的油污彻底清除。当超声波作用于除油液时，会反复交替地产生强大的瞬间正、负压力，因而产生巨大的冲击波，对液体产生剧烈的搅拌作用，加强除油液的皂化和乳化作用，并形成冲刷零件表面油污的冲击力，从而提高了除油效率和质量。

超声波除油是利用超声波振荡使除油液产生大量的小气泡，这些小气泡在形成、生长和析出时产生强大的机械力，促使金属部件表面附着的油脂、污垢迅速脱离，从而加速脱脂过程，缩短脱脂时间，并使得脱脂更彻底。

超声波清洗效果取决于清洗液的类型、清洗方式、清洗温度与时间、超声波频率、功率密度、清洗件的数量与复杂程度等条件。

超声波清洗用的液体有机溶剂、碱液、水剂清洗液等。

最常用的超声波清洗脱脂装置如图 3-1 所示。主要由超声波换能器、清洗槽及发生部分构成，此外还有清洗液循环、过滤器、加热及输运装置等。

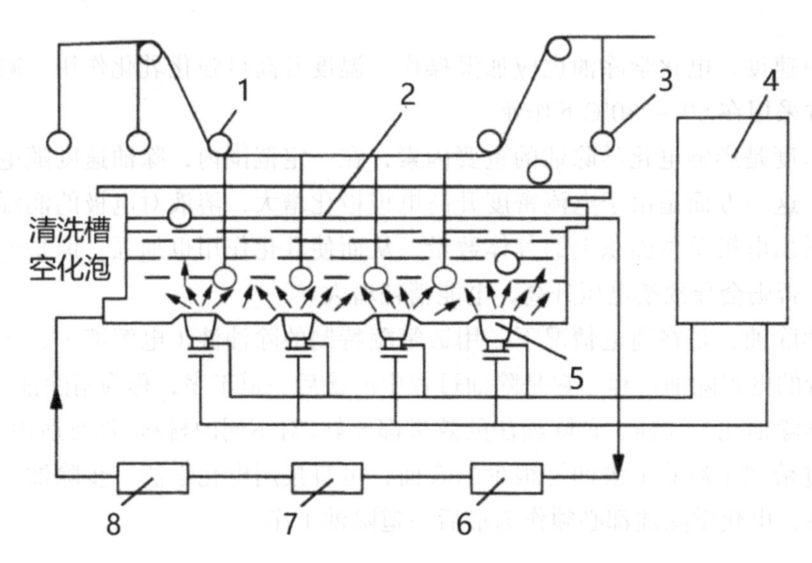

图 3-1 超声波清洗装置组成示意

1—传送装置；2—清洗液；3—被清洗零件；4—发生器；

5—换能器；6—过滤；7—泵；8—加热器

超声波脱脂的特点是对基体腐蚀小，脱脂和净化效率高，对复杂及有细孔、盲孔的部件特别有效。超声波除油一般与其他除油方式联合进行，一般使用 15 ~ 50kHz 的频率。处理带孔和带内腔的复杂形状的小零件时，可使用高频超声波，频率为 200kHz ~ 1MHz。

第三节 溶剂清洗

一、溶剂清洗目的

溶剂清洗又称溶剂除油、有机溶剂除油，这是应用较为普遍的一种除油方法。其目的也是去除金属或非金属表面油污，使后续工序得以顺利施工，并增强防护层的结合力和抗腐蚀能力。

与碱液清洗比较，溶剂清洗具有以下特点。

①除油效果好。有机溶剂除油是物理溶解作用，既可溶解皂化油又可溶解非皂化油，并且溶解能力强，对于那些用碱液难以除净的高黏度、高熔点的矿物油，亦具有很好的效果。

②对黑色金属和有色金属均无腐蚀作用。使用时不受材质限制，一种溶剂可以清洗多种金属，适应性比较强。

③可常温下进行清洗，节省能源。用过的溶剂可回收利用，降低生产成本。并且清洗设备简单，操作方便，易于推广应用，但是溶剂价格较贵，大多数是易燃品，不安全，有些品种毒性较大，因此应用范围又受到一定的限制。

溶剂清洗，就其除油机制和除油效果而言，可用于金属、非金属、涂装、电镀和防锈封存等所有前处理的除油，限于种种原因，目前它在表面处理各行业中的应用规模是有差别的。

二、溶剂清洗材料

清洗用溶剂，一般要求对油污的溶解能力强，挥发性适中，无特殊气味，不刺激皮肤，不易着火，毒性小，对金属无腐蚀性，使用方便且价格较低。实际上很难找到这种理想的溶剂，在生产中只有根据具体情况来选择合适的溶剂。常用的除油溶剂有以下几种。

①石油溶剂。如 200 号溶剂汽油（又称松香水）、120 号汽油（工业汽油）、高沸点石油醚及煤油等。这些溶剂对油污的溶解能力比较强，挥发性较低，无特殊气味，毒性低，价格适中，因此应用比较广泛。不足之处是易于着火，长期接触这些溶剂也有害于身体，使用时应加强通风。

②芳烃溶剂。常用的品种有苯、甲苯、二甲苯和重质苯等，对油污的溶解能力比石油溶剂强，但对人体的影响比较大，挥发性高，尤其是苯，均是易燃的危险品，在生产中已很少应用。

③卤代烃。如二氯乙烷、三氯乙烯、四氯乙烯、四氯化碳和三氟三氯乙烷等。以三氯乙烯和四氯化碳应用最多，它们的溶解能力强，蒸气密度大，不燃烧，可加热清洗，但毒性较大，适合于在封闭型的脱脂机中使用。

此外，还可用松节油除油，临时性的除油亦可采用涂料用稀释剂或溶剂，如香蕉水等。

三、溶剂清洗方法

溶剂清洗一般可采用擦洗、浸洗、超声波清洗、喷射清洗和蒸气清洗等方法。

①擦洗。用棉纱或者旧布蘸溶剂擦除工作表面油污，方法简单，不需要专用设备，操作方便，但劳动强度大、劳动保护差，除油效果不好，只适用于生产条件较差、去油要求不高的场合。

②浸洗。将工件沉浸于有机溶剂中除油。设备简单，操作方便，室温下施工，适合于中小型工件除油清洗。为了去干净工件表面油污，可将工件依次浸入两个或三个以上的有机溶剂槽中，并用毛刷刷洗。最后一个槽中应盛有不断更换的完全洁净的溶剂。

为了加快去油速度和提高清洗效果，还可采用溶剂超声波清洗法。

③超声波清洗。超声波清洗是一种新的清洗方法，操作简单。清洗速度快，质量好，所以被广泛用于科研和生产部门。超声波在液体中还具有加速溶解和乳化作用等，因此，对于那些采用常规清洗法难以达到清洗要求，以及几何形状比较复杂的零件的清洗，效果会更好。超声波清洗用介质除有机溶剂外，还可采用碱液、水剂清洗液等。

④喷射清洗。喷射清洗与碱去油方法类似，但应用较少。

⑤蒸气清洗。清洗介质多为卤代烃，如三氯乙烯、三氟三氯乙烷、三氯乙烷、四氯乙烯和四氯化碳等。三氯乙烯和三氟三氯乙烷相比，三氯乙烯应用更广泛。三氯乙烯溶解力强，不易燃烧，沸点低，易液化，蒸气密度大，但有一定毒性，因此适合于在封闭的“脱脂机”中进行蒸气清洗或气相除油。其装置分三部分：底部为有加热装置的三氯乙烯溶液的液相区，中部是蒸气区并挂有被处理的工件，上部是装有冷却管的自由区，加热三氯乙烯至沸点（87℃）而汽化。当碰到冷的工件时，冷凝成液滴溶解工件上的油污而滴下，以达到去油的目的，当工件与蒸气的温度达到平衡时，蒸气不再冷凝，去油过程结束。

三氯乙烯对金属无腐蚀性，但受光照或加热时会分解，有水分时生成盐酸，降低去油能力，造成金属腐蚀，因此在使用中应加入适量的稳定剂，如二乙胺和三乙胺等。

三氯乙烯与碱共热时，产生爆炸性气体，故为除去其中的酸时，不能使用强碱中和。

蒸气清洗时，混入清洗液中的油污不宜太多，一般应低于20% ~ 30%，其混入量可根据密度测定。若混入量超过20% ~ 30%，则应更换，并进行蒸馏。必须指出，铝镁及其合金不适于采用三氯乙烯除油，最好采用四氯乙烯。而三氟三氯乙烷虽毒性小，但价格贵，很少应用。

一般在有机溶剂除油后，还必须进行补充除油。因为当溶剂在工件表面挥发后，表面上总是留有薄的油膜。此时可再用碱液、电化学除油或清洗剂除油等。

第四节　酸浸蚀除锈

一、酸浸蚀除锈的目的

金属制品长期与大气接触或经过热处理，其表面就会生成一层锈蚀产物或氧化皮。从金属表面除掉锈蚀产物和氧化皮的过程称为除锈。除锈多用酸，故又称之为酸浸蚀。酸浸蚀分为化学浸蚀和电化学浸蚀。其中，化学浸蚀应用较普遍。

为保证酸浸蚀过程的顺利进行，浸蚀之前必须除油，否则浸蚀液不能与金属氧化物接触，化学溶解反应受阻；另外，应根据金属材料、氧化物性质及表面预处理后的要求选择酸浸蚀方法和浸蚀液组成。常见的几种金属的锈蚀特征如下。

（一）钢和铸铁的锈蚀特征

钢铁在大气中的腐蚀产物一般称为锈或铁锈，热加工的腐蚀产物称为氧化皮。锈的成分很复杂，含有铁的氧化物：氧化亚铁（FeO）、三氧化二铁（Fe_2O_3）、含水氧化铁（$Fe_2O_3 \cdot H_2O$）、四氧化三铁（Fe_3O_4 等。各成分的比例随环境而变化，采用近代物理方法测出，长时间大气腐蚀后，钢铁锈层的主要结晶性结构是由 γ－铁锈酸（γ-FeOOH）、α－铁锈酸（α-FeOOH）和四氧化三铁构成，三者之间的比例也是随环境而变。

铁锈的组成或结晶形态较多，它们的稳定性也大不相同，在铁锈中，比较稳定的是三氧化二铁、α－铁锈酸和四氧化三铁，后者在空气中长时间的氧化或受高温作用可以变成稳定的三氧化二铁。铁的其他氧化物是不稳定的。所以锈层的结构是疏松多孔的，对钢铁没有保护性。有些学者指出，钢铁表面上锈的形成会加速钢铁的腐蚀，此外疏松多孔的锈层也易吸收空气中的水分及其他有腐蚀性的介质，使底材继续遭受腐蚀。在疏松多孔的锈层上直接涂漆，涂层附着不牢，直接电镀或进行表面改性等施工，则表面无法成膜。为了增强防护层的附着力和防护性，消除产生腐蚀的内因，延长金属结构件的使用寿命，在进行表面处理过程中，金属表面必须除锈，直至呈现出金属的本色，然后才进行后续工序处理，否则无法保证表面处理的质量。

（二）铜和铜合金的锈蚀特征

铜的锈蚀产物呈绿色，也有的呈红棕色或黑色。铝青铜表面的锈蚀产物呈白色、暗绿色及黑色。铅青铜的锈蚀产物有时呈白色。一般允许铜及其合金有轻微且均匀的变色。其锈蚀产物及色泽如下：CuO、Cu_2O—棕红色，CuS—黑色，$Cu(OH)_2$、$CuCO_3$—绿色。

（三）铝合金和镁合金的锈蚀特征

初期锈蚀表面呈白色或暗灰色的斑点，后期锈蚀则有白色或灰白色粉末状的锈蚀产物充满锈坑。特别是镁合金的锈蚀，其锈坑深度可达几毫米，呈深孔交错状。两种合金锈蚀产物及色泽如下：

$Al(OH)_3$、Al_2O_3、$AlCl_3$—白色，$Mg(OH)_2$、MgO、$MgCO_3$—白色。

（四）锌、铜、锡及其镀层的锈蚀特征

这些金属的氧化物、氢氧化物和碳酸盐均呈白色。腐蚀初期表面呈灰白色斑点，后期锈蚀后变成黑色、灰白色点蚀和白色粉末。

二、化学除锈

（一）酸洗原理

以最常见的碳素钢浸蚀为例。

碳素钢就是普通低碳、中碳、高碳钢。钢材在空气中形成的锈斑主要是 Fe_2O_3。例如，经热处理的钢材则有一层较厚的蓝色氧化皮。最外层为 Fe_2O_3，中间层为 Fe_3O_4，靠近金属的是 FeO，它们分子中氧的含量依次降低。由于热处理条件不同，每层的厚度也各不相同。同时生成的氧化皮不是完整无缺的，中间有孔隙。去掉氧化皮的浸蚀液可用硫酸、盐酸或两者混合酸。

当用硫酸浸蚀时，发生如下反应：

$$Fe_2O_3 + 3H_2SO_4 = Fe_2(SO_4)_3 + 3H_2O \quad (1)$$

$$Fe_3O_4 + 4H_2SO_4 = Fe_2(SO_4)_3 + FeSO_4 + 4H_2O \quad (2)$$

$$FeO + H_2SO_4 = FeSO_4 + H_2O \quad (3)$$

由于 Fe2（SO4）3 在硫酸中溶解度低，反应（1）和反应（3）进行得很慢。硫酸可通过氧化皮的孔隙直接与氧化皮中的铁屑或铁基体反应：

$$Fe + H_2SO_4 = FeSO_4 + H_2\uparrow$$

反应式对浸蚀过程起重要促进作用，因生成的活性氢可将铁的高价氧化物还原成低价氧化物（$Fe_2O_3+2H^+=2FeO+H_2O$），低价氧化物易溶解，其产物溶解度也大，故加速浸蚀过程。另外，氢气是在氧化皮内部产生的，其强大的压力可将氧化皮机械地顶破和剥离，也加速浸蚀过程。

在硫酸中浸蚀主要是靠反应式析出氢气的机械剥离作用，所以酸的消耗少一些。但是会产生一系列不良后果，制品表面会局部过腐蚀和变粗糙、改变制品尺寸、渗氢造成氢脆等。为此应加缓蚀剂。

当用盐酸浸蚀时，其反应与硫酸类似：

$$Fe_2O_3 + 6HCl = 2FeCl_3 + 3H_2O \quad (1)$$

$$Fe_3O_4 + 8HCl = 2FeCl_3 + FeCl_2 + 4H_2O \quad (2)$$

$$FeO + 2HCl = FeCl_2 + H_2O \quad (3)$$

$$Fe + HCl = FeCl_2 + H_2\uparrow \quad (4)$$

$FeCl_2$ 和 $FeCl_3$ 在盐酸中溶解度大，所以反应（1）、反应（2）、反应（3）的反应速度都比较快，而反应（4）比反应（1）小得多，所以单独用盐酸浸蚀比单独用硫

酸浸蚀的消耗量要大一些，而对基体的腐蚀相对较少。

（二）酸的功能

硫酸与基体铁反应的有利方面是新生原子态氢能将溶解度小的硫酸铁还原为溶解度大的硫酸亚铁，加快化学溶解速度；硫酸通过氧化皮的间隙与基体铁反应造成铁的溶解和氢气的析出，在氧化皮后面生成的氢气又能对氧化皮产生机械顶裂和剥离作用。这些都可以提高酸洗效率。硫酸与基体铁反应的不利方面是硫酸与基体铁的反应可能造成基体的过腐蚀，使工件尺寸改变；析氢也可能造成工件渗氢，从而引起氢脆问题。

盐酸的作用主要是对氧化物的化学溶解。盐酸与铁的氧化物反应生成氧化亚铁和氯化铁，它们的溶解度都很大，所以盐酸浸蚀时机械剥离作用比硫酸小。对于疏松氧化皮，盐酸浸蚀速度快，基体腐蚀和渗氢少；但对于比较紧密的氧化皮，单独使用盐酸酸洗时酸的消耗量大，最好使用盐酸与硫酸的混合酸洗液，发挥析出氢气的机械剥离作用。

硝酸主要用于高合金钢的处理，常与盐酸混合用于有色金属处理。硝酸溶解铁氧化物的能力极强，生成的硝酸亚铁和硝酸铁溶解度也很大，析氢反应较小。硝酸用于不锈钢，由于其钝化作用不会造成基体腐蚀，但用于碳素钢，必须解决对基体的腐蚀问题。

氢氟酸主要用于清除含 Si 的化合物，如某些不锈钢、合金钢中的合金元素，焊缝中的夹杂焊渣，以及铸件表面残留型砂。其反应为：

$$SiO_2 + 6HF = H_2SiF_6 + 2H_2O$$

氢氟酸和硝酸的混合液多用于处理不锈钢，但氢氟酸腐蚀性很强，硝酸会放出有毒的氮化物，也难以处理，所以在应用时要特别注意，防止对人体的侵害。

磷酸有良好的溶解铁氧化物的性能，而且对金属的腐蚀较小，因为它能够在金属表面产生一层不溶于水的磷酸盐层磷化膜，可防止锈蚀，同时也是涂漆时良好的底层，一般用于精密零件除锈，但磷酸价格较高。采用磷酸除锈时，主要作用是变态。把氧化皮和铁锈变成易溶于水的 $Fe(H_2PO_4)_3$ 和难溶于水及不溶于水的 $FeHPO_4$、$Fe_3(PO_4)_2$，氢的扩散现象微弱。磷酸酸洗时产生的氢为盐酸酸洗、硫酸酸洗时的 1/10 ~ 1/5，氢扩散渗透速度为盐酸酸洗、硫酸酸洗的 1/2。

当制品表面的锈和氧化皮含高价铁的氧化物多时（棕锈或蓝色氧化皮），可采用混酸进行浸蚀。这样既发挥了氢气对氧化皮的撕裂作用，又加速了 Fe_2O_3 和 Fe_3O_4 的化学溶解速度。当制品表面只带有疏松的锈蚀产物时（主要是 Fe_2O_3），可单独用盐酸浸蚀，因盐酸溶解快，对基体腐蚀及渗氢造成的氢脆程度也小。当制品表面是紧密的氧化皮时，单用盐酸消耗量大，成本高，且对氧化皮的剥离作用比硫酸弱，此时，应该用两者的混合酸。

含钛的合金钢酸洗，还要加入氢氟酸。热处理产生的厚而致密的氧化皮，要先在含强氧化剂的热浓碱溶液中进行“松动”，然后在盐酸加硝酸或硫酸加硝酸的混酸中浸蚀。

除锈过程中氢的析出会带来很多不利的影响，由于氢原子很容易扩散至金属内部，导致金属性能发生变化，使韧性、延展性和塑性降低，脆性及硬度提高，即发生所谓“氢脆”。此外，氢分子从酸液中以气泡方式逸出，逸出后气泡破裂形成酸雾，对人体健康和设备、建筑的腐蚀产生极大的影响。这个现象在用硫酸酸洗时最为严重，因为去除氧化皮和铁锈，主要是利用溶解时生成氢泡的剥离作用。在盐酸洗时，铁的氧化物在盐酸中的溶解速度比在硫酸中快得多，所以酸雾现象不严重，同时向金属扩散氢而引起氢脆现象也不严重。

为了改善酸洗处理过程，缩短酸洗时间，提高酸洗质量，防止产生过蚀和氢脆及减少酸雾的形成，可在酸洗液中加入各种酸洗助剂，如缓蚀剂、润湿剂、消泡剂和增厚剂等。消泡剂和增厚剂一般仅应用在喷射酸洗方面。

（三）酸洗添加剂

酸洗液中必须采用缓蚀剂，一般认为缓蚀剂在酸液中能在基体金属表面形成一层吸附膜或难溶的保护膜。膜的形成在于金属铁开始和酸接触时就产生电化学反应；使金属表面带电，而缓蚀剂是极性分子，被吸引到金属的表面，形成保护膜，从而阻止酸与铁继续作用而达到缓蚀的作用。从电化学的观点来看，所形成的保护膜，能大大阻滞阳极极化过程，同时也促进阴极极化，抑制氢气的产生，使腐蚀过程显著减慢。氧化皮和铁锈不会吸附缓蚀剂极性分子而成膜，因为氧化物和铁锈与酸作用是普通的化学作用，使铁锈溶解，在氧化皮和铁锈的表面是不带电荷的，不能产生吸附膜。因此，在除锈液中加入一定量的缓蚀剂并不影响除锈效率。随着酸洗液温度的增加，缓蚀剂的缓蚀效率也会降低，甚至会完全失效。因此，每一种缓蚀剂都有一定的允许使用温度。

酸洗液中所采用的润湿剂，大多是非离子型和阴离子型表面活性剂，通常不使用阳离子型表面活性剂。这是由于非离子表面活性剂在强酸介质中稳定，阴离子表面活性剂只能采用磺酸型一种。利用表面活性剂所具有的润湿、渗透、乳化、分散、增溶和去污等作用，能大大改善酸洗过程缩短酸洗的时间。

为了减小基体的腐蚀损失和渗氢的影响，减少酸雾改善操作环境，酸洗液中还应加入高效的缓蚀抑雾剂。但需注意，缓蚀剂可能在工件表面形成薄膜，需要认真清洗干净，而且缓蚀剂减缓了析氢反应的机械剥离作用。

（四）酸洗用酸的种类、浓度及温度的选择

对浸蚀过程所用的酸浓度必须予以注意。一般随浓度增加浸蚀速率加快，但对应于最大浸蚀速率有一个最佳浓度。对硫酸来说，这个浓度约为25%，浓度进一步提高，

浸蚀速率又重新下降，这是由于浓硫酸溶液里氢离子的活度下降的缘故。为减少铁基体的损失，一般用20%的盐酸；对盐酸而言，虽然随着浓度的增加浸蚀速率一直加快，但实验表明，当浓度超过20%时，基体的溶解速率比氧化物的溶解速率要快得多，因此，不宜用浓盐酸。为避免盐酸挥发损耗和污染环境，常采用15%左右的浓度。采用混合酸时，多用10%的硫酸和10%盐酸相混合。有时视具体情况调整。

浸蚀过程中，酸不断在消耗，浸蚀效率将逐渐降低，这是酸浓度降低和铁盐浓度升高的缘故。继续使用这种溶液就要加温作业，不然浸蚀时间就要延长，而且大量积累Fe^{2+}、Fe^{3+}对浸蚀不利，特别是Fe^{3+}，它与基体铁发生下列反应，使基体遭到更大损失：

$$2Fe^{3+} + Fe = 3Fe^{2+}$$

因此应当及时补充新酸，当溶液中含铁离子浓度大于90g/L时，就要全部或大部分更换，此时溶液中的余酸为3% ~ 5%。上述两个数字是浸蚀溶液的控制指标。表3-6是相同腐蚀程度的钢铁工件在盐酸和硫酸中的酸洗时间与酸浓度的关系。

表3-6　钢铁工件在盐酸和硫酸中的酸洗时间与酸浓度的关系

盐酸含量	酸洗时间 /min	硫酸含量	酸洗时间 /min
2%	90	2%	135
5%	55	5%	135
10%	18	10%	120
15%	18	15%	120
20%	10	20%	80
25%	9	25%	65
30%	—	30%	75
40%	—	40%	95

温度对化学浸蚀也有很大影响。随温度升高，浸蚀速率大为加快。但为减少基体的腐蚀和防止酸雾的逸出，一般不采用高温浸蚀，硫酸浸蚀不宜超过60℃，盐酸或混酸不宜超过40℃。表3-7是相同锈蚀程度的钢铁工件在盐酸和硫酸中的酸洗时间与温度的关系。

表3-7　酸洗时间与温度的关系

酸含量	硫酸酸洗时间 /min			盐酸酸洗时间 /min		
	18℃	40℃	60℃	18℃	40℃	60℃
5%	135	45	13	55	15	5
10%	120	32	8	18	6	2

（五）钢铁工件酸洗工艺

酸洗除锈方法有浸渍酸洗、喷射酸洗及酸膏除锈等。浸渍酸洗的金属经脱脂处理后，放在酸槽内，待氧化皮及铁锈浸蚀掉，用水洗净后，再用碱进行中和处理，得到适合于涂漆的表面。

三、电化学酸浸蚀

电化学法除锈是在酸或碱溶液中对基体金属材料进行阴极或阳极处理来除去锈层的。它是将欲处理的基体金属材料置于浸蚀液中，以金属材料作为阴极或阳极，通直流电以除去锈蚀产物的过程。它可分为电化学强浸蚀和电化学弱浸蚀，也可分为阴极浸蚀和阳极浸蚀。当基体金属材料进行阴极浸蚀时，由于金属材料表面猛烈析出的氢气泡对氧化皮的机械剥离作用，以及初生态的氢将氧化物中的金属离子还原为金属的还原作用，而使氧化皮得以清除；而当基体金属材料进行阳极浸蚀时，氧化皮的除去是借助于金属的电化学和化学溶解，以及金属材料上析出的氧气泡对氧化皮的机械剥离作用来达到。

电化学浸蚀中的阳极浸蚀和阴极浸蚀各有特点。阳极浸蚀有可能发生基体金属材料的腐蚀现象，称为过浸蚀。因此，对于形状复杂或尺寸精度要求高的零件不宜采用阳极浸蚀。阴极浸蚀不会发生基体金属材料的溶解，但是由于阴极上有氢气析出，可能会发生渗氢现象而使基体金属出现氢脆。此外，浸蚀液中的金属杂质也可能在基体金属表面沉积出来，影响以后电镀镀层与基体金属材料之间的结合力。

电化学浸蚀的优点是浸蚀速度快，耗酸少。溶液中铁离子含量对浸蚀能力影响小。但需要电源设备和消耗电能。由于分散能力差，形状复杂的工件不容易除尽。当氧化皮厚而致密时，应先用硫酸化学强浸蚀，使氧化皮疏松后再进行电化学浸蚀。

为克服阴极浸蚀过程的渗氢，发挥阴极浸蚀速度快、不腐蚀基体金属的优点，可在电解液中加入少量铅离子和锡离子，或者在阳极上挂2%左右的铅板或锡板。这是因为在已除去氧化皮的铁基上很快会沉积出一层薄薄的铅或锡，它们的氢过电位高，防止了铁基上的氢离子还原和向金属内部扩散。

另外，为了克服阳极浸蚀和阴极浸蚀的不足之处，常采用阴极－阳极联合电化学浸蚀法。即先阴极浸蚀较长时间后再转入短时间的阳极浸蚀。阴极浸蚀不仅效率高，而且不会出现影响零件尺寸精度的现象。而转为阳极浸蚀后，一方面可以将阴极浸蚀过程中沉积的杂质从表面溶解除去，另一方面也可以消除阴极过程中产生的渗氢现象。值得注意的是阳极浸蚀的时间不能太长。

四、除油-除锈二合一处理

对于表面油污、锈迹不太严重的工件，其预处理过程的除油和除锈的步骤可以合并为除油－除锈二合一处理，以简化工序，减少设备及化工原材料数量。这种二合一处理的溶液由能除去油污的成分和能除去锈迹的成分组成，各成分的作用与单独的除油剂、除锈剂相同。

通常用于黑色金属除油－除锈二合一处理的溶液及工艺见表 3-8。

表 3-8　除油－除锈二合一处理溶液组成及工艺

溶液组成及工艺	1	2	3	4	5
H_2SO_4	13% ～ 20%	16% ～ 23%	15% ～ 17%	18% ～ 28%	46% ～ 59%
HC1	—	—	—	30% ～ 42%	—
硫脲	0.1%	1.0% ～ 1.5%	—	—	—
6501-AS	2.9%	—	—	—	—
OP-10	0.3%	—	—	—	—
海鸥洗涤剂	—	4.8% ～ 6.5%	—	—	—
MC 洗涤剂	—	—	1% ～ 6%	—	—
PA_51-L	—	—	—	4% ～ 5%	—
PA_51-M	—	—	—	—	4% ～ 5%
水	余量	余量	余量	余量	余量
温度 /℃	65 ～ 70	70 ～ 90	65 ～ 70	常量	45 ～ 60
时间 /min	8	10 ～ 20	4 ～ 6	10 ～ 30	7 ～ 9

第五节　难镀材料的前处理

一、高强钢的前处理

高强钢和弹簧钢是应用比较广泛的金属材料，这类钢对氢脆比较敏感。在镀前处理时应注意以下几点。

为防止高强钢和弹簧钢在电镀过程中产生氢脆，在电镀前应在低于其回火温度 10 ~ 25℃的条件下保温 3h 以上，以消除内应力。当不知道其回火温度时，可在 180 ~ 200℃下保温 3h 以上。

经过脱脂和强浸蚀后要进行弱浸蚀，使表面处于活化状态。一般要在 50 ~ 100ml/L 的硫酸或盐酸溶液中，在室温下浸泡 0.5 ~ 2min。如果下一步要进行制化物电镀，还需在电镀前将部件浸入到碳酸钠溶液（30 ~ 80g/L）中，在室温下浸泡 10 ~ 20s 进行中和处理。

由于钢铁的电位比较负，在进入酸性镀液（如酸性镀铜）中进行电镀之前，可先预镀一层金属，例如，电镀氰化铜或电镀镍等。

二、不锈钢的前处理

目前，不锈钢的应用越来越广泛。对其电镀适当金属后，可改善和提高其钎焊性、导电性、导热性、抗高温、抗氧化性及润滑性等。由于不锈钢表面有一层薄而透明的氧化膜，除去后容易迅速再形成。因此，按一般钢铁部件进行镀前处理，往往不能得到结合力良好的镀层。要想获得结合力良好的镀层，应特别注意活化工艺。

经过室温浸蚀后，分别进行活化和预镀。

①活化。阳极活化处理：硫酸（（H_2SO_4，1.84mol/L）250 ~ 300ml/L，在室温下阳极活化 1.0 ~ 1.5min，电流密度为 3 ~ SA/dm^2。

预镀盐酸（1.19mol/L）180 ~ 220mL/L，氯化镍（$NiCl \cdot 6H_2O$）20 ~ 25g/L，在室温下预镀 2 ~ 3min，电流密度为 3 ~ 5A/dm^2。金属部件入镀槽后，先不通电，最好在槽内停放 20 ~ 60s。

②预镀。脱脂后，在 500mL/L 的盐酸溶液中浸蚀 1 ~ 10min。若氧化层过厚时，可在盐酸溶液中加入适量的硫酸和氢氟酸，并适当延长时间。然后进行两次镀锌活化处理，即在普通镀锌液中电镀 1 ~ 4min，接着在 500mL/L 盐酸或硫酸溶液中浸数秒进行退镀，并重复一次。镀后在 200℃下加热 1 ~ 2h 进行除氢。该法也适用于镍及镍合金镀前处理。

三、铝及铝合金的前处理

铝及铝合金是应用最广泛的金属之一，在其表面经过电镀适当的金属后，就能进一步提高使用性能。例如，提高表面硬度、耐磨性、耐蚀性，增加导电性，改善可焊性，便于和橡胶黏接等，以及提高装饰性、光学特性和润滑特性等。

由于铝具有很强的负电性，表面极易生成氧化膜，在镀液中易受到浸蚀而被置换出被镀金属，从而影响了镀层的结合力。为了获得结合力良好的镀层，通常采用以下措施。

①除去天然氧化膜，并防止在电镀前再形成新的氧化膜。

②在铝及铝合金表面形成能提高镀层结合力的并具有特殊结构的人工氧化膜，如磷酸阳极化膜等。

③配合适当的预处理，在特殊的槽液中直接电镀，若部件在槽液中不发生置换反应，也能得到结合力良好的镀层。

由于铝及铝合金种类繁多，又可能存在不同的热处理状态，很难找到一种通用的预处理方法。

（一）脱脂处理

①有机溶剂脱脂。对于铝及铝合金表面油脂较多的部件，先用有机溶剂粗脱脂，

通常用的有煤油、汽油、三氯乙烯或四氯化碳等。

②化学脱脂。化学脱脂配方如表 3-9 所示。

表 3-9 化学脱脂配方

物质	用量
碳酸钠	30 ～ 40g/L
磷酸三钠	50 ～ 60g/L

注：温度 50 ~ 60，时间 1 ~ 3min。

③阴极电化学脱脂。电化学脱脂配方如表 3-10 所示。

表 3-10 电化学脱脂配方

物质	用量
碳酸钠	10g/L
三聚磷酸钠	10g/L

注：温度 60 电解 1min 以内，阴极电流密度 $10A/dm^2$。

（二）浸蚀处理

①碱浸蚀。除去自然氧化膜和粗糙表面，提高与基材的结合力。其配方如表 3-11 所示。

表 3-11 碱浸蚀配方

配方	物质	用量
配方 1	碳酸钠	25 ～ 40g/L
	磷酸三钠	25 ～ 40g/L
配方 2	氢氧化钠	80 ～ 100g/L

注：温度 70 ~ 85℃，时间视表面情况而定。

②酸浸蚀（或称出光）。在脱脂和碱浸蚀后，铝合金中的铁、锰、铜、镁、硅等不溶于碱，常残留于铝表面上。酸浸蚀就是为了除去残留在表面的残渣，也能达到出光的目的。其酸浸蚀工艺如表 3-12 所示。

表 3-12 酸浸蚀配方

配方	物质	用量
配方 1	硝酸	15% ～ 30%
配方 2	硝酸	60%
	硝酸	40%
配方 3	硝酸	85% ～ 90%
	氢氟酸	5% ～ 15%

注：一般铝制品在配方 1 和配方 2 的溶液中处理；含硅铝合金铸件在配方 3 溶液中处理。温度 15 ~ 25℃，时间 10 ~ 30s。

③中间预处理。当铝及铝合金表面清理干净后，应根据基体材料和镀层的不同要求进行浸锌、浸合金、磷酸阳极化或盐酸预浸蚀，以获得附着力良好的镀层。

a. 浸锌是应用最广泛的处理方法。操作时，将金属部件浸入到锌酸盐溶液中能清除掉表面的天然氧化膜，同时置换出一薄层致密而附着力良好的锌层。为了进一步提高基体与镀层的结合力，常采用两次浸锌。

通常一次浸锌得到的锌层粗糙多孔，结合力还不够好，所以大都在 500mL/L 的硝酸中将其溶解，然后再进行第二次浸锌（采用方法 1 或方法 2 都可以），所得锌层比较平滑致密，两次浸锌可在同一槽液中进行。

b. 浸合金。浸锌 – 镍合金工艺如表 3-13 所示。

表 3-13　浸锌 – 镍合金工艺配方

物质	用量
氢氧化钠（$NaOH$）	240g/L
柠檬酸钠（枸橼酸钠，$Na_3C_6H_5O_7 \cdot 2H_2O$）	10g/L
硫酸锌（$ZnSO_4$）	120g/L
酒石酸钾钠（$KNaC4H_2O_6 \cdot 4H_20$）	120g/L
硫酸镍（$NiSO_4 \cdot 6H_2O$）	60g/L

注：室温，时间 20 ~ 30s。

第四章　金属表面涂层技术

第一节　涂料的概述

在我们的日常生活中，能看到很多物体表面都是用涂层来进行保护和装饰的。涂层技术是表面处理技术中一个很重要的组成部分。

①什么是涂料？涂料指涂覆于物体表面，形成一层致密、连续、均匀的薄膜，在一定的条件下起保护、装饰或其他作用（如绝缘、防锈、防腐、耐磨、耐热、阻燃、抗静电等）的一类液体或固体材料。早期的涂料大多以植物油或天然树脂为主要原料，故又称油漆。目前，随着技术的进步，合成树脂已大部分或全部取代了植物油或天然树脂，所以现在统称涂料。但是，在涂料名称中有时还沿用“漆”的字样，如醇酸调和漆。

②什么是涂装？涂装就是指将涂料用一定的设备和方式涂覆于物体表面，经自然或人工的方法干燥固化形成均匀一致的涂层的过程。物体的表面材质不同，有钢铁、有色金属、合金、塑料、木材、陶瓷、玻璃等不同形式，不同的材料表面性质各异。为了满足不同基材、不同场合的适用要求，已生产出了各具特色的涂料，与之相对应，涂装技术也得到了飞速发展。

涂料的分类方法很多，通常有以下几种：

①按涂料的形态可分为水性涂料、溶剂性涂料、粉末涂料、高固体分涂料等。

②按施工方法可分为刷涂涂料、喷涂涂料、辊涂涂料、浸涂涂料、电泳涂料等。

③按施工工序可分为底漆、中涂漆（二道底漆）、面漆、罩光漆等。

④按功能可分为装饰涂料、防腐涂料、导电涂料、防锈涂料、耐高温涂料、室温涂料、隔热涂料、防火涂料、防水涂料等。

⑤按用途可分为建筑涂料、罐头涂料、汽车涂料、飞机涂料、家电涂料、木器涂料、桥梁涂料、塑料涂料、纸张涂料等。家用油漆可分为内墙涂料、外墙涂料、木器漆、

金属用漆、地坪漆。

⑥按漆膜性能可分为防腐漆、绝缘漆、导电漆、耐热漆等。

⑦按基料的种类可分为有机涂料、无机涂料、有机－无机复合涂料等。有丸涂料由于其使用的溶剂不同，又分为有机溶剂型涂料和有机水性（包括水乳型和水溶型）涂料两类。生活中常见的涂料一般都是有机涂料。无机涂料指的是用无机高分子材料为基料所生产的涂料，包括水溶性硅酸盐系、硅溶胶系、有机硅及无机聚合物系。有机－无机复合涂料有两种复合形式，一种是涂料在生产时采用有机材料和无机材料共同作为基料，形成复合涂料；另一种是有机涂料和无机涂料在装饰施工时相互结合。

⑧按装饰效果，可分为表面平整光滑的平面涂料（俗称平涂）、表面呈砂粒状装饰效果的砂壁状涂料、形成凹凸花纹立体装饰效果（浮雕）的复层涂料。

⑨按使用功能可分为普通涂料和特种功能性建筑涂料，如防火涂料、防水涂料、防霉涂料、道路标线涂料等。

⑩按照使用颜色效果可分为金属漆、透明清漆等。

⑪ 按在建筑物上的使用部位可分为内墙涂料、外墙涂料、地面涂料和顶棚涂料。

⑫ 按使用功能可分为普通涂料和特种功能性建筑涂料，如防火涂料、防水涂料、防霉涂料、道路标线涂料等。

⑬ 按涂料的成膜物质可分为油脂涂料、天然树脂涂料、酚醛树脂涂料、沥青涂料、醇酸树脂涂料、氨基树脂涂料、硝化纤维素涂料、纤维素涂料、过氯乙烯树脂涂料、乙烯树脂涂料、丙烯酸树脂涂料、聚酯树脂涂料、环氧树脂涂料、聚氨酯涂料、元素有机涂料、橡胶涂料、改性树脂涂料和新型涂料等。

一、酚醛树脂涂料

酚醛树脂是酚和醛经缩合反应而得到的一类树脂。在工业生产中，主要采用苯酚和甲醛为原料来制取。生产过程中，由于酚和醛的质量比不同，采用的催化剂不同，生产得到的树脂的性质也不同。一般可分为热塑性酚醛树脂和热固性酚醛树脂两类。

利用酚醛树脂作为成膜物质可以制备得到酚醛树脂涂料，可以作为清漆、磁漆、底漆、防锈漆等来使用。其特点有：

①干燥快，硬度高，光泽好；

②耐水性、耐酸碱性、耐热和耐化学腐蚀性好；

③漆膜坚硬、附着力好，但是成膜较脆，易变黄，故不宜做成白色涂料使用；

④耐候性较醇酸树脂涂料稍差。

根据生产工艺的不同，也可以将酚醛树脂分为油溶性酚醛树脂涂料，松香改性酚醛树脂涂料和丁醇改性酚醛树脂涂料等。

①油溶性酚醛树脂涂料。用甲醛和对烷基或对芳基取代酚缩聚制备得到的酚醛树

脂，再与干性油（主要是桐油）共炼而成。主要用于飞机、船舶表面的涂装，也可作为电器绝缘漆使用。

②松香改性酚醛树脂涂料。用松香改性热固性酚醛缩合物，再用甘油酯化改性，然后与干性油（主要是桐油）混合炼制而成。主要用于家具、门窗的涂装。

③丁醇改性酚醛树脂涂料。用丁醇酯化热固性酚醛缩合物，再与油或其他合成树脂共炼而成。主要用于化工防腐和罐头盒内壁涂料。

二、醇酸树脂涂料

醇酸树脂涂料是目前涂料中生产量最大的一种涂料，约占全部涂料生产量的 50% 以上。醇酸树脂涂料是以醇酸树脂为主要成膜物质的涂料。醇酸树脂是多元醇（如丙三醇、季戊四醇、三羟甲基丙烷等）和多元酸（邻苯二甲酸酐）的缩聚产物，不溶于溶剂，成膜很脆，无法作涂料用。若要用作涂料必须进行加工，其方法是：加入一种能溶于溶剂（如汽油）的物质（如油类），与醇酸共缩聚，形成可溶于有机溶剂的产物。其特点是：

①原料简单，生产工艺简便；

②成膜为网状结构，耐候性好，不易老化；

③附着力好，耐磨性、耐热性、耐溶剂性、耐候性好，但是耐水性、耐碱性较差；

④易与其他树脂（如环氧树脂、氨基树脂硝化纤维酯、过氯烯树脂等）并用，制成改善不同性能的品种。

根据改性原料的不同，可以分为油脂改性醇酸树脂和其他树脂改性的醇酸树脂。醇酸树脂可以通过脂肪酸法、熔融法或溶剂法进行制备。下面以溶剂法制备中油度亚麻油醇酸树脂为例进行简要介绍。

制备时分两步。第一步：醇解反应，即先制备甘油 - 酸酯（丙三醇与油的醇解反应）；第二步：酯化反应，即利用甘油 - 酸酯与苯酐反应，制备改性醇酸树脂。

具体制备方法如下：

①亚麻油、甘油全部加入反应釜内，开始搅拌；加温 45 ~ 55min 升温到 120℃，通入 CO_2；停止搅拌，加入黄丹，再搅拌。

②经 2h 升温到（220 ± 2）℃，保持至取样测定无水甲醇容忍度为 5（25℃）即为醇解终点，在醇解时放掉分水器中的水，将垫底二甲苯和回流二甲苯准备好。

上述①与②为醇解反应，是第一步。

③醇解后，在 20min 内分批加入苯二甲酸酔，停通 CO_2，立即从分水器加入装锅总量的 4.5% 的二甲苯（83kg），同时升温；在 2h 内升温到（200 ± 2）℃，保持 1h；

④再用 2h 升温到（230 ± 2）℃，保持 1h 后开始取样测黏度、酸值、颜色，作好记录。黏度测定为样品 200 号油漆溶剂油 =1 : 1（质量比），25℃加长管。当黏度为 6 ~ 6.7s

时，停止加热，抽出至稀释罐，冷却到150℃加入200号油漆溶剂油1300kg和二甲苯325kg制成树脂溶液。

上述③与④为第二步酯化反应。最后再冷却到60℃以下过滤，即可得到醇酸树脂。

三、氨基树脂涂料

氨基树脂涂料是以含有氨基官能团的原料与醛类（主要是甲醛）反应，再以醇类（主要是丁醇）改性制得能溶于有机溶剂的树脂，如三聚氰胺甲醛树脂、尿素甲醛树脂、烃基三聚氰胺甲醛树脂。其特点是：

①与其他树脂（如环氧树脂、有机硅树脂、乙烯类树脂、丙烯酸树脂、醇酸树脂等）混合使用，可制成多种涂料。

②以氨基树脂、醇酸树脂为主要成膜物质制成的氨基醇酸烘漆颜色艳丽，保光性强，附着力好，耐水、耐油、耐磨。

氨基树脂自身成膜较脆，且附着力较差，不能单独制漆，需要加入其他树脂进行改性。

（一）氨基醇酸树脂涂料

氨基醇酸树脂涂料是氨基树脂涂料的主要品种，它是用醇酸树脂对氨基树脂改性制得。混合树脂中，氨基树脂含量越高，漆膜的光泽度、硬度、耐磨性等综合性能越好，但其成本较高，漆膜较脆，多用作罩面漆。工业中使用的多是中氨基含量的氨基醇酸树脂，烘烤成膜后，漆膜光泽度好，耐候性、耐化学腐蚀性优良，耐磨性、绝缘性、装饰性较好，可广泛用于轻工业产品、机电设备金属制品表面的涂装。

（二）酸固化性氨基树脂涂料

在常温下，以酸作催化剂，使氨基树脂交联固化形成漆膜。该漆膜光亮、丰满，但耐水性、耐湿交变性差，可用于家具木材表面的涂装。

（三）氨基树脂改性硝基涂料

由氨基树脂与硝基化纤维素混合制得，颜色较浅。具有优良的耐候性、保光性，可用于户外。

（四）水溶性氨基树脂涂料

由六甲氧基三聚氰胺与水溶性醇酸树脂混合制得的水性涂料。与溶剂型氨基醇酸树脂涂料相比，其物理化学性能较优，但耐候性差。

使用氨基树脂涂料时应注意：氨基树脂漆（如氨基清烘漆、各色氨基烘漆、各色

氨基半光烘漆、无光烘漆等）的漆膜质量与烘烤状况关系很大，若烘烤温度低、时间短，则漆膜之耐油、耐潮湿、耐光、保光性等受影响。一般烘烤温度，浅色漆为100℃左右，约2h；深色漆120～130℃，约2h；超过150℃烘烤，则漆膜易老化。

四、丙烯酸树脂涂料

丙烯酸树脂是丙烯酸酯或甲基丙烯酸酯单体通过加聚反应生成的聚合物。丙烯酸树脂可分为热塑性丙烯酸树脂和热固性丙烯酸树脂两大类。其特点是：光泽性好，保光性好，耐候性好，颜色浅，透明度好，耐热，特别是热固性丙烯酸树脂，在170℃下不分解，不变色，具有一定的耐酸、碱、盐特性。

（一）热塑性丙烯酸树脂涂料

热塑性丙烯酸树脂为共聚树脂，可熔可溶，不再进行交联固化。热塑性丙烯酸树脂涂料的特点有：

①耐光性、保色性、耐候性强；

②施工方便，干燥快速，适合大面积施工；

③其他性能不如热固性丙烯酸树脂涂料。

（二）热固性丙烯酸树脂涂料

热固性树脂通过侧链基因交联固化，聚合物相对分子质量稍低于热塑性树脂的相对分子质量，交联反应常用侧链基团有：羟基、羧基、环氧基和N—羟甲基、烷甲氧基酰胺基。热固性丙烯酸树脂涂料的特点有：

①具有热塑性丙烯酸树脂涂料漆膜的优点；

②由于涂料固体分高（质量分数可达50%），故漆膜更为厚实坚韧，耐溶剂及化学药品耐热性更好。

五、环氧树脂涂料

环氧树脂（EP）是一种从液态到黏稠态、固态多种形态的物质。它几乎没有单独的使用价值，只有和固化剂反应生成三维网状结构的不溶、不熔聚合物才有应用价值，因此环氧树脂属于热固性树脂。环氧树脂是指含有两个或两个以上环氧基，以脂肪族、脂环族或芳香族等有机化合物为骨架并能通过环氧基团反应形成的高分子低聚体。

环氧树脂的分子结构是以分子链中含有活泼的环氧基团为其特征，环氧基团可以位于分子链的末端、中间或成环状结构。由于分子结构中含有活泼的环氧基团，使它们可与多种类型的固化剂发生交联反应而形成不溶、不熔的具有三维网状结构的高聚物。

其特点主要有：

①形式多样。各种树脂、固化剂、改性剂体系几乎可以适应各种应用对形式提出的要求，其范围可以从极低的黏度到高熔点固体。

②固化方便。选用各种不同的固化剂，环氧树脂体系几乎可以在 0 ~ 180℃温度范围内固化。

③黏附力强。环氧树脂分子链中固有的极性羟基和醚键的存在，使其对各种物质具有很高的黏附力。环氧树脂固化时的收缩性低，产生的内应力小，这也有助于提高黏附强度。

④收缩性低。环氧树脂和所用的固化剂的反应是通过直接加成反应或树脂分子中环氧基的开环聚合反应来进行的，没有水或其他挥发性副产物放出。它们和不饱和聚酯树脂、酚醛树脂相比，在固化过程中显示出很低的收缩性（小于 2%）。

⑤力学性能。固化后的环氧树脂体系具有优良的力学性能。

⑥电性能。固化后的环氧树脂体系是一种具有高介电性能、耐表面漏电、耐电弧的优良绝缘材料。

⑦化学稳定性。通常，固化后的环氧树脂体系具有优良的耐碱性、耐酸性和耐溶剂性。像固化环氧体系的其他性能一样，化学稳定性也取决于所选用的树脂和固化剂。适当地选用环氧树脂和固化剂，可以使其具有特殊的化学稳定性能。

⑧尺寸稳定性。上述的许多性能的综合，使环氧树脂体系具有突出的尺寸稳定性和耐久性。

⑨耐霉菌。固化的环氧树脂体系耐大多数霉菌，可以在苛刻的热带条件下使用。

⑩耐候性差，双组分供应，使用不便。

环氧树脂是聚合物复合材料中应用最广泛的基体树脂之一，在胶黏剂、仪表、轻工、建筑、机械、航天航空、涂料、电子电气及先进复合材料等领域得到广泛应用。

根据分子结构的不同，环氧树脂大体上可分为缩水甘油醚类环氧树脂、缩水甘油酯类环氧树脂、缩水甘油胺类环氧树脂、线型脂肪族类环氧树脂、脂环族类环氧树脂等 5 大类。

复合材料工业上使用量最大的环氧树脂品种是缩水甘油醚类环氧树脂，而其中又以二酚基丙烷型环氧树脂（简称双酚 A 型环氧树脂）为主。

（一）缩水甘油醚类环氧树脂

缩水甘油醚类环氧树脂是由含活泼氢的酚类或醇类与环氧氯丙烷缩聚而成的。

1. 二酚基丙烷型环氧树脂

二酚基丙烷型环氧树脂是由二酚基丙烷与环氧氯丙烷缩聚而成。工业二酚基丙烷型环氧树脂实际上是含不同聚合度的分子的混合物。其中大多数的分子是含有两个环氧基端的线型结构。少数分子可能支化，极少数分子终止的基团是氯醇基团而不是环

氧基。因此环氧树脂的环氧基含量、氯含量等对树脂的固化及固化物的性能有很大的影响。

工业上作为树脂的控制指标如下：

①环氧值。环氧值是鉴别环氧树脂性质的最主要的指标，工业环氧树脂型号就是按环氧值不同来区分的。环氧值是指每100g树脂中所含环氧基的物质的量数。环氧值的倒数乘以100就称之为环氧当量。环氧当量的含义是：含有1mol环氧基的环氧树脂的克数。

②无机氯含量。树脂中的氯离子能与胺类固化剂起络合作用而影响树脂的固化，同时也影响固化树脂的电性能，因此氯含量也是环氧树脂的一项重要指标。

③有机氯含量。树脂中的有机氯含量标志着分子中未起闭环反应的那部分氯醇基团的含量，它含量应尽可能地降低，否则也要影响树脂的固化及固化物的性能。

④挥发分。

⑤黏度或软化点。

2. 酚醛多环氧树脂

酚醛多环氧树脂是由线型酚醛树脂与环氧氯丙烷缩聚而成的，包括有苯酚甲醛型、邻甲酚甲醛型多环氧树脂，它与二酚基丙烷型环氧树脂相比，在线型分子中含有两个以上的环氧基，因此固化后产物的交联密度大，具有优良的热稳定性、力学性能、电绝缘性、耐水性和耐腐蚀性。

3. 其他多羟基酚类缩水甘油醚型环氧树脂

这类树脂中具有实用性的代表有：间苯二酚型环氧树脂、间苯二酚-甲醛型环氧树脂、四酚基乙烷型环氧树脂和三羟苯基甲烷型环氧树脂。这些多官能缩水甘油醚树脂固化后具有高的热变形温度和刚性，可单独或者与通用E型树脂共混，供作高性能复合材料（ACM）、印刷线路板等基体材料。

4. 脂族多元醇缩水甘油醚型环氧树脂

脂族多元醇缩水甘油醚分子中含有两个或两个以上的环氧基，这类树脂绝大多数黏度很低；大多数是长链线型分子，因此富有柔韧性。

（二）缩水甘油酯类环氧树脂

与二酚基丙烷环氧化树脂比较，缩水甘油酯类环氧树脂具有以下特点：黏度低；使用工艺性好；反应活性高；黏合力比通用环氧树脂高；固化物力学性能好；电绝缘性好；耐气候性好；良好的耐超低温性，在超低温条件下，仍具有比其他类型环氧树脂高的黏结强度；有较好的表面光泽度；透光性、耐气候性好。

（三）缩水甘油胺类环氧树脂

这类树脂的优点是多官能度、环氧当量高，交联密度大，耐热性显著提高。目前国内外已利用缩水甘油胺环氧树脂优越的黏接性和耐热性来制造碳纤维增强的复合材料（CFRP）用于飞机二次结构材料。

（四）线性脂肪族类环氧树脂

这类环氧树脂分子结构里不仅无苯核，也无脂环结构。仅有脂肪链，环氧基与脂肪链相连。环氧化聚丁二烯树脂固化后的强度、韧性、黏接性、耐正负温度性能都良好。

（五）脂环族环氧树脂

这类环氧树脂是由脂环族烯烃的双键经环氧化而制得的，它们的分子结构和二酚基丙烷型环氧树脂及其他环氧树脂有很大差异，前者环氧基都直接连接在脂环上，而后者的环氧基都是以环氧丙基醚连接在苯核或脂肪烃上。

脂环族环氧树脂的固化物具有以下特点：较高的压缩与拉伸强度；长期暴置在高温条件下仍能保持良好的力学性能；耐电弧性、耐紫外光老化性能及耐气候性较好。

六、聚氨酯树脂涂料

聚氨酯树脂(或称聚氨基甲酸酯树脂)，含有许多氨酯键，此外还有许多酯键、醚键、脲键、脲基甲酸酯键、三聚异氰酸酯键或不饱和双键。其特点如下：

①漆膜附着力强，弹性好，保护及装饰性好；

②耐化学药品性好，可高温固化，亦可常温自干；

③易与多种合成树脂配合使用；

④有些漆中含有相当数量的游离异氰酸酯，对人体有毒，施工中应注意通风。

聚氨酯树脂涂料可分为聚氨酯改性油涂料、湿固化型聚氨酯涂料、羟基固化型聚氨酯涂料、催化型聚氨酯涂料等。

①聚氨酯改性油涂料(单组分)。这种涂料是用聚氨酯改性油制得的涂料。漆膜耐碱、油和耐溶剂性比醇酸树脂漆好，主要用于木材涂饰。缺点是流平性差，易变黄。

②湿固化型聚氨酯涂料（单组分）。这种涂料是用异氰酸酯类与含有羟基的聚酯、聚醚树脂或其他化合物反应生成的涂料，高温下固化成膜，漆膜性能较好。

③羟基固化型聚氨酯涂料（双组分）。一个组分是用异氰酸酯类与多元醇制成的预聚物；一个组分为含羟基的高分子化合物，如聚酯、聚醚树脂或醇酸树脂。

漆膜特点是：附着力好，耐摩擦，耐腐蚀性好，但易变黄。

④催化型聚氨酯涂料（双组分）。一个组分是多异氰酸酯的菌麻油或蓖麻油双酯的预聚物，含有游离异氰酸；另一组分为催化剂，常用有二甲基乙醇胺、二月桂酸二

丁基锡、环烷酸钴等。漆膜特点是：附着力强，耐磨性、耐水性、光泽好，适于木材、混凝土表面。

第二节　涂装前处理技术

涂装前处理是涂装的基础性工作，对涂装质量有重要影响，因此必须加以注意。尤其是油污的存在，将严重影响涂装质量。

要得到合格、优质的涂层，在涂装前应对被涂表面进行清除污垢、去除氧化皮、锈迹脱脂等操作。污垢分为有机污垢和无机污垢两大类。金属表面的腐蚀产物（锈迹、氧化膜）、碱斑、焊渣、灰尘、水垢等都属于无机污垢。各种油污、旧漆膜等则属于有机污垢。从被涂物表面清除各种污垢，以保证涂层与被涂物表面有良好的附着力及涂层的外观、耐湿性、防腐性。

在涂装前，对钢铁件进行磷化处理，对铝及铝合金件进行氧化处理，可以大大提高漆膜与基材表面的附着力。另外，对钢铁件表面进行机械处理（如喷砂、用砂纸手工打磨等），可以清除表面的机械加工缺陷、形成涂装所需的表面粗糙度。涂装前处理的选择与污垢特性和污物程度、被清洗材质、机械加工质量要求等方面有着紧密联系。

一、钢铁件表面涂装前处理

对待涂装处理的钢铁件表面，必须认真进行前处理，否则将严重影响涂层质量（尤其是附着力及平整性）。一般来说，钢铁件表面通常带有油污、灰尘、锈蚀等，下面分别叙述。

（一）除油

钢铁等金属件在制造和使用过程中，由于机械加工及防锈的需要，经常接触各种润滑油、防锈油、抛光膏等，加上附着在表面的灰尘，飞絮等，极易形成油垢。因此，钢铁件在涂装前必须首先除油。

除油方法有机械法除油和化学法除油，机械法除油包括手工刮除、喷射和超声波清洗等。化学除油方法有碱液清洗、表面活性剂清洗、乳化液清洗、有机溶剂清洗等。若油污较重，应先用手工刮除（机械法）大部分油污，然后再用化学法除油。碱液清洗法是利用碱的化学作用为主的比较古老的清洗方法，价格低廉、使用方便，目前仍被广泛使用。

氢氧化钠又称苛性钠，属强碱性化合物。在清洗除油时主要起化学作用，可与酸性油垢或动物性油脂反应，生成可溶于水的盐或皂而从钢铁件表面脱出。

碳酸钠又称苏打，碱性稍弱，有一定的缓冲作用，不会像强碱那样侵蚀有色金属。

硅酸钠在水解过程中提供碱度，水解时生成的硅酸不溶于水，而以胶体形式悬浮于槽液中。对污垢有分散作用，能避免被除掉的油污在工件上再次沉积。但是也应当注意，在酸性较强时，水解生成的游离硅酸会在工件表面沉积，形成一层不溶于水的薄膜，水洗很难洗掉，会影响涂层的附着力和其他性能。

磷酸盐也可作为碱性清洗剂。磷酸盐在水解时生成离解度较小的磷酸，从而获得了碱度。磷酸钠有较强的分散作用，可将大颗粒的污垢分散成近似胶体的小颗粒。另外，磷酸钠也具有表面活性剂的作用，但略低于硅酸钠，故常用来代替硅酸钠，用于处理不能用硅酸钠处理的清洗剂中。磷酸盐可与水中的钙、镁离子结合，形成不溶于水的钙、镁的磷酸盐，因此，在用含钙、镁离子较多的硬水清洗油污时应当加大磷酸盐的使用量。

在使用碱液清洗时，清洗能力往往与污垢的种类和严重程度、溶液的pH值、温度、水的硬度、机械作用等方面有关。

一般来说，油污黏度越大，熔点越高，越难清洗；含脂肪酸和畸形防锈剂的油污较难清洗，需要较强的机械作用力和化学反应力；含不饱和脂肪酸的液体油污易被氧化、聚合成膜，较难清洗，应引起高度重视。

溶液的pH值越高，清洗能力也随之升高。pH值为9 ~ 10时，属弱碱性溶液，可清洗轻度油污；pH值为11 ~ 12时，属中等碱性溶液，可清洗中等程度的油污；pH值为12 ~ 14时，溶液碱性较强，适用于清洗严重油污的工件。

提高溶液温度也可以加快除油的速度，但是温度过高会使某些表面活性剂分解失效，一般来说，较适宜的除油温度应控制在50 ~ 80℃之间。

水的硬度严重影响除油效率和清洗剂的使用寿命。水的硬度越高，除油效果越差，除油时间也越长，甚至无法除去油污。另外还浪费了大量的除油清洗剂，降低了清洗剂的使用寿命。为软化水，可在水中加入少量的三聚磷酸盐或三乙醇胺油酸皂等。

清洗时使用搅拌、喷射、冲刷等机械作用，可以大大提高处理效率。工件在机械作用下，不断接触新鲜溶液。一定压力下的冲刷，还可以将附着在工件表面的油污较快清除。

目前，很少单独使用一种物质进行清洗除油，清洗剂中一般添加有表面活性剂等助剂。清洗剂配方可根据油污的种类、工件材质、清洗方式等因素共同确定。

有机溶剂能较快溶解各种油污，效率高，但是不能除去无机盐类和碱类。常用于清洗的有机溶剂有汽油、煤油、松香水、含氯溶剂等。汽油和松香水的沸点在100 ~ 200℃，闪点30℃。一般先用手工擦洗或浸洗，清洗后晾干的方法。但是发生火灾的危险性较大，在操作过程中应有较好的通风和消防设施。含氯溶剂一般用于工件表面油污严重且适用于流水线作业的情况，可以采用喷射、浸渍、蒸气等方式。

超声波清洗是利用由超声波发生器发出的高频振荡信号，通过换能器转换成高频机械振荡而传播到介质，清洗溶剂中超声波在清洗液中疏密相间的向前辐射，使液体流动而产生数以万计的微小气泡，存在于液体中的微小气泡（空化核）在声场的作用下振动，当声压达到一定值时，气泡迅速增长，然后突然闭合，在气泡闭合时产生冲击波，在其周围产生上千个大气压，破坏不溶性污物而使它们分散于清洗液中，从而达到清洗件表面净化的目的。超声波清洗对表面比较复杂的工件（如表面形状复杂、凹凸不平、有微孔、盲孔、窄缝）效果较明显。特别是一些体积小而对清洁度有较高要求的产品如：钟表和精密机械的零件，电子元器件，电路板组件等，使用超声波清洗都能达到很理想的效果。另外，为提高超声波清洗的效率，可以是工件在槽内旋转，以便使工件各部分都能受到遛声波的辐射。

（二）除锈

黑色金属表面一般都有氧化皮和铁锈，在涂装前必须除干净，否则会影响涂装后涂层的附着力、装饰性和使用寿命，造成严重的经济损失。氧化皮是指金属在高温下发生氧化作用形成的产物，如氧化亚铁、四氧化三铁、三氧化二铁等。另外氧化皮接触空气中的水分会形成氢氧化铁，进而分解形成疏松的铁锈。铁与氧化皮或铁锈间形成原电池，会加速钢铁的腐蚀。此时涂装，必将造成涂膜起泡、龟裂、脱落。

钢铁材料表面锈蚀程度可分为 A、B、C、D 四个等级。

A：完全被氧化皮所覆盖，几乎没有什么锈的钢材表面；

B：已经开始生锈，并且氧化皮已经开始剥落的钢材表面；

C：氧化皮已因生锈而剥离，或者可以刮除，但几乎没有肉眼能看到孔蚀的钢材表面；

D：氧化皮已因生锈而剥离，并且有相当多的用肉眼能看到的孔蚀的钢材表面。

①手工除锈。手工除锈是指用不同的手工工具，如铲刀、刮刀、锤子、钢丝刷、机械钢丝刷、砂轮等工具，手工除去工件表面的氧化皮和锈迹，同时还可以除去旧漆膜。

手工除锈，方法简单、灵活，但是劳动强度大、生产效率低、质量差、清理不彻底。除个别情况下采用之外，一般已较少采用。

②机械除锈。机械除锈指用压缩空气或机械动力将丸料（如硅砂、铁丸、钢丝段、玻璃珠、金刚砂、河砂等）从喷嘴或高速旋转叶轮投射到物体表面，靠冲击与摩擦作用除去氧化皮、锈迹、旧漆层等一切污物，是一种有效的表面处理方法。抛丸、喷丸、喷砂、风动钢丝刷等，工程上已大量应用。但是，如果操作不当，使工件表面过于粗糙，甚至影响到工件的内应力，容易形成小裂纹，从而降低工件的力学性能和涂层的附着力。

③化学除锈。钢铁的锈蚀产物主要是氧化物（Fe_3O_4、Fe_2O_3、FeO），化学除锈即用酸溶液与这些氧化物反应，使锈蚀溶解在酸液中，除锈后用碱液中和，用清水冲洗。其缺点是，虽在酸液中加有缓蚀剂，但对金属还是有微量的溶解损失和氢脆现象出现。除锈过程中氢的析出，会导致金属表面的韧性、延展性和塑性降低，脆性和硬度提高（即

氢脆)。并且，氢分子从酸液中逸出，会形成酸雾，影响操作人员的身体健康。

酸洗机理是将氧化皮、铁锈等铁的氧化物等变成盐类去掉。

例如：在硫酸溶液中，反应为：

$$Fe_3O_4+4H_2SO_4=FeSO_4+Fe_2(SO_4)_3+4H_2O$$

$$Fe_2O_3+3H_2SO_4=Fe_2(SO_4)_3+3H_2O$$

$$FeO+H_2SO_4=FeSO_4+H_2O$$

$$Fe+H_2SO_4=FeSO_4+H_2\uparrow$$

当使用盐酸和磷酸除锈时，亦产生类似的化学反应，并生成：$FeCl_2$、$FeCl_3$、$FeHPO_4$、$Fe(H_2PO_4)_2$、$Fe_3(PO_4)_2$等盐类和水。为改善酸洗效果、缩短酸洗时间、提高酸洗质量、防止氢脆及减少酸雾，可在酸洗液中加入各种酸洗助剂，如缓蚀剂(如KC缓蚀剂、乌洛托品、HB-5缓蚀剂、若丁等)、湿润剂(如平平加、OP乳化剂、吐温-80、601洗涤剂等)。缓蚀剂用量一般为3～5g/L，湿润剂用量一般为10～12g/L。

酸洗工艺有浸渍法、喷射法。喷射法喷射酸液速度为20m/s，其效率为浸渍法的1～3倍，酸洗时间缩短25%～30%。

二、铝及铝合金件表面涂装前处理

工程上经常用到非铁工件，其中就包括铝及铝合金件，其前处理工艺与钢铁件有很大不同。铝及铝合金在空气中极易氧化，形成一层氧化膜(厚度0.01～0.02μm)，具有一定的耐腐蚀性。不但会使工件表面失去光泽，而且这层氧化膜较薄、疏松、不均匀，如果直接涂装，直接导致涂层的附着力不强，必须进行处理，以提高涂膜的附着力。

(一)铝及铝合金的化学氧化

铝及铝合金的化学氧化得到的氧化膜层厚度约为0.5～4μm，该膜层孔隙较多，吸附能力较强，一般可作为喷涂有机材料的底层，耐磨性和耐腐蚀性都不如阳极氧化膜。化学氧化操作简单，生产效率高，成本低，主要用于不适今电化学处理的铝及铝合金件。

化学氧化的工艺流程为：除油脱脂→热水洗→冷水洗→碱蚀(NaOH 50g/L，50～70℃，1～3min)→冷水洗→化学氧化→冷水洗→封闭处理(酸性氧化：铬酐40g/L，90～95℃，5～10min，冲洗干净后70℃下烘烤；碱性氧化：铬酐20g/L，室温，5～15s，冲洗干净后低于50℃下烘烤)。

(二)铝及铝合金的阳极氧化(电化学氧化)

为了克服铝及铝合金材料表面硬度、耐磨损性等方面的缺陷，扩大应用范围，延长使用寿命，利用阳极氧化工艺，在其表面形成一层致密的氧化膜，在保护性、装饰性以及一些其他的功能特性上均优于化学氧化。

阳极氧化主要是指在一定的电解液中，将导电的金属制件作为阳极，在外电流的作用下进行电解，使其表面形成一层具有某种功能（如防护性，装饰性或其他功能）的氧化膜的过程。所形成的氧化膜成为阳极氧化膜或电化学转化膜。

阳极氧化按电解液的主要成分分类，可以分为：硫酸阳极氧化、草酸阳极氧化、铬酸阳极氧化。下面主要以硫酸阳极氧化为例对铝及铝合金件的阳极氧化进行简要说明。

在质量分数为 15% ~ 25% 的硫酸电解液中，通直流电或交流电对铝及铝合金件进行阳极氧化，成为硫酸阳极氧化法。用此方法可以得到一层硬度较高、吸附力较强的无色氧化膜。此工艺操作简单、成本低，得到了广泛的应用。

阳极氧化工艺流程为：除油脱脂→热水洗→冷水洗→碱蚀（NaOH 50g/L，50 ~ 70℃，1 ~ 3min）℃热水洗→冷水洗→出光（10%HNO_3）→阳极氧化（时间根据需要的膜厚来定）→冷水洗→热水洗→封闭处理（沸水，15 ~ 30min，或快速封闭剂封闭）热水洗→冷水洼干燥（70 ~ 80℃，10 ~ 15min）

阳极氧化膜按硬度分可以分为：超硬质，硬度〉4500HV；硬质，硬度 3500 ~ 4500HV；半硬质，硬度 2500 ~ 3500HV；普通，硬度 1500 ~ 2500HV；软质，硬度 < 1500HV。

通常将厚度在 20μm 以上，硬度在 35OOHV 以上的阳极氧化成为硬质阳极氧化。要得到硬质阳极氧化膜，必须满足以下条件：高电流密度（普通阳极氧化的 2 ~ 3 倍）、低温（控制成膜的溶解，< 10℃）、搅拌（降温）。

硬质阳极氧化膜的硬度高，耐磨性、耐热性、耐腐蚀性、绝缘性好，但膜层的抗疲劳程度较差。另外，阳极氧化膜为无色，实用性差，需要进行着色处理。着色时，有机染料或无机盐染料通过吸附、渗透、扩散、堆积等过程使阳极氧化膜着色。着色后再进行封孔处理，这样染料分子就不会脱落了。

三、塑料件表面涂装前处理

塑料件在涂装前若不进行前处理，一般不能得到符合要求的涂装质量。此外，塑料制品表面经常残存脱模剂，必须进行脱脂处理，若不除去脱模剂，会大大影响涂层的附着力。

塑料件表面涂装的前处理主要目的是提高涂层与塑料表面结合力。最有效的方法是将塑料件表面进行氧化处理，使表面上生成一些极化基，或用物理的方法对表面进行粗化，以提高表面的机型，使涂料很好地吸附在塑料件表面。

塑料件表面前处理的主要内容包括：

（一）等离子流处理

等离子流中，有红外线、紫外线、离子、游离基等。等离子流的高能反应性可与塑料表面起各种反应，使表面污物除去，并生成双键和其他官能团。

（二）极性化

对非极性塑料（如聚乙烯，聚丙烯），结晶性高，可用强酸强氧化物组合的酸性液处理，使其表面氧化而导入碳基、羧基等官能团，以提高对漆膜的附着力。该酸性液配方是：4.5% 的重铬酸钾、8.0% 的水、87.5% 的浓硫酸，先将前两者配成溶液，然后缓缓加入浓硫酸混合均匀即可。也可按铬酸钾 75 份、浓硫酸 1500 份，水 120 份进行配制。

（三）表面粗化

非极性塑料表面粗化可按上述酸液处理。对坚硬光滑的热固性塑料，用喷砂法处理。质软的硬质聚氯乙烯的处理方法可根据增韧剂的品种、含量及用途来确定。一般可在三氯乙烯溶液中浸渍几秒钟，去除表面游离的增韧剂，然后轻擦干燥。

（四）消除内应力

塑料件表面涂装有机涂料后，因溶剂渗透，造成内聚力下降，内应力在表面释放，使外表涂层产生细纹。消除内应力的方法是：将塑料件在热变形温度以下，进行一定时间的退火处理。

四、木质件表面涂装前处理

木材除了本身的纤维之外，还含有树脂、单宁、色素、水分等，这些都对涂料的附着力、装饰性有影响。应根据不同的木材，选取不同的涂装工艺及涂料。处理过程如下：

（一）干燥

木材含有大量孔隙，极易吸水和排水，易造成漆膜起泡、开裂、脱落等现象，故在涂装前应测试木质件含水量，干燥程度应符合油漆施工要求，含水量一般控制在 8% ~ 13%。若含水量大于 13%，应置于 50 ~ 60℃烘箱中烘干，直至含水量在规定范围内后再进行涂装。

（二）脱脂

传统方法是：在木质件表面，用 25% 的丙酮水溶液，刷洗沾有油脂处脱脂。或用 5% ~ 6% 的磷酸钠水溶液和 4% ~ 5% 的苛性钠溶液，涂刷后用 25℃左右热水或

2% ~ 3% 的碱液冲洗。

另外还可采用无明火加热松脂与松节油混合物的方法进行脱脂。具体操作方法如下：

①将松脂和松节油按 1∶2（质量比）称重，倒入用热水浴或蒸汽加热的容器中混合均匀，然后升温至 45 ~ 55℃；

②将木质件浸入脱脂槽中，脱脂 10min；

③取出木质件，沥干残油；

④用白布顺着木质件表面纹路轻轻擦拭，除掉表面上多余的残渣；

⑤自然晾干 8 ~ 10h。

（三）修补

对有轻度残缺、凹坑的木质件要进行修补，具体操作方法如下：

①清理木质件表面，使其表面干燥、无油污和灰尘；

②按照 AB 胶使用说明，在干净玻璃板上将胶液调配均匀；

③用干净刮刀、刮片等工具将调配好的胶液涂覆于工程塑料件凹处，并使填补部位稍高于周围平面；

④填补完成后，静置 24h；

⑤待胶液完全固化后，转入下一工序进行打磨处理。

（四）打磨

修补完成后，应将木质件打磨平整、光滑。将晾干的木质件用600 号金相砂纸手工打磨，或在海绵轮上套上 0 号砂布，沿着木质件的纹路进行打磨，防止起毛刺。打磨时应当注意，木质件打磨的时间不能过长，次数不能过多，否则影响木制件尺寸。

（五）检验

对打磨好的木质件，应进行检验。打磨合格的木质件表面应平整、光滑、无毛刺。如不合格，应重新进行打磨，仍有凹坑或气泡的，应用 AB 胶再次填补修复，待完全干燥后进行打磨并作进一步的检验。检验合格的木质件，用纸胶带将不需要喷涂的部分作防护处理，并用压缩空气将木质件表面吹干净。

（六）漂白

若是高级木材表面，要漂白时，可用排笔蘸漂白液（双氧水、氨、漂白粉或草酸等低浓度溶液）均匀涂刷，再用皂水、清水相继洗净，干燥后即可。

（七）旧涂层的表面处理

若旧涂层未破坏，则只需打磨平整即可。若旧涂层部分破坏，则将此局部打磨即可。若旧涂层大部分破坏则需全部除去才行，可用机械方法去除，也可采用市售脱漆剂或自行配制。

除旧漆时可以在待修理的木质件表面涂覆脱漆剂，待漆膜软化后，用刮刀顺着木制品的纹路轻轻刮去旧漆和油污。

第三节　涂装技术

涂装技术的发展经历了漫长的过程，形成了各式各样的涂装方法。从发展来看，连续化、机械化、自动化、低污染已成为现代涂装技术的发展方向。从传统的刷涂、辊涂、搽涂、刮涂、浸涂、淋涂、喷涂等工艺到现在的静电喷涂、电泳技术、热喷涂技术等多技术并存。涂装工具从纯手工工具发展到机械化工具自动化生产线，涂装方法越来越先进。涂装的方法众多，各有优缺点，应按照具体情况来选择合适的涂装方法，以达到最佳的涂装效果。由于涂装方法及相应的涂装工具和设备种类很多，本节仅选一些常用的涂装方法及涂装工具和设备进行介绍。

一、喷涂技术

喷涂工艺是涂料涂装中最常用的方法，主要分为空气喷涂和无气喷涂两大类。后来又发展了空气辅助无气喷涂、空气静电喷涂等方法。

（一）空气喷涂技术

空气喷涂技术，也称有气喷涂、普通喷涂，主要是靠压缩空气使涂料雾化，喷射到工件表面的一种涂装方法。采用空气喷涂时，压缩空气以很高的速度从喷枪的喷嘴通过，使喷嘴周围形成局部真空，涂料进入该区域时，被高速气流雾化，进而喷射到工件表面。

空气喷涂设备简单，操作容易，维修方便，其涂装效率高、作业性好，得到的涂层均匀美观，每小时可涂装 150 ~ 200m^2，（为刷涂的 8 ~ 10 倍）。虽然各种涂装方法不断发展，但是空气喷涂技术以其良好的环境适应性和涂料适应性，仍然有其不可替代的作用。

但是，空气喷涂技术也有一些缺点：

①涂料喷涂前必须按配比配好，调节好合适的黏度；

②涂料的渗透性一般比刷涂要差；

③喷涂时涂料损耗大，漆雾飞散，一般情况下，涂料利用率只有50%-60%；

④成膜较薄，要达到规定膜厚，必须多次喷涂；

⑤由于压缩空气与涂料混合在一起喷射到工件表面，因此所用压缩空气必须：经过净化，需要在空气源上安装空气过滤器、油水分离器等设备，以分离压缩空气中的水分、油脂和其他杂质；

⑥喷涂所用涂料和溶剂容易扩散在大气中，对人体和环境有害；另外，若通风不良，溶剂浓度达到一定程度，可能引起爆炸和火灾。

空气喷涂常用设备及工具有：喷枪、调漆罐、空气压缩机、空气过滤器、油水分离器、喷涂室、排风系统等。喷枪是将涂料与压缩空气混合后，喷成雾状的工具。按混合方式分，可分为内部混合型和外部混合型两种。

内部混合型喷枪中的涂料与空气在空气帽内混合后再喷出，主要适用于喷涂油性漆和涂装较小的零件等。外部混合型喷枪中的涂料与空气在空气帽的外面混合，常见的喷枪基本都是外部混合型喷枪。

按涂料的供给方式分，可分为吸入式（又称吸上式、下壶式）、重力式（又称自流式、上壶式）、压入式（又称压送式）3种。吸入式喷枪是现今应用最广泛的间歇式喷枪。

吸入式喷枪的涂料杯在喷枪下方，打开空气控制阀后，在空气帽附近产生负压，涂料通过吸管上行到喷嘴，然后经压缩空气雾化。吸入式喷枪主要受涂料的黏度和密度的影响，涂料杯中会残存漆液造成一定损失，但雾化程度较好。主要适用于黏度较低的水性或油性涂料，一般空气压力调节在0.4 ~ 0.6MPa，喷嘴可更换，常用的为2 ~ 2.5mm。枪口分圆形、扁形等，可喷涂30 ~ 40cm远处的工件。

重力式喷枪的涂料杯安装在喷枪的斜上部，其余构造与吸入式基本相同。涂料杯中的涂料靠自身重力流到喷嘴与压缩空气混合后喷出。

重力式喷枪的优点是涂料利用率高，涂料杯中漆液能完全喷出，涂料喷出量比吸入式大，但雾化程度不如吸入式。当涂装量大时，可将涂料容器吊在高处，用胶管与喷枪连接即可进行操作。

压入式喷枪要靠单独设置的增压箱来供给涂料。

利用压缩空气将增压箱中压力加大即可使几支喷枪同时工作，涂装效率大大提高。与吸入式喷枪和重力式喷枪相比，压入式喷枪的喷嘴和空气帽位于同一平面或喷嘴比空气帽稍凹，喷嘴前方不需形成真空即可开展喷涂。利用压入式喷枪可以实现流水线涂装和自动涂装，适用于工业涂装。

喷枪按照使用特点分有砂浆喷枪（喷嘴直径为2 ~ 6mm，黄铜制作，枪头圆锥形）、砂壁状涂料喷枪（喷嘴直径为4 ~ 8mm）、多用喷枪、专用喷枪等。

砂壁状喷涂常用的工具是手提式喷枪，适用的涂料有乙－丙彩砂涂料、苯－丙彩眇涂料等，其涂层为砂壁状。厚质涂料喷涂常用的工具是手提式喷枪及手提式双喷枪，适用的涂料有聚合物水泥涂料、水乳型涂料、合成树脂乳液厚质涂料。

喷涂时，必须将喷枪调节到最佳使用条件，即调节喷枪的空气压力、喷出量和喷雾图样。另外，还应注意掌握必要的操作方法，主要包括喷涂距离、运动方式、喷雾图样的搭接等。

①喷涂距离。喷涂距离指的是喷枪头到被涂工件的距离。最佳喷涂距离是：小型喷枪时为 15 ~ 25cm，大型手持式喷枪时为 25 ~ 30cm。若喷涂距离过短，易产生流挂；喷涂距离过大，涂料浪费严重，甚至无法形成漆膜。

②运动方式。喷枪的运动方式是指在喷涂时喷枪与工件表面的角度和喷枪的移动速度。应保持喷枪与工件表面成 90°，且喷枪要匀速移动，移动速度为 30 ~ 60cm/s。若喷涂角度或速度不合适，则成膜厚度不均匀。喷枪移动过快，成膜不平滑；喷枪移动过慢，易流挂。因此，应根据具体情况调节喷枪的移动速度。

③喷雾图样的搭接。一般来说，喷涂时无法一次直接喷涂全部工件表面，这就需要将喷雾的图样进行搭接。通常情况下，搭接的幅度一般在喷涂有效图样部分的 1/4 ~ 1/3。搭接过窄，易产生带状图样；搭接过宽，易产生流挂。

另外，在喷涂时为保证喷涂效果，得到平滑、光泽度好、均匀一致的涂层，应采用“少量多遍”的原则，即每一遍喷涂少量涂料，喷涂多遍。并且在喷涂时应与前道涂料的喷涂纵横交叉，即前一道纵向喷涂，下一道就应当横向喷涂。

④涂料的黏度。喷涂时对涂料的黏度应加以注意，黏度过大，从喷枪中喷出甘雾化不好，表面粗糙、不均匀；黏度过小，易产生流挂，甚至无法成膜。

（二）高压无气喷涂技术

高压无气喷涂是目前较先进的一类喷涂技术。它利用高压泵将涂料增压，然后高速通过狭窄的喷嘴射出，使涂料雾化成扇形，涂装于工件表面。

相对于空气喷涂，高压喷涂具有以下优点：

①涂料喷出量大、速度快，涂装效率比空气喷涂高几倍甚至几十倍。

②不混有压缩空气流，避免了在棱角、缝隙等死角部位因空气流反弹，对复杂工件有很好的涂覆效果。同时，避免了压缩空气含有水分、油污、尘埃等杂质引起的涂层缺陷。

③对涂料的黏度要求不高，可喷涂高、低黏度的涂料，喷涂高黏度涂料时，一次即可得到厚涂膜，减少喷涂次数。

④涂料利用率高，漆雾飞散少，环境污染小。

⑤减少了稀释剂用量，改善了作业环境。

高压无气喷涂的缺点是：

①喷出量和喷雾的幅度不可方便调节，只有更换喷嘴才能调节；

②涂膜外观质量比空气喷涂差，尤其是不适宜装饰性薄涂层喷涂施工；

③不适宜喷涂面积较小的工件。

二、静电喷塑技术

静电喷塑，又叫静电粉末喷涂，是目前工程上应用较广的涂装工艺。静电喷塑工艺的原理为：用静电粉末喷涂设备将粉末涂料喷涂到工件的表面，在静电作用下，粉末会均匀地吸附于工件表面，形成粉状涂层，经高温烘烤流平固化，形成涂层。其工艺特点是：粉末利用率高（≥ 95%），无环境污染，涂层美观，装饰性好，涂层厚度在 40 ~ 100μm 之间，在机械强度、附着力、耐腐蚀、耐老化等方面优于喷漆工艺，但设备复杂，前期投资较大。静电喷塑的工艺流程是：前处理 – 静电喷涂 – 加热固化。

（一）前处理

前处理的主要目的是用机械法或化学法除掉工件表面的油污、灰尘、锈迹，也可利用磷化后工件表面形成的磷化膜作前处理以增强静电喷塑涂层的附着刀及机械性能。

（二）静电喷涂

工件接地（一般是挂具或输送链接地），带压缩空气的喷枪与静电发生器相连，带有负电压（60 ~ 120kV），将从喷枪中喷出的带有负电荷的塑粉吹向工件，在工件表面沉积成均匀的粉末堆积层，落下的粉末通过回收系统回收，过筛后可以再用。特殊工件（包含容易产生静电屏蔽的位置）应该采用高性能的静电喷塑机来完成喷涂。

（三）加热固化

将喷涂好的工件放入烘箱中，加热到规定的温度，使塑粉熔化、流平、固化，并保温相应的时间，开炉取出冷却后即得到成品。

常用静电喷涂用塑粉有环氧、环氧聚酯、聚酯、丙烯酸、聚氨酯等。

静电喷塑注意事项：

①调整适合的静电电压。一般情况在 50 ~ 60kV 即可，电压增大，粉末附着力增加；但电压过高，会使粉末层击穿，影响涂层质量。大粉量远距离喷涂的电压可为 60 ~ 80kV 之间（不宜过度）复喷和静电屏蔽比较严重时应使用低电压，一般在 30 ~ 50kV 之间。

②喷涂距离和角度。正常情况下，喷涂距离在 10 ~ 30cm 之间，喷涂距离增大，粉末沉积效率减小；但喷距过小，会影响涂层的均匀性；喷涂角度为 90°，喷涂角度过大，会影响塑粉的附着力和均匀性。在实际生产过程中，应根据被喷工件形状，工艺随时调整喷涂距离和角度，尤其是小型工件，最好旋转喷涂，尤其应注意死角的喷涂。

③塑粉粒度。塑粉粒度应适中，一般为180目（0.078mm）。粒度过小，塑粉的流动性减小，涂层变薄，塑粉粒度过大，喷枪易堵塞。

④喷粉量。喷粉量一般根据被喷工件的工艺要求及形状而定。在喷箱体里面时应特别注意粉量适当，一般为150 ~ 250g/min。送粉气压增加，塑粉在工件表面的沉积效率降低；气压过小，也影响出粉效率，且粉雾化不好。

⑤涂层厚度。涂层厚度不可过大，否则加大涂层内应力，一般涂层厚度以60 ~ 70μm为宜。

⑥喷角落及沟槽。喷涂时先喷角及沟槽，然后喷其他部位；喷涂角及沟槽时应适当调整喷粉射程或减小枪距，并且改变枪的角度和摆动枪；可适当调整电压。

⑦金属粉末喷涂。应将喷涂状态选择在恒流状态。（选择恒流状态时需调整电压大小）。确保粉桶与地面绝缘。工作时应及时将喷枪和粉管外面及工作手臂上沉积的粉末清理掉。经常更换输粉管。

⑧安全操作。喷涂时要穿绝缘鞋，并保持一定的枪距（不小于2cm）。若发生火花放电，立即切断电源及粉流，喷涂结束后要将喷枪对地放电。

静电喷涂所用塑料粉末应满足以下要求：

a.尽量选用介电常数较高的材料，这里材料有极化性或易于极化。一般高分子聚合物电阻率较高，绝大部分易带电且可保持一定量的电荷，适宜静电喷涂。

b.粉末流动性好，不仅易于送粉，还有利于工件边角的覆盖、涂层的平整性等。

c.涂层应与基体有良好的附着性，有些粉末，如聚四氟乙烯，因其表面能低，与基体附着力小，不宜静电喷涂。

d.耐蚀性、力学性能、耐候性、光泽性均要求良好。

三、电泳技术

电泳与电镀原理类似，其原理是：在以导电的水溶性或水乳化的涂料构成的电解液中，工件与电解液中另一电极分别接在直流电源两端，构成电解电路，电解液中离解出的阳离子在电场力作用下向阴极移动，阴离子向阳极移动，这些带电的树脂离子，迎同被吸附的颜料粒子一起电泳到工件表面，并失去电荷形成湿的涂层。

（一）电泳分类

目前的电泳涂装有阳极电泳和阴极电泳两种。

阳极电泳所用的水溶性树脂为阴离子型化合物。在水中，水溶性树脂溶解成离子形式，若通以直流电场，则两极间产生的电势差导致离子向两极定向移动。阴离子向阳极移动，并沉积在阳极表面，释放出电子；阳离子向阴极移动，在阴极还原成胺（或氨），得到电子。

阴极电泳所用的水溶性树脂为阳离子型化合物。用有机酸中和后，在水中溶解成离子形式，通以直流电场后，离子发生定向移动，阳离子向阴极移动，在阴极表面释放电子，被氧化成酸。

（二）电泳特点

电泳涂装的优点在于：

①工作环境好。电泳涂装的电解液中溶剂是水，无易燃易爆问题，不污染空气。

②生产效率高。电泳涂装相比于其他涂装方法，生产效率最高，工件浸入电解液中，几分钟之内即可完成电泳，适于批量生产，易于实现生产自动化。

③节约原材料。电泳涂装的材料利用率一般在85%以上，比喷漆省40%。

④涂层质量好。电泳涂层表面均匀，与工件附着力好，漆膜紧密，无流痕、起泡等缺陷。

但是电泳也存在一些缺点，诸如：

①设备复杂，投资大。除电泳槽外，还需与之配套的辅助设备、超滤装置及制纯水设备、专用直流电源、烘干设备、废水处理设备等。

②涂料品种少。目前电泳涂料仅限于水溶性漆和水乳化漆；颜色仅限于深色底漆或单层底面两用漆。其原因是在电泳过程中（如阳极电泳沉积法）电离的铁离子和树脂阴离子中和沉积在工件上成黄棕色。

③电泳涂层需在150℃下烘烤1h，耗能大。

（三）电泳过程

电泳涂装是非常复杂的电化学过程，主要包括电泳、电解、电沉积和电渗4个同时进行的过程。

①电泳。在外加电场的作用下，溶液中带电的粒子（胶体树脂粒子）向所带电荷相反的电极板移动，不带电的颜料吸附在带电的胶体树脂粒子上随同电泳。

②电沉积。在外加电场的作用下，带电荷的树脂粒子电泳到达阳极（或阴极），放出（或得到）电子并沉积在阳极（或阴极）表面，形成不溶于水的涂层。

③电渗。电渗是电泳的逆过程。其主要作用是将电沉积下来的涂层进行脱水。当胶体树脂粒子沉积在阳极表面时，原来吸附在阳极板上的水等介质在内渗力的作用下穿过涂层进入溶液中。

④电解。在外加电场的作用下，有电流通过电解质溶液，会将水电解，在阴极放出氢气，在阳极放出氧气。所以，在电泳涂装过程中，应适当降低电压以消除电解水的生成的氢气和氧气对涂层质量的影响。

上述4个反应过程中，电泳是使荷电粒子移向工件的主要过程，电沉积和电渗是与涂料粒子在工件上的附着，而电解主要起副作用，电解剧烈会影响漆膜质量。

（四）电泳工艺流程

目前应用较多的电泳涂装工艺流程为：前处理（除油→水洗→除锈→水洗→磷化→水洗→钝化）→电泳涂装→纯水清洗→烘烤成膜。另外前处理过程也可采取喷砂→水洗的步骤。

①除油。一般用化学除油法，温度为 50 ~ 70℃，时间为 15 ~ 20min。

②水洗。室温条件下，以洗净除油液为标准。

③除锈。用硫酸、盐酸、磷酸或专用除锈剂等，按具体规定进行清洗。

④水洗。室温条件下，以洗净除锈液为标准。

⑤磷化。包括表面调整和磷化两个步骤，可采用市售磷化液，按使用说明进行磷化操作。

⑥钝化。采用与磷化液配套的药品（由磷化液厂家提供），室温下 1 ~ 2min。

以上过程可以用喷砂—水洗的过程来代替。

⑦电泳涂装。应特别注意：工件进出电泳槽要断电。

⑧纯水清洗。用处理过的纯水清洗。

⑨烘干。将清洗干净的工件置于烘箱中烘干。

（五）影响电泳的因素

影响电泳效果的因素较为复杂，主要有：

1. 电解液中涂料的浓度

一般情况下，电泳的电解液中有效固体组分含量应保持在 10% ~ 15%（质量分数）。生产过程中由于有效成分的不断消耗，电解液的组成会发生变化，应随时进行监测，定期补加涂料，以保持电解液中有效固体组分含量的稳定。

另外，配制电解液时应用蒸馏水或去离子水，以免电泳时由于其他杂质离子对涂层的附着力等性能的干扰。

2. 电解液的温度

电泳时电解液中温度的控制 20 ~ 30℃范围内为宜。温度过高，会造成电解液中助剂、水的挥发加快，电泳涂层易变厚、粗糙、流挂；温度过低，固体组分的水溶性降低，在工件表面的沉积减少，电泳涂层易变薄、无光，甚至局部无涂装。因此，电泳槽的温度应准确控制。

3. 电解液的 pH 值

阳极电泳，电解液中含有氨或碱中和成盐，溶液偏碱性。电泳时由于带负电荷的有效固体组分不断消耗，在阴极附近不断产生氨（或胺），电解液的 pH 值会不断上升。pH 值过高时，电泳涂层变薄、无光，凹坑处无电泳涂层，工件从电泳槽中取出时，涂层容易再次溶解造成附着力差等情况；pH 值过低时，由于电解液中的涂料成分不溶于水，在随后的水洗过程中易发生流挂等现象。因此严格控制电解液的 pH 值，对电泳的速度、渗透力、涂层性能、涂料利用率都有很重要的作用。调整方法主要有：补加低胺或无胺涂料、使用离子交换树脂、阴极罩隔膜法、电渗析法等。

阴极电泳，电解液呈酸性。若 pH 值过高，涂料的分散稳定性降低；pH 值过低，酸性增强，会造成电解槽及其管路的腐蚀加重，泳透力下降。

4. 电解液中的电导率

通常在电解液的浓度、温度、pH 值保持稳定的情况下，电导率过高，说明电解液中的电解质（此时为杂质离子）浓度增加，涂料易变质、沉降，形成的涂层表面粗糙、防锈能力下降，甚至无法形成涂层；电导率过低，则电解液的导电性差，电泳时间明显延长、效率降低，且形成的涂层较薄。因此，在电泳过程中，最常见的情况是电导率升高，应严格控制电导率。

5. 电泳电压

电泳过程中，电压过高，可以加快电泳速度，但是形成的涂层膜厚、粗糙、附着力差、易产生流挂、橘皮等；电压过低，电泳速度降低，形成的涂层膜薄、耐腐蚀性差，易产生局部无涂层的现象。

6. 电泳时间

当上述其他条件正常时，电泳的时间也应严格控制。时间过易造成涂层膜厚、粗糙、附着力差；时间过短，涂层变薄、无光，凹坑处无电泳涂层，涂层耐腐蚀性降低。

7. “L”效应

“L”效应是指在电泳涂装“L”形工件时，由于垂直面和水平面的不同，造成水平面上易产生涂层粗糙、颗粒、光泽性差等缺陷，应加以注意。在电泳时应经常搅拌电解液、提动工件的挂具以保持溶液的整体均匀性。

第五章　金属表面膜层处理技术

第一节　化学氧化技术

钢铁件的化学氧化处理，是指将钢铁件置于含有氧化剂的溶液中进行处理，在其表面生成一层薄而致密的蓝黑色或深黑色膜层的过程，也称钢铁的“发蓝”或“发黑”。

钢铁发蓝工艺成本低、工效高，且可保持制件精度，特别适用于不允许电镀或涂漆的各种机械零件的防护处理。但应注意高温碱性氧化具有碱脆的危险。因此，钢铁的氧化常用于机械零件、仪器、仪表、弹簧、武器的防护。

根据氧化处理温度的不同，可以将氧化处理分为高温氧化处理和常温氧化处理。这里需要注意，高温氧化和常温氧化处理的温度不同，所用的氧化液的成分也不同，成膜机理不同，膜的组成也不同。

钢铁件的氧化处理不同于在自然条件下或其他状态下的自然氧化，而是人为地提高钢铁件耐腐蚀性的表面处理方法。其特点在于：

①氧化膜层较薄，厚度为0.5 ~ 1.6μm，适合精密度和尺寸要求较高的钢铁零部件。

②膜层颜色一般为蓝黑色或深黑色。其颜色主要取决于钢铁件的成分、表面分布状态、氧化处理的工艺。一般情况下硅含量较高的钢铁件氧化膜呈现灰褐色或黑褐色。

③经氧化处理后的铜铁件耐腐蚀性较差。若经肥皂液皂化、$K_2Cr_2O_7$溶液钝化或浸油处理后，其耐盐雾腐蚀能力增大几倍至几十倍。

一、钢铁件的高温化学氧化

高温化学氧化是传统的发黑方法。钢铁件的高温化学氧化处理是指在140℃左右，在含有氧化剂（如亚硝酸钠）的浓碱性溶液中，处理一定时间（15 ~ 90min）后，在钢铁件表面形成一层氧化膜的过程。高温化学氧化得到的膜层厚度为0.5 ~ 1.5μm，最厚处仅2.5μm，主要成分是Fe_3O_4。该膜层具有良好的吸附性。将氧化膜浸油或皂化处理，可大大提高其耐腐蚀性能。由于高温氧化膜较薄，对零件的尺寸和精度几乎没有影响，因此氧化处理后可直接投入使用，适用于精密仪器、光学仪器、武器等。

（一）化学反应机理

钢铁件进入溶液后，在氧化剂和碱的共同作用下，表面生成 Fe_3O_4，包括3个阶段。

①钢铁表面在热碱溶液和氧化剂（亚硝酸钠等）的作用下生成亚铁酸钠：

$$3Fe + NaNO_2 + 5NaOH = 3Na_2FeO_2 + H_2O + NH_3\uparrow$$

②亚铁酸钠进一步与溶液中的氧化剂反应生成铁酸钠：

$$6Na_2FeO_2 + NaNO_2 + 5H_2O = 3Na_2Fe_2O_4 + 7NaOH + NH_3\uparrow$$

③铁酸钠（$Na_2Fe_2O_4$）与亚铁酸钠（NazFeO_2）相互作用生成磁性氧化铁：

$$Na_2FeO_2 + Na_2Fe_2O_4 + 2H_2O = Fe_3O_4 + 4NaOH$$

在钢铁表面附近生成的 Fe_3O_4，在浓碱性溶液中的溶解度极小，很快就从溶液中结晶析出，并在钢铁表面形成结晶核并逐渐长大，形成一层均匀致密的黑色氧化膜。

（二）电化学反应机理

钢铁件进入电解质溶液后，在表面形成原电池，在阳极区发生铁的溶解：

$$Fe \longrightarrow Fe^{2+} + 2e$$

在有氧化剂存在的强碱性条件下，

$$6Fe^{2+} + NO_2^- + 11OH^- \longrightarrow 6FeOOH + H_2O + NH_3\uparrow$$

同时，在阴极上氢氧化物被还原，并脱水生成磁性氧化铁：

$$FeOOH + e \longrightarrow HFeO_2^-$$

$$2FeOOH + HFeO_2^- \longrightarrow Fe_3O_4 + OH^- + H_2O$$

（三）高温化学氧化的影响因素

高温化学氧化过程中，氧化膜性能主要受以下几方面的影响。

①氢氧化钠的浓度。氢氧化钠的浓度过高或过低都不好。过高时，氧化膜的厚度稍有增加，但容易出现红色挂灰、疏松或多孔的缺陷，甚至导致氧化膜被溶解；过低时，氧化膜较薄，易产生花斑，耐腐蚀性能下降，防护能力差。

②氧化剂 $NaNO_2$ 的浓度。氧化剂的浓度增大可以使氧化速度增加，氧化膜层致密、牢固；氧化剂的浓度偏低，得到的氧化膜较厚，但是疏松，防护能力差。

③处理温度。氧化温度过高，生成的氧化膜层薄，且易生成红色挂灰，导致氧化

膜的质量变差。

④铁离子含量。化学氧化时，溶液中的铁离子含量在一定范围内才能使膜层致密，结合牢固。铁离子含量过多，会降低氧化速度，处理后的钢铁件表面易出现红色蛀灰。一般情况下，铁离子含量应保持在 0.5 ~ 2.0g/L。若氧化溶液中铁离子含量过高，应将其稀释沉淀。

具体做法是，将以 Na_2FeO_4 及 Na_2FeO_2 形式存在的铁氧化成 $Fe(OH)_3$ 沉淀的形式，过滤后加热浓缩此溶液，升温至工作温度，即可使用。

⑤钢铁碳含量。一般情况下，钢铁中碳含量增加，会导致氧化膜的生成速度加快。因此同等条件下的高温化学氧化，高碳钢所形成的氧化膜比低碳钢的薄。所以当钢铁件的碳含量发生变化时，应当调整氧化过程的温度和时间。若碳含量增加，应降低氧化温度、缩短氧化时间。

二、钢铁件的常温化学氧化

钢铁件常温化学氧化一般称为常温发黑，这是 20 世纪 80 年代以来迅速发展的新技术。钢铁件常温氧化与高温氧化处理的目的一致，但是氧化处理的溶液成分、处理工艺条件不同，处理后得到的膜层也不同，不是 Fe_3O_4，而是 CuSe。与高温氧化相比，常温发黑具有节能、高效、操作简便、成本低、环境污染小等优点。

（一）常温化学氧化机理

到目前为止，常温发黑的机理研究尚不成熟。但大多数人认为，在浸入常温发黑溶液时，钢铁件表面的 Fe 把溶液中的 Cu^{2+} 置换了出来，使铜附着在钢铁件表面。

$$Fe + Cu^{2+} \longrightarrow Fe^{2+} + Cu$$

铜与溶液中的亚硒酸反应，生成黑色的硒化铜表面膜。

$$3Cu + 3H_2SeO_3 \longrightarrow 2CuSeO_3 + CuSe\downarrow + 3H_2O$$

也有研究者认为，钢铁件表面还发生了亚硒酸与铁的氧化还原反应，生成了 CuSe 黑色氧化膜。

$$3Fe + H_2SeO_3 + 4H^+ \longrightarrow 3Fe^{2+} + Se^{2-} + 3H_2O$$

$$Cu^{2+} + Se^{2-} \longrightarrow CuSe\downarrow$$

（二）常温氧化处理工艺

常温氧化处理工艺流程为：除油→水洗→酸洗→水洗→常温氧化→空气氧化→水洗→脱水→浸油。

第二节　磷化技术

一、钢铁件的电化学转化（磷化）

将钢铁件浸入含有锰、铁、锌、磷酸、磷酸盐及其他化学药品的溶液中，使金属表面生成一层难溶于水的磷酸盐转化膜的过程，叫作磷化。磷化过程包含了化学与电化学反应。

磷化膜层具有与基体结合牢固，吸附性、润滑性、耐腐蚀性、电绝缘性好等特点，广泛用于化工生产、汽车制造、船舶制造、机械制造、兵器、航天、航空工业中钢铁件的耐腐蚀防护、涂漆底层、润滑、减摩、电绝缘等方面。

磷化膜外观按膜层成分的不同而呈现浅灰、深灰、灰黑或彩虹等色彩。磷化膜有针状斜方晶体、圆柱形晶体、四方面心晶体或混合晶体及无定型结晶等多种形态。

（一）磷化膜的形成机理

不同磷化体系、不同基材的磷化反应机理也不尽相同。虽然研究人员在这方面已做过大量的探索，但至今未完全弄清楚。有研究者曾以一个化学反应方程式简单表述磷化成膜机理：

$$8Fe+5M(H_2PO_4)_2+8H_2O+H_3PO_4 \longrightarrow$$

$$M_2Fe(PO_4)_2 \cdot 4H_2O(\text{膜})+M_3(PO_4)_2 \cdot 4H_2O+7FeHPO_4(\text{沉渣})+8H_2\uparrow$$

方程式中，M 为 Mn、Zn、Fe 等。

钢铁浸入含有磷酸及磷酸二氢盐的高温溶液中，将形成由磷酸盐沉淀物组成的晶粒状磷化膜，并产生磷酸氢铁沉渣和氢气。这个机理解释比较粗糙，不能完整地解释成膜过程。

另有人认为，磷化是在含有锰、铁、锌的磷酸二氢盐与磷酸组成的溶液中进行的。金属的磷酸二氢盐可用通式 $M(H_2PO_4)_2$ 表示。在磷化过程中，发生以下化学反应：

$$M(H_2PO_4)_2 \longrightarrow MHPO_4+H_3PO_4$$

$$3MHPO_4 \longrightarrow M_3(PO_4)_2+H_3PO_4$$

上述过程可以用离子方程式表示为：

$$4M^{2+}+3H_2PO_4^- \longrightarrow MHPO_4+M_3(PO_4)_2+5H^+$$

当金属与溶液接触时，在金属表面与溶液接触的界面附近，M^{2+} 离子浓度的增高或

H^+ 浓度的降低，都将促使以上反应在一定温度下向生成难溶磷酸盐的方向移动。

由于金属在磷酸里溶解，氢离子被中和同时放出氢气，发生反应：

$$M + 2H^+ \longrightarrow M^{2+} + H_2 \uparrow$$

反应生成的不溶于水的磷酸盐在金属表面沉积形成与基体表面结合牢固的磷酸盐保护膜。

从电化学的观点来看，磷化膜的形成可以认为是原电池作用的结果。在原电池的阴极上，发生氢离子的还原反应，有氢气析出：

$$2H^+ + 2e \longrightarrow H_2$$

在原电池的阳极上，铁被氧化为离子进入溶液，并与 H_2PO^{4-} 发生反应。

由于铁原子不断进入溶液成为离子，pH 值逐渐升高，反应向右进行，最终生成不溶于水的正磷酸盐。

以上反应可以用以下方程式表示：

$$Fe - 2e \longrightarrow Fe^{2+}$$

$$Fe^{2+} + 2H_2PO_4^- \longrightarrow Fe(H_2PO_4)_2$$

$$Fe(H_2PO_4)_2 \longrightarrow FeHPO_4 + H_3PO_4$$

$$3FeHPO_4 \longrightarrow Fe_3(PO_4)_2 + H_3PO_4$$

同时，阳极附近溶液中的 $Mn(H_2PO_4)_2$、$Zn(H_2PO_4)_2$ 发生反应：

$$Mn(H_2PO_4)_2 \longrightarrow MnHPO_4 + H_3PO_4$$

$$3MnHPO_4 \longrightarrow Mn_3(PO_4)_2 + H_3PO_4$$

$$3ZnHPO_4 \longrightarrow ZnHPO_4 + H_3PO_4$$

$$3ZnHPO_4 \longrightarrow Zn_3(PO_4)_2 + H_3PO_4$$

这样，阳极附近生成的 $Fe_3(PO_4)_2$，$Mn_3(PO_4)_2$，$Zn_3(PO_4)_2$ 一起结晶附着在钢铁表面形成磷化膜。

随着对磷化研究逐步深入，各学者比较赞同的观点是磷化成膜过程主要由以下 4 个步骤组成：

①酸的侵蚀使基体金属表面 H^+ 浓度降低。

$$Fe - 2e \longrightarrow Fe^{2+}$$

$$2H^+ + 2e \longrightarrow 2[H] \longrightarrow H_2$$

②促进剂（氧化剂）加速界面的 H^+ 浓度进一步快速降低。

$$[\text{氧化剂}]+H^+ \longrightarrow [\text{还原产物}]+H_2O$$

$$Fe^{2+}+[\text{氧化剂}] \longrightarrow Fe^{3+}+[\text{还原产物}]$$

由于促进剂氧化掉第一步反应所产生的氢原子，加快了反应（a）的速度，进一步导致金属表面 H^+ 浓度急剧下降。同时也将溶液中的 Fe^{2+} 氧化成为 Fe^{3+}。

③磷酸根的多级离解。

$$H_3PO_4 \longrightarrow H_2PO_4^- + H^+ \longrightarrow HPO_4^{2-} + 2H^+ \longrightarrow PO_4^{3-} + 3H^+$$

由于金属表面的 H* 浓度急剧下降，导致磷酸根各级离解平衡向右移动，最终会离解出 PO_4^{3-}。

④磷酸盐沉淀结晶成为磷化膜。

当金属表面离解出的与溶液中金属界面附近的金属离子，如 ZN^{2+}，Mn^{2+}、Ca^{2+}、Fe^{2+}，达到溶度积常数 K_{sp} 时，就会形成磷酸盐沉淀，磷酸盐沉淀结晶成为磷化膜。

$$2Zn^{2+}+Fe^{2+}+2PO_4^{3-}+H_2O \longrightarrow Zn_2Fe(PO_4)_2 \cdot 4H_2O$$

$$3Zn^{2+}+2PO_4^{3-}+4H_2O \longrightarrow Zn_3(PO_4)_2 \cdot 4H_2O$$

磷酸盐沉淀与水分子一起形成磷化晶核，晶核逐渐长大成为磷化晶粒，无数个晶粒紧密排列形成磷化膜。不同的磷化体系，成膜机理又有所不同，这里不再详细介绍。

（二）影响磷化处理的主要因素

钢铁磷化机理较复杂，易受多种因素影响，具体情况如下所述：

1. 游离酸度

游离酸度是指在磷化液中游离磷酸的浓度。若游离酸度过高，钢铁与磷化液的反应加快，反应生成大量氢气，使钢铁－溶液界面的磷酸盐不饱和，形成磷化膜结晶较困难，成膜结构疏松、多孔，耐腐蚀性降低，磷化时间显著延长。游离酸度过低，钢铁与磷化液反应较困难，磷化成膜较薄，甚至无法形成磷化膜。

游离酸度过高时，应在磷化液中添加碳酸锌、碳酸锰或氢氧化钠进行调整；游离酸度过低时，可以加磷酸二氢钠或磷酸二氢锰铁盐进行调整。一般情况下，加入磷酸 1.0g/L 或固体磷酸二氢钠 6 ~ 7g/L，可使游离酸度提高 1 个点。

2. 总酸度

总酸度是指磷酸盐、硝酸盐和酸的总和。总酸度应控制在规定范围的上限，可加快磷化反应的速度，使膜层结晶细腻。但是在磷化过程中，由于消耗，总酸度不断下降，反应越来越慢，磷化膜层变得疏松、粗糙，可在磷化液中加入磷酸二氢锌、磷酸二氢钠、硝酸盐或磷酸进行调整。对磷酸锰处理液，可以用磷酸锰铁盐进行调整，加磷酸锰铁盐 1.0g/L，可提高总酸度 1 个点。总酸度过高，会使磷化膜层变薄，可在磷化液中加水进行稀释。

3. 酸比

总酸度和游离酸度的测定可以用 0.1000mol/L 的氢氧化钠标准溶液滴定 10.0mL 磷化液，所消耗的毫升数用点数表示，具体测定方法见本章附件。

磷化液的酸比是影响磷化的一项重要因素。酸比大，则磷化反应进行较快，磷化液的有效成分消耗也快，得不到良好的磷化膜。酸比小，则金属溶解但是不能形成磷化膜。所以，磷化液的酸比应保持一个合适的数值。因此，酸比的点数是决定磷化处理状态的重要因素，只有合适的酸比才能得到均匀一致、平滑的磷化膜层。

4. 促进剂与辅助剂

一般情况下，磷化液中要加入适量的氧化剂和促进剂。氧化剂的主要作用是加快磷化反应速度；促进剂主要是离子化倾向较低的金属盐，可以加速金属的溶解，促进磷化膜的生成。氧化剂一般用硝酸盐、亚硝酸盐、卤酸盐、双氧水、过锰酸盐、亚硫酸盐、醌类等，所加的氧化剂不同，磷化膜的性能也不同。促进剂一般用可溶性铜盐或镍盐等，但目前采用铜、镍盐的配方越来越少。为了保持酸比恒定，必须加入一定量的碱作辅助剂。辅助剂的使用不能随意添加或补充，最好在磷化液配制初期加入：

5. 离子浓度

磷化液中 Fe^{2+}、ZN^{2+}、Mn^{2+}，NO^{3-}、NO^{2-} 等离子的浓度也会影响磷化液的使用寿命和磷化膜的性能，应加以注意。

（1）Fe^{2+}

Fe^{2+} 的存在可以提高磷化膜的厚度和耐腐蚀性，但是容易被氧化成 Fe^{3+}，形成沉淀，使得无法形成磷化膜。尤其是在高温磷化液中或磷化液温度过高时，Fe^{2+} 被氧化后造成磷化液浑浊，严重影响磷化液的使用寿命。若 Fe^{2+} 过多，磷化结晶粗大，表面挂灰，耐腐蚀性和耐热性降低，可以在磷化液中添加双氧水除去。

（2）ZN^{2+}

ZN^{2+} 可以加快磷化的速度，使磷化膜致密，光泽度好。但是 ZN^{2+} 浓度过高时，会使磷化膜结晶粗大，易脆，表面发灰；ZN^{2+} 浓度过低时，会使磷化膜层疏松，无光。

（3）Mn^{2+}

Mn^{2+} 的存在有助于提高磷化膜的硬度、结合力、耐腐蚀性，并加深磷化膜的颜色。在高温磷化液中 Mn^{2+} 浓度较大，在中温及常温磷化液中 Mn^{2+} 含量不宜过大，否则会使磷化膜不易生成。

（4）NO^{3-}

其作用是加快磷化速度，降低磷化液温度。通常情况下，NO^{3-} 可以与 Fe 反应生

成 NO^-，保持磷化液中 Fe^{2+} 的稳定。NO^{3-} 含量过高时，磷化膜粗糙而较薄，易出现黄点或白点。

（5）NO^{2-}

NO^{2-} 主要对常温磷化液起作用，可以加快磷化速度，促使磷化膜结晶细腻，孔隙减少，提高磷化膜的耐腐蚀性。但是 NO^{2-} 浓度过大时，容易在膜层表面出现白点。

（6）F^-

F^- 是有效的活化剂，可以加速磷化结晶的生成，形成均匀一致的比较细腻的磷化膜，而且对磷化膜的耐腐蚀性也有很大帮助。尤其是常温磷化液中，F^- 的存在尤为重要，但含量过高时，容易导致磷化膜表面溶液挂白灰，也严重影响磷化液的使用寿命。

另外，需要特别注意，磷化液中 SO_4^{2-}、Cl^-、Al^{3+}、Cu^{2+}、Cr^{3+}、Cr^{6+} 等离子的存在都会对磷化膜的形成和质量有影响，应采取相应措施降低它们在溶液中的含量。

6. 钢铁成分

钢铁中难免存在一定量的杂质金属，这些杂质金属的存在都会对磷化膜产生不同的影响。通常情况下，钢铁中的碳含量与磷化膜的质量有很大关系。低碳钢磷化时形成的磷化膜结晶较细腻，颜色较浅；高碳钢和低合金钢磷化较容易，但摇晶易变粗，磷化膜较厚，颜色较深。淬火后的铸钢，磷化膜结晶较细腻；未经淬火的铸钢，磷化膜结晶较粗大。含有铬、钼、钨、硅等金属的合金钢较难磷化。因此应根据钢铁的具体材质成分选择合适的磷化液配方和磷化工艺。

7. 表面状态

钢铁件磷化前的表面状态在很大程度上影响了磷化膜的质量。同种材质的钢铁件，采用不同的前处理方法，磷化时得到的磷化膜有明显的差异。若用喷砂法作前处理且不进行酸洗时，磷化膜层细腻，耐腐蚀性强；若在喷砂后酸洗，磷化时得到的膜层结晶较粗大，孔隙较多，耐腐蚀性不强。若用有机溶剂清洗钢铁件表面，磷化结晶细小致密，磷化速度快，析氢少。经过冷加工的钢铁件，磷化前应酸洗以除去表面氧化层，对表面进行活化，否则生成的磷化膜薄而不均匀。酸洗后的钢铁件在磷化前经过含磷酸钛盐的水溶液做表面调整 1 ~ 2min，可以大大提高磷化膜结晶的致密程度，增强耐腐蚀性。而没有经过表面调整的钢铁件，磷化后的膜层质量要相差很多。

（三）磷化液的配方及工艺条件

1. 高温磷化液配方及工艺条件

高温磷化处理的温度为 80 ~ 90℃，处理时间 10 ~ 20min，磷化液酸比为 7 ~ 8。高温磷化处理所得的膜层耐腐蚀性强，结合力好，但加温时间长、温度高、溶液的挥发量大，导致游离酸度不稳定，膜层的结晶不均匀。

2. 中温磷化溶液配方及工艺条件

中温磷化处理的温度为50 ~ 75℃，处理时间为5 ~ 15min，磷化液酸比为10 ~ 15。中温磷化的游离酸度稳定，操作简便，磷化时间短，生产效率高，磷化膜的耐蚀性能较好。

3. 常温磷化处理溶液配方及工艺条件

常温磷化处理的温度为15 ~ 35℃，时间为10 ~ 60min，磷化液酸比为20 ~ 30，常温磷化一般不需加热，可在室温下进行，磷化液比较稳定，但处理时间比较长，生产效率低。

（四）磷化工艺流程

一般情况下，钢铁件的磷化工艺主要包括前处理、表面调整、磷化、后处理几个工序，具体步骤为：前处理（除油脱脂→热水洗→冷水洗→酸洗除锈→冷水洗）表面调整→磷化→冷水洗（封孔→冷水洗→去离子水洗）→干燥。

1. 除油脱脂

除油是整个工艺的关键工序之一。油污的存在将严重影响磷化膜的生成，甚至无法形成磷化膜，另外还影响磷化膜的质量及防腐蚀性能，应高度重视。故磷化前要将钢铁工件表面的油脂清除干净。

除油方法主要有有机溶剂除油、碱液除油、酸液除油、电化学除油、表面活性剂除油、超声波强化除油、二氧化碳除油、滚筒除油、火焰燃烧法除油等物理、化孕除油方法。除油时应根据工件材料的不同及表面油污的程度采用不同的方法。

碱液除油主要是借助碱液的化学作用，清除工件表面的油脂及污物，达到净化工件表面的目的。这种方法适用于钢铁和一些不易受碱液腐蚀的金属（如镍、铜等）。磷液除油具有成本低、无毒、操作简单的特点，曾得到广泛使用。但碱液除油存在除油时间长，脱脂效果不理想等缺点，而且腐蚀性强、返碱严重，目前已很少采用，仅作为初级除油使用。现在通常采用多成分的除油剂进行清洗。

现提供几种对钢铁、铜、铝及其合金表面的油垢和橡胶、玻璃等非金属表面油污均有良好去除作用的除油剂。

除油结束后，将工件从除油槽中取出，用流动水或高压水冲洗干净。

2. 酸洗除锈

除油后应将工件表面的锈迹、氧化皮清除干净，否则会影响磷化膜生长的均匀性，降低膜层的质量。表面除锈方法很多，主要有化学浸泡法（酸液除锈法）、超声波法、电化学法、喷砂法、喷丸法、高压喷射法、手工法等。除锈时可根据工件材料的种类不同及表面锈层的情况选用最有效的方法，以保证磷化处理的正常进行。

酸洗除锈的主要机理是利用酸等化学物质溶液与工件表面的锈蚀、氧化物发生化学反应，生产可溶性或不溶性的金属盐，从而达到除锈的目的。

3. 表面调整

表面调整简称表调，此工序近年来才广泛应用，主要是指工件在磷化前先在表调槽液中浸渍数分钟，取出并马上浸入磷化槽液中作磷化处理。其目的在于使工件表面覆盖上一层活化中心层，以利于在工件表面沉积磷酸盐；另外可以调整工件表面酸度，使之处于成膜的最佳状态，有利于磷化时生成均匀一致且致密的磷化膜。表面调整液的主要成分是硫酸氧基钛、焦磷酸盐、磷酸钠等，含量为1‰～10‰。

4. 磷化

磷化是指将工件浸入按使用要求比例配制的磷化液中，经过一段时间处理，表面形成磷化膜的过程。

5. 磷化后处理

磷化后处理又称钝化，其主要目的是提高磷化膜的性能。磷化后直接进行电泳涂装或进行其他防锈、涂装时，可不做钝化处理。磷化膜的用途不同，后处理方法也不同。例如：用于冷变形加工和降低摩擦的工件，可以将工件浸在油类或皂类润滑物质中。

为了提高磷化膜的耐腐蚀性，常用浸植物油或矿物油的方法，也可用错酸或铬酸盐的稀溶液进行封闭处理，以减少膜的孔隙面积和提高膜层的耐蚀性。

（1）铬酸盐溶液封闭

绝大部分钢铁设备或零件的工作环境比较复杂，为了保护其免受腐蚀，可选用磷化膜保护。为了减少磷化后膜的孔隙并提高其耐蚀性，可待膜忌干燥后，用铬酸或铬酸盐稀溶液进行封闭处理。具体配比可采用0.015%的$Cr_6+/Cr^{3+}=3$的铬酸溶液，或在此溶液中再按$CrO_3/H_3PO_4=5$的比例添加磷酸。

铬酸浓度不宜太高，当铬酸浓度超过0.05%时，只能对磷化膜的耐蚀性略有改善，而铬酸浓度高于0.2%时，则导致磷化膜的溶解破坏。另外，若封闭液中含有杂质，将导致钢铁工件表面局部腐蚀，降低膜层的耐腐蚀性能，所以必须用去离子水配制封闭液。

（2）浸油封闭

钢铁磷化后，应在膜层完全干燥后浸油，以封闭磷化膜的孔隙，采用矿物油进行封闭时可添加适量缓蚀剂。

（3）油漆涂装封闭

用树脂漆或硝基漆对磷化后的膜层进行涂装，可以加强钢铁工件的防护，其耐腐蚀性能要比单纯的磷化膜高数十倍。涂装后的漆膜可以自然干燥，在烘箱内干燥时应根据涂装涂料的具体使用要求对温度进行控制。

（4）肥皂液封闭

当磷化膜用于冷变形加工和应用于降低摩擦件的表面磨耗时，磷化膜的后处理应采用肥皂液封闭，以提高磷化膜的润滑性和耐磨性，防止膜层及金属表面的拉伤及破裂。其中最简便和有效的办法是在钾肥皂溶液中进行浸渍处理。在这种溶液中，磷化膜的表面膜将转化为钾肥皂，钾肥皂溶液的浓度为 10 ~ 30g/L，可以用碳酸钠溶液调节酸度，溶液工作温度在 50 ~ 70℃，浸渍时间一般为 4 ~ 6min。

（五）磷化膜层的特点与应用

经处理完毕的钢铁件表面，磷化膜层有如下特点：

①与涂装漆层结合牢固性好，和磷化膜涂油后的耐腐蚀性相比，提高 10 倍左右，而且比钢铁件直接涂漆的耐腐蚀性提高 12 倍以上。

②磷化处理工艺所需设备简单、操作方便，可应用于生产并实现自动化，成本低、生产效率高。

③孔隙较多，易受水汽侵蚀和吸纳污垢，应及时进行涂漆、涂油或封孔。

④机械强度差，质脆，变形性差。

⑤耐酸、碱性差，涂油后耐盐雾性有很大提高。

⑥适于处理中小型工件，可应用于管道、气瓶和复杂的钢制零部件或其他金属的内表面。

磷化膜各方面性能优异，被广泛应用在汽车制造、船舶、机械制造、化工防护、日用电器、兵器以及航天、航空工业等各个领域。其中大多数是作为金属的防护层，部分用于机械加工中的润滑、减摩或电气设备中的绝缘层。

1. 防腐工程应用

海上或地下石油、天然气输送管道的连接件，在未进行组装连接前，一般是仓储，很容易受到腐蚀而生锈，甚至影响组装件的尺寸和精度，导致无法组装。若用磷化膜做金属表面防护，可很好地避免金属的腐蚀。因此这些连接件在进仓前要进行磷化处理，以保证在相对长的时间内能起到防锈、防蚀的作用。

磷化膜的出现在很大程度上代替了防锈油脂，磷化后的钢铁件表面即使不涂防锈油、防锈脂或防锈蜡，也可以起到一定的防护作用。能满足这一要求的磷化膜层一般是用锌系或锰系磷化制备得到的。

2. 涂装底层用

钢铁工件在涂装前首先作磷化处理，使工件表面形成一层磷化膜，既可以提高涂装后表面的耐腐蚀性能，又可以提高表面的装饰性能，同时增强涂装的有机膜层与金属表面之间的结合力。

磷化后的金属表面既可以喷涂溶剂型涂料，也可以喷涂粉末涂料或电泳涂漆、刷漆。能满足这一要求的磷化膜一般是锌系或锌钙系磷化制备得到的。这类磷化膜的膜重为 0.2 ~ 1.0g/m^2（用于较大变形的钢铁件油漆底层）、1 ~ 5g/m^2（用于一般钢铁件油漆底层）、5 ~ 10g/m^2（用于不发生形变钢铁底层）。

3. 减小摩擦用

磷化膜的耐磨性能较好，在加工过程或零件工作时可以起到减小摩擦的作用。能满足这一使用要求的磷化膜为锰系磷化膜，也可以用锌系。

4. 电绝缘用

由于磷化膜为磷酸盐在金属工件表面结晶沉积而成，具有较高的电绝缘性能，可以用于电机、变压器中硅钢片的电绝缘处理。能满足这一需求的磷化膜主要是锌系磷化制备得到的。

二、钢铁件的黑色磷化工艺

目前，在工业的应用上，大部分是在钢铁工件表面进行氧化或磷化处理以提高其防护及装饰性能的。一般来说，与磷化处理相比，氧化处理得到的膜层色泽更丰富，装饰性能较好，但耐腐蚀性能较差。与氧化处理相比，磷化处理的膜层色泽呈现明显暗灰色，不如氧化膜，但耐腐蚀性能比氧化膜好。因此，使磷化膜既有较好的耐腐蚀性能，又有良好的装饰效果，可采用钢铁件黑色磷化处理的方法。

钢铁件黑色磷化处理得到的膜层为黑色，附着力较好，色泽均匀，膜层连续，结晶细腻。在工业应用环境及海洋大气中，黑色磷化膜的耐腐蚀性比普通磷化膜高，膜层的吸光、吸热、绝缘等性能较好。黑色磷化膜一般不影响处理工件的精度，又可减少表面的漫反射。因此，目前市场上一些机电设备的零部件都以黑色磷化膜作防护与装饰，特别是精密铸钢件用得最早。黑色磷化工艺已广泛应用于机械、电子、仪器仪表、航空、国防工业、船舶及汽车等各种行业。

（一）影响黑色磷化质量的因素

具体如下：

1. Mn^{2+} 的浓度

溶液中 Mn^{2+} 对成膜起主要作用，同时可加深磷化膜的颜色。但如果 Mn^{2+} 浓度过大，会使磷化膜层质量变差。

2. Ni^{2+} 的浓度

溶液中 Ni^{2+} 既可对成膜起促进作用，又可加深磷化膜的颜色。Ni^{2+} 与溶液中的 Mn^{2+}、Fe^{2+} 等参与成膜离子的性质相似，可以部分替代磷化膜中的 Mn^{2+}、Fe^{2+}，细化磷化膜层结晶晶粒，加深磷化膜的颜色，并增强磷化膜与基体的结合力，提高磷化膜的耐磨性。

3. 表面活性剂

少量的表面活性剂在磷化液中可以改善磷化液在钢铁工件表面的润湿性、渗透性，提高磷化膜结晶的均匀性和致密性，提高磷化膜层的耐腐蚀性能。表面活性剂太多容易影响磷化膜层与基体的结合力及耐磨性能，应注意用量。

4. 促进剂

在磷化液中添加促进剂可以加速磷化反应、降低磷化温度、缩短磷化时间。一般来说，可以用强氧化剂作促进剂，但是促进剂的氧化性太强，容易加速 Fe^{2+} 的氧化，增加 Fe^{2+} 的量，沉渣量增大，并使钢铁表面钝化，甚至无法形成磷化膜。常用的促进剂有硝酸盐、亚硝酸盐、钼酸盐、氯酸盐等。

5. 游离酸度、总酸度及酸比

磷化液的游离酸度、总酸度及酸比是磷化膜质量的重要影响因素。游离酸度过高，磷化膜表面粗糙且多孔，溶液的沉渣增多，膜层对基体的附着力差；游离酸度过低，则磷化膜太薄，甚至无法形成磷化膜。总酸度过高，可加快磷化反应速度，但膜层很薄或者无膜形成；总酸度过低，则磷化速度缓慢，膜层粗糙。一般来说，应控制磷化液的酸比在合适的范围内，使游离酸度和总酸度在酸比范围内调整。

6. 处理温度

磷化处理过程中，温度规定上限时，能激活能量低的点，使之也能成为结晶的活性中心，使晶核数目增多，结晶成膜的速度加快。超过上限温度过高，会造成酸比变化，加快反应速度，使磷化膜结晶粗大，孔隙增大，形成含渣磷化膜，降低耐蚀性能，影响磷化液的稳定性。因此，应将磷化温度控制在最适当的范围内，既能保证磷化的速度和膜层的质量，又能稳定磷化液，减少磷化沉渣。

（二）黑色磷化工艺流程

一般来说，黑色磷化工艺流程为：除油脱脂→冷水洗→酸洗除锈→冷水洗→表面调整→黑色磷化→冷水洗→热水洗→干燥。

（三）黑色磷化工艺的应用

钢铁件的黑色磷化工艺处理在钢铁材料保护中起很重要的作用。改革开放以来，研究者对黑色磷化工艺做了大量的工作，研制了各种各样的黑色磷化液。由于黑色磷化处理工艺及黑色磷化膜独特的优点，使黑色磷化技术逐步代替了原来的浓碱高温发黑处理。

根据某些特殊条件下的需要，对钢铁工件进行黑色磷化处理，研究开发的黑色磷化技术处理得到的磷化膜既有氧化膜的均匀黑色及细致精密的结晶特点，又有磷化膜的良好耐磨性及润滑性。具体实施情况如下：

黑色磷化工艺流程：除油脱脂→冷水洗→酸洗除锈→冷水洗→表面调整→黑色磷化→冷水洗→热水洗→干燥。

第三节　电刷镀技术

一、概念理论

电刷镀技术（简称刷镀技术）是电镀技术中的一个重要分支，是一种不用镀槽而只用镀笔在局部需要镀覆的部位进行电镀的技术。其目的在于强化、提高工件表面性能，取得工件的装饰性外观、耐腐蚀、抗磨损和特殊光、电、磁、热性能；也可以改变工件尺寸，改善机械配合，修复因超差或因磨损而报废的工件等，因而在工业上有广泛的应用。在实际中，它更偏重于大型工件、设备表面磨损的修复。因此在实践上更要求现场或在线施镀，在保证镀层品质的基础上，更强调镀层的快速高效沉积。

刷镀的基本过程是用裹有浸渍特种镀液的镀笔（阳极）贴合在工件（阴极）的被镀部位并做相对运动形成镀层，刷镀电源串接于两极之间。为了稳定地向工件表面液层提供足够的被镀金属离子，高浓度的刷镀液直接泵送或自然回流到阴阳极之间。

（一）电刷镀的主要特点

电刷镀的特点主要有：

①设备体积小、重量轻，搬运方便，可以直接在现场进行修复。

②表面预处理质量高，镀层结合强度高，特别是一般难于镀覆的金属如铝合金、不锈钢、高碳钢等都能达到较高质量。

③由于镀笔形状多样，而且可以根据工件形状，自行设计镀笔，可以有选择地进行局部电镀。

（二）电刷镀技术应用范围

电刷镀技术因其工艺和镀层性能等方面的特点，电刷镀技术应用十分广泛。电刷镀技术的应用范围主要集中在以下几个方面：

①恢复磨损零件的尺寸精度和几何形状精度；

②填补零件表面的擦伤、沟槽、凹坑、斑蚀、孔洞等；

③修补产品上的缺陷及补救超差产品；

④提高零件表面的硬度、导电性、导磁性、耐磨性、钎焊性；
⑤改善零件表面的冶金特性；
⑥强化零件表面的自润滑减摩性、防腐性、抗氧化性；
⑦装饰零件表面；
⑧修补各种模具。
与其他表面技术相结合，可以实现对零件表面进行多方面的恢复和强化处理。

二、电刷镀设备

电刷镀设备主要包括刷镀电源、镀笔及其他辅助工具。

（一）电源

电刷镀电源为电刷镀的主要设备，采用无级调节电压的直流电源，是电刷镀工艺专用设备，它分为10A（20V）、15A（20V）、30A（30V）、60A（35V）、100A（40V）、120A（40V）、150A（40V）等各种不同的电流（电压）等级和规格，可以适应大、中、小型零部件进行电刷镀的需要，常用电压范围为0 ~ 30V，最高不超过50V。

这些电源主电路的结构形式很多。如有的把单相或三相交流电经调压、降压后，由硅整流器作全波或桥式整流，输出直流脉动电压；有的为了减小电源设备体积和重量，而制成便于携带的可控硅整流电源；还有的为了改善镀层质量和适应厚沉积层需要，而采用新型脉冲电路的。

控制电路的主要组成部分是镀层厚度控制器。其实质是一个高精度电量计，即安培小时计，它的最主要部分是压频转换电路。

对刷镀电源的要求主要有：

①电源应具有直流输出的功能，且具有平直或缓降的外特性，即要求负载电流在较大范围内变化时，电压的变化很小。

②供给的直流电压应能从零到额定值之间进行无级调节，以满足各道工序和不同溶液的需要。

③有可靠而迅速的短路和过载保护，以保护设备、零件不被损坏和操作者的安全。

④电源应有输出正、负极性的转换装置。

⑤电刷镀电源应具备方便、可靠的极性转变装置，以满足各工序的需要。

⑥电刷镀电源应体积小、重量小、安全可靠。

（二）镀笔

镀笔是电刷镀的主要工具，由手柄和阳极组成。市售镀笔分为大、中、小和旋转镀笔等。阳极是镀笔的工作部分，阳极和手柄之间一般用螺纹连接或将阳极插入到手柄中再用螺钉拧紧。

刷镀阳极材料要求具有良好的导电性，能持续通过高的电流密度，不污染镀液，易于加工等。石墨和铂合金是理想的不溶性阳极材料，但石墨应用最多，只在阳极尺寸极小无法用石墨时才用含铂 90% 的铂铱合金。在石墨阳极上包扎脱脂棉包套，其作用是储存电镀液，防止两极接触产生电弧烧伤零件表面和防止阳极石墨粒子脱落污染电镀液，擦去工件上的疏松沉积层。脱脂棉一般剪成矩形，不同形状的阳极可采用不同的包裹方法，为防止棉垫松脱，并提高耐磨性，外层包纱布或涤棉套子。特别注意，不要用橡皮筋扎，防止橡胶脱硫使镀层产生斑痕。

（三）辅助工具

使用辅助工具的目的是保证电刷镀镀层质量，减轻工作强度，提高工作效率。一般，辅助工具包括：盘子、棉球、纱布、绝缘胶带、滤纸、存放废液的烧杯等。

三、电刷镀的基本原理

电刷镀是应用电化学沉积的原理，即金属阳离子在阴极（工件）表面接受电子，成为金属原子，沉积到阴极表面，形成金属镀层。反应原理式如下：

$$M^{n+} + ne \longrightarrow M$$

电刷镀不需要镀槽，而使用专门研制的系列刷镀溶液，带有不溶性阳极的镀笔，以及专用的直流电源。工作时，零件接电源的负极，不溶性阳极接电源正极。阳极前端包裹棉花，棉花外用耐磨的用棉套包裹，浸满镀液，与零件表面接触，并保持适当的压力，这样，当阳极与被镀零件以一定的相对运动速度移动时，在电场作用下，镀液中的金属离子定向迁移到零件表面，在表面获得电子被还原成金属原子，还原的金属原子在零件表面结晶形成镀层。

镀层的厚度由镀覆电流的大小和镀覆时间的长短决定。一般来说，电流越大，镀覆时间越长，镀层越厚，但是过大的电流会导致镀层粗糙，结合力下降。所以在实际操作时应加以注意。

四、电刷镀溶液

（一）镀液分类

国内外市场化的电刷镀溶液有 100 多种，电刷镀溶液质量好坏以及能否正确使用，对镀层性能有关键性影响。一般按作用不同可分为 4 大类：表面预处理溶液、金属刷镀溶液、退镀溶液、钝化和电抛光溶液。

1. 表面预处理溶液

金属表面在刷镀前的准备是保障刷镀层与基体金属结合良好的关键，为了提高镀层与基体的结合强度，被镀表面必须预先进行严格的预处理，包括除油和活化。

2. 沉积金属溶液

电刷镀溶液一般分为酸性和碱性两大类。酸性溶液比碱性溶液沉积速度快 1.5 ~ 3 倍，但绝大部分酸性溶液不适用于材质疏松的金属材料，如铸铁，也不适用于不耐酸腐蚀的金属材料，如锡、锌等。碱性和中性电镀溶液有很好的使用性能，可犹得晶粒细小的镀层，在边角、狭缝和盲孔等处有很好的均镀能力，无腐蚀性，适于在各种材质的零件上镀覆。

电刷镀溶液一般为专利，这里只提供两种经典配方，作为参考。

①快速镍镀液：水合硫酸镍 250 ~ 260g/L，柠檬酸铵 25 ~ 40g/L，氨水 100g/L。溶液 pH 值一般控制在 7 ~ 8。

②特殊镍镀液：水合硫酸镍 320 ~ 350g/L，柠檬酸 60 ~ 80g/L，硼酸 15 ~ 30g/L。溶液 pH 值一般控制在 0.8 ~ 1.0。

3. 退镀溶液

退镀溶液是在反向电流作用下，阳极（镀层）产生溶解，从而将不合格镀层除去的专用溶液，用于除去不需镀覆表面上的镀层，主要退除铬、铜、铁、钴、镍、锌等镀层。

（二）镀液特点

电刷镀溶液的主要特点有；

①电刷镀溶液大多数是金属有机配合物的水溶液。这类有机配合物在水溶液中有相当大的溶解度，并且有极好的稳定性，具有良好的电化学性能，即使在大电流密度下操作，仍能获得结晶细、平滑、致密的镀层。

②镀层中的金属离子浓度高，所以能获得比槽镀快 5 ~ 50 倍的沉积速度。

③镀液工艺性能稳定，使用时不需要化验和调整，能在较宽的工作温度范围下使用，并能长期存放。

④镀液具有低毒性，一般不含氰化物等剧毒物质和强腐蚀物品，对操作者的危害小，环境污染小，便于运输和储存。

⑤由于刷镀主要用于修复零件超差，所以溶液中不添加光亮剂。

五、电刷镀工艺

（一）工艺特点

具体如下：

①工艺简单，操作灵活，无需特殊熟练技术，并且受镀表面形状不受限制，凡镀笔能触及的地方均可镀覆。

②镀笔与零件作相对接触摩擦运动，这是刷镀区别于其他电镀工艺的重要特征。正是由于镀笔与工件表面的断续接触，从而形成的晶格缺陷较多，因此，刷镀层比一般的电镀层具有更高的强度、硬度。同时，阴阳极的相对运动有利于零件散热，因而允许有更大的旋镀电流密度。

③镀层沉积速度快。阴阳极之间的距离很近（一般不大于 5 ~ 10mm），大大缩短了金属离子的扩散过程，加之刷镀液离子浓度大，并允许有更大的电流，使得沉积速度加快，提高了生产效率。

④电刷镀层比槽镀层具有更高的结合强度和致密度，所以，电刷镀层可以在非常恶劣的工况下使用。

⑤由于镀层暴露在空气中，使氢容易析出，因而镀层的氢脆小。

⑥镀后一般只需要进行简单机械加工即可使用。

（二）工艺过程

1. 镀前准备

零件表面的准备：零件表面的预处理是保证镀层与零件表面结合强度的关键工序。零件表面应光滑平整，无油污、无锈斑和氧化膜等。为此先用钢丝刷、丙酮清洁，然后进行电净处理和活化处理。

表面加工一般要求如下：

①经过表面加工的零件表层不存在疲劳层。

②一般经表面加工的零件，几何形状误差应清除，表面不允许残留锈蚀、划伤等缺陷，表面粗糙度应在 1.6μm 以上。

2. 电净

电净就是电化学除油，用镀笔沾上电净液，在通电的情况下反复擦抹待镀零件表面而达到去除油脂的目的。一般有 3 种方法：

①正极性电净。当工件接电源负极，除油时在其表面上进行还原反应，并有氢气析出，所以去油污彻底、速度快。一般材料均采用这种方法，但对氢敏感的材料，如超高强度钢，容易产生氢脆现象而不适用。

②反极性电净。当工件接电源正极，除油时在表面进行氧化过程，并有氧气析出，所以也有除油能力。由于产生的氧气泡数量比氢气泡少一半，所以去油污能力比正极性弱，速度慢。另外，由于发生氧化反应，对基体金属有溶解作用，因此，此法不适用于有色金属的表面除油。

③联合除油。联合除油时，一般先采用正极性电净后反极性电净，充分利用二者的优点，达到彻底除油的目的。

3. 活化

活化是通过电解刻蚀和化学腐蚀作用，去掉表面氧化层、疲劳层，露出新的金属表面。通过彻底除油的零件，只要活化处理适宜，没有镀不上镀层的材料。-- 般有 3 种活化方法：

①反极性活化：这种极性接法正好符合阳极溶解过程，一般材料在活化时都采用这种方法。

②正极性活化：这种极性接法主要靠溶液的腐蚀作用对工件表面产生活化，速度较慢，通常用在要求材料表面腐蚀轻微的条件下。

③交替活化法：反复改变电源上的输出极性，从而交替使用正极性和极性活化。

这种方法通常用于特别难活化材料的表面活化处理。

4. 镀层的形成

（1）打底层

打底层常选的镀液为特殊镍、碱铜、中性镍、快速镍、半光亮中性铁和低氢脆镉镀液等，其选择原则为：与基体金属有优良的结合强度；不会产生电化学腐蚀；与其他镀层金属的结合能力较强。有些基体材料也可以不打底。

（2）尺寸层

尺寸层常选的镀液为快速镍、特种快镍、碱铜镀液等，其选择原则为：具有较快的沉积速度和较大的镀厚能力；镀层组织细密，具有一定的强度；便于进行机械加工；与底层金属的结合强度高；不易产生电化学腐蚀，也不会因两种镀层组织界面间原子的互相扩散而形成有害组织；形成的任何镀层结构形式都具有良好的结合强度。

（3）工作层

工作层溶液选择原则为：具有良好的结合强度；具备满足使用工况要求的优良性能。

（三）工艺参数

在实际刷镀过程中，可根据镀件的材料，表面热处理状况，工件尺寸及镀层厚度，工件技术要求及工况条件等因素，正确选择极性、电压（电流）、相对运动速度等工艺参数和镀液，科学地进行镀层技术设计，合理地安排工艺顺序。

1. 刷镀电压

刷镀电压的高低，直接影响着溶液的沉积速度和镀层质量。当电压偏高时，刷镀电流相应提高，使镀层沉积速度加快，易造成组织疏松，粗糙。由于电流大，发热量也增大，从而使镀液温度升高，镀层沉积速度进一步加快，同时镀层表面很容易干燥。在这种情况下，不仅镀液浪费大，阳极烧损严重，而且容易使镀层粗糙发黑，甚至过热脱落。当电压偏低时，不仅沉积速度太慢，而且同样会使镀层质量下降。所以，为了保证得到高质量的镀层和提高生产效率，应按每种溶液确定的电压范围灵活使用。

2. 镀笔与工件的相对运动速度

由于电刷镀主要是手工操作，所以相对运动速度是电刷镀最不容易掌握的参数。相对运动速度太慢时，镀笔与工件接触部位发热量大，镀层易发黑，局部还原时间长，镀层生长太快，组织易粗糙。若镀液供送不充分，还会造成局部离子贫乏，组织疏松。相对运动速度太快时，会降低电流效率和沉积速度，形成的镀层虽然致密，但内应力太大，易脱落。相对运动速度通常选用 8 ~ 12m/min，但又要结合零件的大小、被镀表面形状、使用镀笔的大小和形状等具体情况而定。例如当零件不能动且形状又较复杂，而只能镀笔动时，相对运动速度自然会比较低。

3. 电刷镀的温度控制

①工件温度。在刷镀操作的整个过程中，工件的理想温度是 15 ~ 35℃，最低不能低于 10℃，最高不宜超过 50℃。

②镀液的温度。镀液的使用温度应保持在 25 ~ 50℃范围内，这不仅能使溶液本身的物理化学性能（如 pH 值、电导率、溶液成分、耗电系数、表面张力等）保持相对稳定，而且能使镀液的沉积速度、均镀能力和深度能力及电流效率等始终处于最佳状态，并且所得到的镀层内应力小、结合性能好。

③镀笔的温度。由于石墨阳极本身有一定的电阻，加上电极反应的热效应，时间长了就会使镀笔发热，温度升高。石墨阳极长时间在较高温度下使用，表面就会烧损和腐蚀，烧蚀下来的泥状石墨，附在阳极与包套之间，使电阻增大，从而使镀笔温度进一步升高。如此恶性循环，后果是镀积速度逐渐降低，镀液被污染，镀液中部分物质挥发，成分改变，这样就不可能得到高质量镀层。为了防止镀笔过热，在刷镀层厚时，应同时准备几支镀笔轮流使用，并定时将镀笔放入冷镀液中浸泡，使其温度降低。

六、电刷镀技术展望

（一）电刷镀非晶态镀层

在常温条件下，应用电刷镀的方法，使用 Co-Ni-P 等三元系列合金刷镀液，可以获得非晶态镀层。该镀层在常温和较高温度下均具有较高的硬度，良好的耐磨性和防腐性。

（二）电刷镀复合镀层

复合镀层按其结构可分为层状镀层和弥散镀层。所谓层状镀层，是指由两种或几种金属元素依次沉积而形成的多层镀层。各层金属都具有本身的物理、化学和机械性能，层状镀层中的某一层或几层可以是单金属，也可以是二元合金、三元合金。所谓弥散镀层，是指在金属镀液中加入不溶性固体微粒，使其与金属镀液中的金属离子共沉积，并均匀地弥散在金属镀层中。复合刷镀主要是指获得这种复合镀层。

（三）摩擦电喷镀技术

摩擦电喷镀是在综合槽镀、刷镀、流镀等多项技术优点的基础上，新发展起来的一项金属电化学沉积技术，具有沉积速度快、镀厚能力强、镀层质量高等突出优点。

摩擦电喷镀使用普通刷镀电源或专用电源，各种形式的专用金属阳极和高离子浓度的镀液。工作时，工件接电源负极，阳极安装在镀笔上接电源正极，阳极与工件保持一定距离，镀笔上的摩擦块紧贴工件表面。工件与阳极保持一定的相对运动速度，镀液通过镀笔杆输送到阳极，以一定的压力从阳极上的诸多小孔中喷洒到工件表面上。在电场的作用下，镀液中的金属离子在工件表面产生还原反应，金属离子获得电子还原成金属沉积结晶形成镀层。与此同时，镀笔上的摩擦块则随着镀笔与摩擦块的相对运动而摩擦新形成的镀层，摩擦作用能限制镀层晶粒的长大和镀层表面上氧化膜的形成，还能有效地改善工件表面粗糙度引起尖峰和凹谷沉积速度不一致的弊端。因此，摩擦电喷镀能获得组织致密、晶粒细化、力学性能良好的镀层。

（四）稀土元素在电刷镀技术中的应用

在刷镀镍、致密镍、镍钨合金等镀层过程中，都有一定数量的N、H、0气体元素进入镀层，它们比一般钢材中这类气体元素的含量高很多，这对镀层性能有较大影响。如果在电刷镀溶液中加入适量的稀土综合添加剂，就可与H形成稀土氢化物；与。形成稀土氧化物；与N形成稀土氮化物。稀土化合物的形成，大大降低了镀层中气体元素的有害作用。

稀土氢化物的形成，可以减少氢致裂纹，提高镀层抗疲劳强度，增加镀层安全厚度。稀土氧化物既减少了镀层中片状氧化物造成的应力，又消除了分布在晶界上的微量杂质的有害作用，起到了强化和稳定晶界的作用。稀土氮化物的形成，使氮化物以高速弥散的状态分布于镀层中，增加镀层的硬度、强度、耐磨性和耐蚀性。

（五）电刷镀与其他表面技术的复合

表面工程的发展方向之一是对复合技术的研究应用，电刷镀技术也不例外。

电刷镀技术与热喷涂技术复合。用热喷涂层迅速恢复尺寸，然后在涂层上刷镀，以提高表面光洁度和获得所需的涂层性能。

电刷镀与钎焊技术复合。在一些难钎焊材料上镀铜、锡、银、金等镀层，然后再行钎焊，解决了难钎焊金属表面或两种性能差异很大的金属表面的钎焊问题。修复机床铸铁导轨划伤最有效的“夹钎镀”就是典型应用。

电刷镀与激光重熔技术复合。在某些情况下，为提高刷镀的结合强度，或为提高工件材料的表面性能，采用先刷镀金属层或合金镀层，再进行激光重熔。

电刷镀与激光微精处理技术复合。在一些重要摩擦副表面镀工作层，然后再用激光器在镀层表面打出有规则的微凸体和微凹体，这些凸、凹体不仅自身得到强化，而且还有良好的贮油能力，从而提高摩擦副的耐磨性。

电刷镀与粘涂技术复合。对于一些大型零件上的深度创伤、沟槽、压坑，在不便于堆焊、钎焊、喷涂的部位，可先用粘涂耐磨胶填补沟槽，待胶固化后，再在胶上刷镀金属镀层，填补时可使用导电胶。

电刷镀与离子注入技术复合。为进一步提高刷镀层的耐磨性，可在镍镀层、镍钨镀层、铜镀层上注入氮离子。因为氮与铜或镍不易形成稳定的化合物，而主要以间隙原子滞留在铜或镍晶格原子的间隙处，有利于阻止位错移动，因而使镀层得到强化。

电刷镀与减摩技术复合。在电刷镀耐磨镀层后，再添加减摩添加剂，可获得十分明显的减摩效果。

复合绝不是两种技术的简单叠加，而是以最佳协同效应进行合理的镀层设计。

第六章　金属表面化学镀技术

第一节　化学镀概述

与电镀相比，化学镀是一种比较新的工艺技术。电镀是利用外加电流将电镀液中的金属离子在阴极上还原成金属的过程；而化学镀是不外加电流，在金属表面的催化作用下，通过控制化学还原法进行金属的沉积过程。由于金属的沉积过程是纯化学反应且反应必须在具有自催化性的材料表面进行，所以人们将这种金属沉积工艺称为“化学镀”或“自催化镀”，它充分反映出了该工艺过程的本质。

从金属盐的溶液中沉积出金属是得到电子的还原过程，反之，金属在溶液中转变为金属离子是失去电子的氧化过程。化学镀过程的实质是氧化还原反应，在这一过程中，虽然无外加电源提供金属离子还原所需要的电子，但仍有电子的转移。金属离子还原所需要的电子，是靠溶液中的化学反应来提供的，确切地讲，是靠化学反应物之一的还原剂来提供的。

化学镀过程是一种自催化的化学反应过程，镀层的增厚度与经过的时间成一定的关系，因此没有镀厚的限制，也不存在电镀过程中由于电流分布不均匀而引起的镀层厚度差异的问题。化学镀一般使用次磷酸钠（NaH_2PO_2）、硼氢化钠（$NaBH_4$）、二甲基胺硼烷［（CH_3）2$HNBH_3$］、肼（N_2H_4）、甲醛（ECHO）等作为还原剂，当其在催化活性表面上被氧化时，会产生游离电子，这些游离电子可在催化表面还原溶液中的金属离子，只要沉积出的金属层对于还原剂具有催化活性，就可以不断地沉积出金属。当工艺条件一定时，可以通过控制时间来获得特定厚度的镀层。

一、化学镀的分类

由于从金属盐溶液中沉积金属的过程（又称湿法沉积过程）可以从不同途径得到电子，由此产生了各种不同的金属沉积工艺。温法沉积过程可分为 3 类：

（一）置换法

将还原性较强的金属（基材、待镀的零件）放入另一种氧化性较强的金属盐溶液中。还原性强的金属是还原剂，它给出的电子被溶液中金属离子接收后，在基体金属表面沉积出溶液中所含的那种金属离子的金属涂层。最常见的例子是铁件放在硫酸铜溶液中沉积出一层薄薄的铜。这种工艺又称为浸镀（Immersion-plating），应用不多。原因是基体金属溶解放出电子的过程是在基体表面进行的，该表面被溶液中析出的金属完全覆盖后，还原反应就立刻停止，所以镀层很薄；而且由于反应是基于基体金属的腐蚀才得以进行的，镀层与基体结合力不佳；另外，适合浸镀工艺的金属基材和镀液的体系也不多。

（二）接触镀法

将待镀的金属零件与另一种辅助金属接触后浸入沉积金属盐的溶液中，辅助金属的电位应低于沉积出的金属的电位。金属零件与辅助金属浸入溶液后构成原电池，后者活性强，是阳极，被溶解放出电子，阴极（零件）上就会沉积出溶液中金属离子还原出的金属层。接触镀与电镀相似，只不过接触镀的电流是靠化学反应供给，而电镀是靠外电源。接触镀法虽然缺乏实际应用意义，但在非催化活性基材上引发化学镀过程时是可以应用的。

（三）还原法

在溶液中添加还原剂，由它被氧化后提供的电子还原沉积出金属镀层。这种化学反应如不加以控制，在整个溶液中进行沉积是没有实用价值的。目前讨论的还原法是专指在具有催化能力的活性表面上沉积出金属镀层。由于施镀过程中沉积层仍具有自催化能力，所以该工艺可以连续不断的沉积形成一定厚度且有实用价值的金属镀层。还原法就是我们所指的“化学镀”工艺，置换法和接触镀法只不过在原理上同属于化学反应范畴，但不用外电源。用还原剂在自催化活性表面实现连续不断地金属沉积的方法是唯一能用来代替电镀法的湿法沉积过程的方法。

二、化学镀的特点

与电镀工艺相比，化学镀具有以下特点。

①镀层厚度非常均匀，化学镀液的分散力接近100%，无明显的边缘效应，几乎是基材形状的复制，因此特别适合形状复杂工件、腔体件、深孔件、盲孔件、管件内壁等表面施镀；电镀法因受电力线分布不均匀的限制则是很难做到的。由于化学镀层厚度均匀、易于控制、表面光洁平整，一般不需要镀后加工，适宜做加工件超差的修复及选择性施镀。

②通过敏化、活化等前处理，化学镀可以在非金属（非导体），如塑料、玻璃、陶瓷及半导体材料表面上进行，而电镀法只能在导体表面上施镀，所以化学镀工艺是非金属表面金属化的常用方法，也是非导体材料电镀前作导电底层的方法。

③工艺设备简单，不需要电源、输电系统及辅助电极，操作时只需把工件正确悬挂在镀液中即可。

④化学镀依靠基材的自催化活性起镀，其结合力一般优于电镀。镀层有光亮或半亮的外观、晶粒细、致密、孔隙率低，某些化学镀层还具有其他特殊的物理化学性能。

不过，电镀工艺也有其不能为化学镀所代替的优点：可以沉积的金属及合金品种远多于化学镀；价格比化学镀低得多，工艺成熟，镀液简单易于控制。化学镀镀液内氧化剂（金属离子）与还原剂共存，镀液稳定性差；而且沉积速度慢、温度较高、溶液维护比较麻烦、实用可镀金属种类较少。因此，化学镀主要用于非金属表面金属化、形状复杂件而需要某些特殊性能等不适合电镀的场合。

化学镀方法具有的这些特点使其用途日益广泛，目前在工业上已经成熟且普遍应用的化学镀种主要是镍和铜，尤其是镍。与电镀镍相比，化学镀镍具有以下特点：

①用次磷酸盐或硼化物作还原剂的镀浴得到的镀层是 Ni-p 或 Ni-B 合金，控制磷量得到的 Ni-P 非晶态结构镀层致密、无孔、耐蚀性远优于电镀镍，在某些情况下甚至可以代替不锈钢使用。

②化学镀镍层不仅硬度高，而且可以通过热处理调整提高硬度，故耐磨性良好，在某些工况下甚至可以代替硬铬使用。化学镀镍层兼备了良好的耐腐蚀与耐磨性能。

③根据镀层中的含磷量，可控制为磁性或非磁性镀。

④钎焊性能好。

⑤具有某些特殊的物理化学性能。

化学镀镍已在电子、计算机、机械、交通、能源、石油天然气、化学化工、航空航天、汽车、矿冶、食品机械、印刷、模具、纺织、医疗器件等各个工业部门获得广泛的应用。按化学镀镍的基材分类，应用最多的基材是碳钢和铸铁，约占 71%，铝及有色金属约占 20%，合金钢约占 6%，其他（塑料、陶瓷等）约占 3%。

三、化学镀的机制

化学镀还原沉积时的反应式为：

$$AH_n+Me^{n+}=A+Me+nH^+$$

式中，AHn 为还原剂；Men⁺ 为被沉积金属离子；Me 为还原的金属；A 为类金属物质。

化学镀同样具有局部原电池（或微原电池）的电化学反应机制。原剂分子 AHn 先在经过处理的基体表面形成吸附态分子 AHn，受催化的基体金属活化后，共价键减弱直至失去电子被氧化为产物 A（化合物、离子或单质）和 H^+ 或释放出 H_2。金属离子获得电子被还原成金属，同时吸附在基体表面的类金属单质 A 与金属原子共沉积形成了合金镀层。

第二节　化学镀镍机制

一、化学镀镍层的性质

化学镀镍层是镍磷合金镀层，主要特性是耐腐蚀。含磷较高的镀层在许多介质中的耐蚀性显著优于电镀镍，可代替不锈钢和纯镍；镀镍层硬度为 500 ~ 600HV（电镀镍的硬度为 160 ~ 180HV），经热处理可达 1000HV 以上；耐磨效果好，可代替镀硬铬。

（一）密度

镍的密度在 20℃时为 8.91g/cm^3，含磷量 1% ~ 4% 时为 8.5g/cm^3，含磷量 7% ~ 9% 时为 8.1g/cm^3，含磷量 10% ~ 12% 时为 7.9cm^3，镀层密度变化的原因不完全是溶质原子质量的不同，还与合金化时点阵参数发生变化有关。

（二）热学性质

化学镀 Ni-P（含磷量 8% ~ 9%）的热膨胀系数在 0 ~ 100℃时为 13μm/（m·℃）。电镀相应值为 12.3 ~ 13.6μm/（m·℃）。化学镀镍的热导率比电镀镍低，在 4.396 ~ 5.652W/（m·K）。

（三）电学性质

Ni-P（含磷量 6% ~ 7%）比电阻为 52 ~ 68μΩ·cm，碱浴镀层只有 28 ~ 34μΩ·cm，纯镍镀层的比电阻小，仅为 6.05μΩ·cm。镀层比电阻的大小与镀浴的组成、温度、pH，尤其是与磷含量关系密切。另外，热处理也明显影响着电阻率的大小。

（四）磁学性质

化学镀 Ni-P 合金的磁性能决定于磷含量和热处理制度，也就是其结构属性——晶态或非晶态。含磷量大于等于 8% 的非晶态镀层是非磁性的，含磷量为 5% ~ 6% 的镀层有很弱的铁磁性，只有含磷量小于等于 3% 的镀层才具有铁磁性，但磁性仍比电镀镍小。

（五）钎焊性能

铁基金属上化学镀镍层不能熔融焊接，因高温作业后磷会引起基材产生脆性，但钎焊是可行的。在电子工业中，轻金属元件用化学镀镍改善其钎焊性能，如 A1 基金属。镍磷合金层的钎焊性随磷含量的增加而下降，镀液中有些添加剂也能显著影响焊接性能，如加 1.5g/L 糖精有利于钎焊。

（六）均镀能力及厚度

化学镀是利用还原剂以化学反应的方式在工件表面得到镀层，不存在电镀中由于工件几何形状复杂而造成的电力线分布不均、均镀能力和深镀能力不足问题。无论是有深孔、盲孔还是深槽或形状复杂的工件，均可获得厚度均匀的镀层。镀层厚度从理论上讲似乎是无限的，但太厚了应力大，表面会变得粗糙，又容易剥落，有报道称最厚可达 400μm。

（七）结合力及内应力

一般来讲，化学镀镍的结合力是良好的，在软钢上为 210M ~ 420MPa、不锈钢上为 160M ~ 200MPa、Al 上为 100M ~ 250MPa。

二、化学镀镍的热力学

化学镀镍是用还原剂把溶液中的镍离子还原沉积在具有催化活性的表面上。其反应式：

$$NiC_m^{2+}+R=Ni+mC+O$$

式中，C 为络合剂；m 为络合剂配位体数目；R、0 分别为还原剂的还原态和氧化态。上式分解为：

$$阴极反应\ NiC_m^{2+}+2e^- \longrightarrow Ni+mC$$

$$阳极反应\ R \longrightarrow O+2e^-$$

该氧化还原反应能否自发进行的热力学判据是反应自由能的变化 AG298O 以次磷酸盐还原剂作例子，计算化学镀自由能的变化如下：

$$还原剂的反应\ H_2PO_2^- + H_2O \longrightarrow HPO_3^{2-} + 3H^+ + 2e^-$$

$$\Delta G_{298} = -96894J/moL$$

$$氧化剂的反应\ Ni^{2+} + 2e^- \longrightarrow Ni$$

$$\Delta G_{298}=44570.4\mathrm{J/moL}$$

$$\text{总反应}\ Ni^{2+}+H_2PO_2^-+H_2O\longrightarrow HPO_3^{2-}+Ni+3H^+$$

该反应自由能的变化 ΔG_{298}=[44570.4+（-96894）]=-5232.60。反应自由能变化 ΔG 为负值，且比零小得多，所以从热力学判据得出的结论表明，用次磷酸盐作还原剂还原 Ni^{2+} 是完全可行的。体系的反应自由能变化 ΔG 是状态函数，凡是影响体系状态的各个因素都会影响反应过程的 ΔG 值。以上计算虽然是从标准状态下得到的，状态变化也会变化，但仍不失其为判断反应能否进行的指导意义。

众所周知，对于电化学反应 $\Delta G=-nFE$，n 是反应中电子转移数目，F 是法拉第常数，E 是电池电势。因此，可逆电池电势 E 也可以直接用来作该电化学反应能否自发进行的判据。例如

$$\text{阳极反应}\ H_2PO_2^-+H_2O\longrightarrow H_2PO_2^-+2H^++2e^-,E_a^{!}=-0.50\mathrm{V}$$

$$\text{阴极反应}\ Ni(H_2O)_6^{2+}+2e^-\longrightarrow Ni+6H_2O,E_b^{\grave{E}}=-0.25\mathrm{V}$$

$$\text{总反应}\ Ni(H_2O)_6^{2+}+H_2PO_2^-+H_2O\longrightarrow Ni+H_2PO_2^-+2H^++6H_2O$$

该电池反应电势 $\Delta E^{\ominus}$==-0.2⁴⁻（-0.50）=+0.25V（SHE），$\Delta E^{\ominus}$ 为正值，表示自由能变化 ΔG 是负值，即反应能自发进行。从标准电极电位砂值即可看出：只要还原剂的电位比 Ni^{2+} 还原的电位负，该反应即可自发进行。直接用电池电势 ΔE 作反应能否自发进行的判据更简单。还原剂氧化的电位与 Ni^{2+} 还原电位的差值越大，镍沉积的可能性越大，且沉积速度也越快。在镀液中加入络合剂以后，Ni^{2+} 的还原电位均会不同程度地负移，如下：

$$E^{\grave{E}}\left[Ni_3(C_6H_5O_7)_3^{3+}/Ni\right]=-0.37\mathrm{V},E\left[Ni(NH_3)_6^{2+}/Ni\right]=-0.49\mathrm{V}$$

$$E^{!}\left[Ni(Gly)_2^{2+}/Ni\right]=-0.58\mathrm{V},E^{!}\left[Ni(CN)_4^{2-}/Ni\right]=-0.90\mathrm{V}$$

式中，Gly 为氨基乙酸。显然，在酸性介质中用次磷酸盐作还原剂只能还原出以柠檬酸作络合剂的 Ni^{2+}，用 NH_3 作络合剂的体系反应就很困难，而用甘氨酸和 CN^- 作络合剂的体系，该还原反应就不可能发生，因它们的还原电位比 $E^{\ominus}$（H_2PO^-/H_2PO^{2-}）更负。但在氨、碱性溶液中反应是可以进行的，因为在碱性介质中 H_2PO^{2-} 氧化的电位变得更负。

$$H_2PO_2^-+3OH^-\longrightarrow HPO_3^{2-}+2H_2O+2e^-,E^{!}=-1.75\mathrm{V}$$

这时，在用 CN^- 作络合剂的条件下，$\Delta E^{\ominus}$=-0.90-（-1.57）=0.67V。由电池电势 $\Delta E^{\ominus}$ 为正值，确认该反应可以自发进行。

三、化学镀镍的动力学

在获得热力学判据证明化学镀镍可行的基础上，几十年来，人们不断探索化学镀镍的动力学过程，提出各种沉积机制、假说，以期解释化学镀镍过程中出现的许多现象，希望推动化学镀镍技术的发展和应用。虽然化学镀镍的配方、工艺千差万别，但它们具有以下几个共同点：

①沉积 Ni 的同时伴随着 H2 析出。

②镀层中除 Ni 外，还含有与还原剂有关的 P、B 或 N 等元素。

③还原反应只发生在某些具有催化活性的金属表面上，但一定会在已经沉积的镍层上继续沉积。

④产生的副产物 H^+ 促使槽液 pH 降低。

⑤还原剂的利用率小于 100%。

无论什么反应机制都必须对上面的现象作出合理的解释，尤其是化学镀镍一定在具有自催化的特定表面上进行，机制研究应该为化学镀提供这样一种催化表面。

在工件表面化学镀镍，以 H_2PO^{2-} 作还原剂在酸性介质中的反应式为：

$$Ni^{2+}+H_2PO_2^-+H_2O\longrightarrow H_2PO_3^-+Ni+2H^+$$

它必然有几个基本步骤：

①反应物（Ni^{2+}、H_2PO^{2-} 等）向表面扩散；

②反应物在催化表面上吸附；

③在催化表面上发生化学反应；

④产物（H^+、H_2、H_2PO^{3-} 等）从表面层脱附；

⑤产物扩散离开表面。

这些步骤中按化学动力学基本原理，最慢的步骤是整个沉积反应的控制步骤。

以次亚磷酸盐为还原剂的化学镀镍槽液中发生的化学反应，已经提出的几种理论有“原子氢理论”“氢化物理论”和“电化学理论”等。在这几种理论中，得到广泛承认的是“原子氢理论”。它的化学反应方程式为：

$$H_2PO_2^-+H_2O\longrightarrow H^++HPO_3^{2-}+[H]\quad(1)$$

$$Ni^{2+}+2[H]\longrightarrow Ni+2H^+\quad(2)$$

$$H_2PO_2^-+[H]\longrightarrow H_2O+OH^-+P\quad(3)$$

$$H_2PO_2^-+H_2O\longrightarrow H^++HPO_3^{2-}+H_2\uparrow\quad(4)$$

在具有催化表面和足够能量的情况下，次亚磷酸离子氧化成亚磷酸离子，其中一部分氢放出被催化表面吸附 [式（1）]，之后通过吸附的活性氢还原催化表面上的镍离子[式(2)],形成镍镀层,同时有些吸附氢被催化表面上少量的次亚磷酸离子还原成水、羟基和磷[式(3)],槽液中大部分次亚磷酸离子被催化氧化成亚磷酸根和氢气[式(4)]。它们与镍和磷的沉积无关，由此可见，化学镀镍的效率是比较低的，一般还原1kg镍需要次亚磷酸钠5kg，平均效率为37%。最初使用的化学镀镍配方含有氨，并在pH较高条件下操作。后来找到的低pH酸性化学镀镍配方，它与碱性化学镀镍槽液相比，大致有以下一些优点：①较快的沉积速度；②槽液较为稳定；③易于控制；④镀层中含磷量较高，均大于8.5%，形成非晶态，提高了镀层的抗蚀性等。缺点是酸性槽液工作温度较高，通常均超过80r，如操作不当，槽液消耗很快。

第三节 化学镀镍的溶液及其影响因素

一、化学镀镍的溶液组分

化学镀镍溶液的分类方法很多，按pH分有酸浴和碱浴两类，酸浴pH一般在4 ~ 6、碱浴pH一般大于8，除次磷酸盐作还原剂外，还有硼氢化物及硼烷衍生物，前者得到Ni-P合金、后者得到Ni-B合金镀层。如按温度分类则有高温浴（85 ~ 92℃）、低温浴（60 ~ 70℃），还有室温镀浴的报道。低温浴是为了在塑料基材上施镀而发展的。按镀液镀出镀层中磷含量又可以分为：高磷镀液，由于镀层的非晶结构使其耐蚀性能优良，又因其非磁性而广泛用于计算机工业中；中磷镀液，是目前应用最普遍的化学镀镍品种，其特点是镀液沉积速度快、稳定性好、寿命长；低磷镀液，用低磷镀液得到的镀层镀态硬度高、耐磨，特别耐碱腐蚀。近年来还开发了一些三元Ni-P合金镀液。

化学镀镍溶液由主盐（镍盐）、还原剂、络合剂、缓冲剂、稳定剂、加速剂、表面活性剂及光亮剂等组成，以下分别讨论各组分的作用。

（一）主盐

化学镀镍溶液中的主盐就是镍盐，如硫酸镍（$NiSO_4$）、氯化钠（$NiCl_2 \cdot 6H_20$）、醋酸镍 [Ni（CH_3COO）$_2$]、氨基磺酸镍 [Ni（NH_2SO_3）$_2$] 及次磷酸镍 [Ni（H_2PO_2）$_2$] 等，由它们提供化学镀反应过程中所需要的Ni^{2+}。早期曾用过氯化镍作主盐，由于氯化镍的存在不仅会降低镀层的耐蚀性，还会产生拉应力，所以目前已不再使用。同硫酸镍相比，用醋酸镍作主盐对镀层性能的有益贡献因其价格昂贵而被抵消。最理想的Ni^{2+}来源是次磷酸镍，使用它不至于在镀池中大量的积存，也不至于在补加时带入过多的Na^+，但其价格贵、货源不足。目前使用的主盐主要是硫酸镍。

因为硫酸镍是主盐，用量大，在施镀过程中还要不断补加，所含的杂质元素会在镀液中积累浓缩，造成镀液镀速下降、寿命缩短，甚至报废。因为镀液质量不佳还会影响镀层性能，尤其是耐蚀性将明显降低。所以在采购硫酸镍时，应力求供货方提供可靠的成分化验单，做到每个批量的质量稳定，尤其要注意对镀液有害的杂质元素锌及重金属元素含量的控制。

（二）络合剂

化学镀镍溶液中除了主盐与还原剂以外，最重要的组成部分就是络合剂。镀液性能的差异、寿命长短主要决定于络合剂的选择及其搭配关系。

①防止镀液析出沉淀，增加镀液稳定性并延长使用寿命。如果镀液中没有络合剂存在，由于镍的氢氧化物溶解度较小（*Ksp*=2×10-5），在酸性镀液中即可析出浅绿色絮状含水氢氧化镍沉淀。硫酸镍溶于水后形成六水合镍离子，它有水解倾向，水解后呈酸性：

$$Ni(H_2O)_6^{2+} \longrightarrow Ni(H_2O)_5OH^+ + H^+ \longrightarrow Ni(H_2O)_4(OH)_2 + 2H^+$$

这时，即析出了氢氧化物沉淀。如果六水合镍离子中有部分络合剂分子（离子）存在，则可以明显提高其抗水解能力，甚至有可能在碱性环境中以 Ni^{2+} 形式存在（指不以沉淀形式存在）。不过，pH 增加，六水合镍离子中的水分子会被 OH^- 取代，促使水解加剧，要完全抑制水解反应，Ni^{2+} 必须全部螯合，以得到抑制水解的最大稳定性。镀液中还有较多次磷酸根离子存在，但由于次磷酸镍溶解度比较大 [Ni（H_2PO_2）$_2$·$6H_2O$ 溶解度为 37.65g/100gH_2O]，一般不致析出白色 $NiHPO_3$·$7H_20$ 沉淀（50℃时 $NiHPO_3$·$7H_2$。溶解度 0.29g/100gH_2O）。加络合剂以后，溶液中游离 Ni^{2+} 浓度大幅降低，可以抑制镀液后期亚磷酸镍沉淀的析出。

镀液使用后期报废原因主要是 HPO_3^{2-} 聚集的结果。当 pH 为 4.6，温度为 95℃时，$NiPO_3$·$7H_2O$ 溶解度为 6.5 ~ 15.0g/L，加络合剂乙二醇酸后提高到 180g/L。该溶解度值也称为亚磷酸镍的沉淀点，沉淀点随络合剂种类、含量、pH 及温度等条件不同而变化。由此可见，络合剂能够大幅提高亚磷酸镍的沉淀点，或者说增加了镀液对亚磷酸根的容忍量，使施镀操作能在高含量亚磷酸根的条件下进行，也就是延长了镀液的使用寿命。因此，从某种意义上讲，一个镀液寿命的长短，也就是它对亚磷酸根容忍量的大小。

镀液中加入络合剂以后不再析出沉淀，其实质也就是增加了镀液稳定性，所以配位能力强的络合剂本身就是稳定剂。镀层性能要求高，所用的溶液中元稳定剂只用络合剂。

②提高沉积速度，加络合剂后沉积速度增加的数据很多。例如，不加任何络合剂，沉积速度只有 5μm/h，非常缓慢，无实用价值。加入适量络合剂，如乳酸，沉积速度提高到 27.5μm/h、加乙二醇酸可提高到 20μm/h、加琥珀酸可提高到 17.5μm/h、加

水杨酸可提高到 12.5μm/h、加柠檬酸可提高到 7.5μm/h。加入络合剂，使镀液中游离 Ni^{2+} 浓度大幅下降，从质量作用定律看，降低反应物浓度反而提高反应速度是不可能的，所以，这个问题只能从动力学角度解释。简单的说法是，有机添加剂吸附在工件表面后，提高了它的活性，为次磷酸根释放活性原子氢提供更多的激活能，从而增加了沉积反应速度。络合剂在此也起了加速剂的作用。

③提高镀浴工作的 pH 范围。亚磷酸镍沉淀点随 pH 而变化，如 pH=3.1 时是 20g/L，要提高到 180g/L、pH 必须小于或等于 2.6。加络合剂后，这种情况立即得到改善。例如，用乙二醇酸提高亚磷酸镍沉淀点至 180g/L，pH 可以维持在 4.8 甚至 5.6，也不至于析出沉淀，该 pH 是化学镀镍工艺能接受的。

④改善镀层质量。镀液中加络合剂后，镀出的工件光洁致密。

（三）稳定剂

1. 稳定剂的作用

化学镀镍溶液是一个热力学不稳定体系，由于种种原因，如局部过热、pH 过高或某些杂质影响，不可避免地会在镀液中出现一些活性微粒——催化核心，使镀液发生激烈的自催化反应，产生大量 Ni-P 黑色粉末，导致镀液短期内发生分解，逸出大量气泡，造成不可挽救的经济损失。这些活性微粒往往只有胶体粒子大小，其来源为外部灰尘、烟雾、焊渣、清洗不良带入的脏物、金属屑等。溶液内部产生的氢氧化物（有时 pH 并不高，却也会局部出现）、碱式盐、亚磷酸氢镍等表面吸附有 OH^- 从而导致溶液中 Ni^{2+} 与 $H_2PO_2^{2-}$ 在这些粒子表面局部反应析出海绵状的镍：

$$Ni^{2+} + 2H_2PO_2 + 2OH^- \longrightarrow 2HPO_3^{2-} + 2H^+ + Ni + H_2$$

这些黑色粉末是高效催化剂，它们具有极大的比表面积与活性，加速了镀液的自发分解，几分钟内镀液将变成无色。

稳定剂的作用就在于抑制镀液的自发分解，使施镀过程在控制下有序进行。稳定剂是一种毒化剂，即反催化剂，只需加入痕量就可以抑制镀液自发分解。稳定剂不能使用过量，过量后轻则降低镀速，重则不再起镀。稳定剂吸附在固体表面抑制次磷酸根的脱氢反应，但不阻止次磷酸盐的氧化作用。也可以说，稳定剂掩蔽了催化活性中心，阻止了成核反应，但并不影响工件表面正常的化学镀过程。

2. 稳定剂的分类

目前人们把化学镀镍中常用的稳定剂分成 4 类：

①第ⅥA 族元素 S、Se、Te 的化合物一些硫的无机物或有机物，如硫代硫代酸盐、硫氰酸盐、硫脲及其衍生物巯基苯骈噻唑（MET）$C_6H_4SC(SH)N$、黄原酸酯。

②某些含氧化合物，如 AsO^{2-}、IO^{3-}、BrO^{3-}、NO^{2-}、MoO_4^{2-} 及 H_2O_2。

③重金属离子，如 Pb^{2+}、SN_2、Sb_3、Cd^{2+}、ZN^{2+}、Bi^{2+} 及 Ti 等。

④水溶性有机物含双极性的有机物阴离子，至少含 6 个或 8 个碳原子，有能在某一定位置吸附形成亲水膜的功能团，如由—COOH、—0H 或—SH 等基团构成的有机物。如不饱和脂肪酸马来酸（$(CHOOCH)_2$），甲叉丁二酸［又名乌头二酸（$(CH_2)_2C(COOH)$）］等。

第一、第二类稳定剂使用浓度在 $(0.1 \sim 2.0) \times 10^{-6}$mol/L，第三类为 $10^{-5} \sim 10^{-3}$mol/L，第四类在 $10^{-3} \sim 10^{-1}$mol/L 范围。有些稳定剂还兼有光亮剂的作用，如 Cd^{2+}，它与 Ni-P 镀层共沉积后，使镀层光亮平整。

（四）加速剂

为了增加化学镀的沉积速度，在化学镀镍溶液中还加入一些化学药品，它们有提高镀速的作用而被称为加速剂。加速剂的作用机制被认为是还原剂 - 中氧原子可以被一种外来的酸根取代形成配位化合物，或者说加速剂的阴离子的催化作用是由于形成杂多酸所致。在空间位阻作用下使 H-P 键能减弱，有利于次磷酸根离子脱氢，或者说增加了 H_2PO^{2-} 的活性。实验表明，短链饱和脂肪酸的阴离子及至少一种无机阴离子，有取代氧促进 H_2PO^{2-} 脱氢而加速沉积速度的作用。

化学镀镍中许多络合剂即兼有加速剂的作用，常用的加速剂如下所述：

①未被取代的短链饱和脂肪族二梭酸根阴离子，如丙二酸、丁二酸、戊二酸及己二酸。己二酸价格虽然便宜，但溶解度小，不常用；丙二酸价昂也不常用；丁二酸则在价格和性能上均为人们所接受。

②短链饱和氨基酸。这是优良的加速剂，最典型的是氨基乙酸，它兼有缓冲、络合及加速 3 种作用于一身。

③短链饱和脂肪酸。从醋酸到戊酸系列中最有效的加速剂首推丙酸，其效果虽不及丁二酸及氨基酸明显，但价格便宜。

④无机离子加速剂。目前发现只有一种无机离子的加速剂就是 FL 但必须严格控制浓度，用量大不仅会减小沉积速度，还对镀液稳定性有影响。它在 Al、Mg 及 Ti 等金属表面化学镀镍有效。

（五）缓冲剂

化学镀镍过程中由于有 H^+ 产生，使溶液 pH 随施镀进程而逐渐降低，为了稳定镀速及保证镀层质量，化学镀镍体系必须具备缓冲能力，也就是说使之在施镀过程中 pH 不至于变化太大，能维持在一定 pH 范围内的正常值。某些弱酸（或碱）与其盐织成的混合物就能抵消外来少许酸或碱，以及稀释对溶液 pH 变化的影响，使之在一个较小范围内波动，这种物质称为缓冲剂。缓冲剂缓冲性能好坏可用 pH 与酸浓度变化图来表示，显然，酸浓度在一定范围内波动而 pH 却基本不变的体系缓冲性能好。

化学镀镍溶液中常用的一元或二元有机酸及其盐类不仅具备络合 Ni^{2+} 能力，而且具有缓冲性能。在酸性镀浴中常用的HAC-NaAC体系就有良好的缓冲性能，但AC-的络合能力却很小，它一般不作络合剂用。在碱性镀浴中则常用铵盐或硼砂体系。

即使镀液中含有缓冲剂，在施镀过程中也必须不断加碱以提高pH到正常值。镀液使用后期pH变化较小，HPO_3^{2-}聚集也可能具有一定缓冲作用。

（六）其他组分

与电镀镍一样，在化学镀镍溶液中也加入少许的表面活性剂，它有助于气体（H_2）的逸出、降低镀层的孔隙率。另外，由于使用的阳面活性剂兼有发泡剂作用，施镀过程中在逸出大量气体搅拌情况下，镀液表面形成一层白色泡沫，它不仅可以保温、降低镀液蒸发损失、减少酸味，还使许多悬浮的脏物夹在泡沫中而易于清除，以保持镀件和镀液的清洁。

表面活性剂是这样一类物质，在加入很少量时就能大幅度地降低溶剂（一般指水）的表面张力（或指液/液）界面张力，从而改变体系状态。在固-液界面上由于固体表面上原子或分子的价键力是未饱和的，与内部原子或分子比较能量相对较高，尤其金属表面是属于高能表面之列，它与液体接触时表面能总是减小的。换句话说，金属的固气界面很容易被固-液界面代替（润湿定义就是固体表面吸附的气体为液体取代）。在化学镀中，工件虽然主要金属，气泡不易滞留在表面上，但由于伴随着Ni-P合金的沉积析出的H_2气量太多（沉积1molNi，要析出1.76～1.93molH_2）；如果气泡不能及时逸出离开工件表面，长期滞留的结果必然在工伴表面造成孔隙，形成气孔和“彗尾”。所以，即使在容易润湿的高能表面一金属工件上也加入润湿剂，以减少气泡在工件表配上的滞留时间，有利于也气泡逸出，提高镀层质量。当然，只靠加少许表面活性剂还不够，还必须注意工件挂放的位置，是否有利于气体排除，这时，工件的转动、溶液的搅拌也是有益的。另外，极快的沉积速度往往也容易出现针孔。

化学镀镍中常用的表面活性剂是阴离子型表面活性剂，如磺酸盐——十二烷基苯磺酸铀或硫酸酯（盐）——十二烷基硫酸钠。

表面活性剂是一种两亲分子，其分子中一部分具有亲油性质，即烷基或烷基苯疏水基团；另一部分具有亲水性质，即磺酸或硫酸根部分。在化学镀浴中用量不宜过多，否则使镀层发花、变黑，降低镀速。用量一般不超过0.05g/L，可以在加热条件下配制成较浓溶液在施镀过程中逐渐加入，使镀浴上覆盖一层白色泡沫即可，消耗后再适当补加。

其他一些阳离子型及非离子型表面活性剂也有应用的报道。

二、化学镀镍过程的影响因素

（一）pH

从化学镀镍总反应式可知，沉积 1molNi 同时产生 4molH^+，使镀液［H^+］增加，即 pH 下降。pH 的这种变化首先表现在催化样品的表面，用玻璃电极测得乳酸、柠檬酸、二丁酸、焦磷酸盐及乙二胺等镀浴 pH 降低了 3 个单位不等，所以必须随时加碱调整 pH 在正常工艺范围之内。pH 对镀液、工艺及镀层的影响很大，它是工艺参数中必须严格控制的重要因素。

pH 变化的影响首先表现在沉积速度上，因为 pH 增加使 Ni^{2+} 的还原速度加快，在酸性镀浴中沉积速度随pH增加沉积速度几乎直线增加。实验条件是温度87℃ Ni^{2+} 6g/L、羟基乙酸 25g/L、$NaH_2PO_2 \cdot H_2O$ 0.25g/L。由于 pH 对沉积速度影响非常敏感，不同条件下的实验结果未必完全一致。如有实验得到 pH=5，镀速是 10μm/h；pH=4，镀速则降到 8μm/h，但有降到 3.5μm/h 的报道，不过 pH 越低、镀速越慢的事实是肯定的。

pH 对镀层性能影响首先表现在镀层中磷含量的变化上。与沉积速度的变化相反，pH增加磷量降低。反之，pH低镀层中磷量高，这是配制高、低磷镀液要掌握的基本原则。pH 对磷量影响数据多，但因实验条件不同数据未必一致，其规律却完全一致。

pH 变化还会影响镀层中应力分布，pH 高的镀液得到镀层磷低，表现为拉应力，反之 pH 低的镀液得到镀层磷高，一般表现为压应力。镀液 pH 还影响到镀层的结合力，实验发现碳钢在 pH=4.4 的镀液中获得的镀层结合力为 0.42MPa，当 pH 增加到 6.6，结合力下降为 0.21MPa。pH 高的镀液容易使基材表面钝化，这是结合力下降的原因，但是镀液 pH 太低，使腐蚀性强、镀速慢、基材表面容易被腐蚀，也会导致结合力降低。一般酸浴的 pH 以 4.5 ~ 5.2 为宜。

现在讨论镀液 pH 大小对镀液本身的影响。众所周知，络合剂的主要作用就在抑制镀液中析出沉淀，保证镀液稳定。但并不是说在强有力的络合剂存在下就可以忽视 pH 的影响。pH 不同的化学镀镍中可以出现两种亚磷酸盐的反应产物，其中酸度大、pH 低以亚磷酸二氢根离子为主：

$$Ni^{2+} + H_2PO_2^- + H_2O \longrightarrow H_2PO_3^- + 2H^+ + Ni$$

反之，酸度小、pH 高则以亚磷酸氢根离子为主：

$$Ni^{2+} + H_2PO_2^- + H_2O \longrightarrow HPO_3^{2-} + 3H^+ + Ni$$

从以上两个反应式可以看出 pH 较低的镀液只产生 2 个 H^+，比 pH 高的镀液产生的 H^+ 数量少，换句话说 pH 较低镀液在施镀过程中 pH 的变化会小一些，也可以说它的缓冲性能较好。

$H_2PO_3^{2-}$ 与 HPO_3^{2-} 均与 Ni^{2+} 形成沉淀，但 $NiHPO_3$ 沉淀溶解度远小于 $Ni(H_2PO_3)_2$，

所以化学镀过程中主要是析出 $NiHPO_3$ 沉淀，而不是 $Ni(H_2PO_3)_2$。多元酸 H_2PO_3 的离解也受 pH 控制，酸度大以 $H_2PO_3^{2-}$ 酸度低则以 HPO_3^{2-} 为主。镀液 pH 低 $H_2PO_3^{2-}$ 多，它与 Ni 眼形成的 $Ni(H_2PO_3)_2$ 沉淀溶解度大而不易析出。反之，镀液 pH 较高时 HPO_3^{2-} 量多，很容易析出溶解度小的 $NiHPO_3$ 沉淀而使镀液混浊。这就是络合剂一节介绍的亚磷酸镍沉淀点问题，而 pH 又是影响沉淀点一个重要因素。

实验是在含 0.13mol/L Ni^{2+}、0.1mol/L NaH_2PO_2 条件下进行的。

还值得注意的是 pH 太高会使 H_2PO^{2-} 的催化还原反应变成均相反应而导致镀液分解。镀液在使用后期 pH 比较稳定，变化小一些，这是聚集的弱酸 H_3PO_3 也有缓冲作用所致。

pH 影响归纳为：pH 高、镀速快、镀层中磷低、镀层结合力降低、张应力加大，易析出 $NiHPO_3$ 沉淀，镀液易分解，但 NaH_2PO_2 的利用率高。反之，pH 低则镀速慢、镀层中磷高、结合力好，应力往压应力方向移动，镀液不易混浊、稳定性好，但 NaH_2PO_2 利用率低。由此可见，施镀过程中严格控制 pH 在规定范围内是多么的重要。

（二）温度

众所周知，温度是影响化学反应动力学的重要参数，因为温度增加离子扩散快、反应活性加强，所以它是对化学镀镍速度影响最大的因素。化学镀镍的催化反应一般只能在加热条件下实现，只有在 50℃以上才有明显的反应速度，在 60℃左右沉积速度很慢，只有在 80℃以上沉积反应才能正常进行。

值得注意的是温度高、镀速快，镀层中含磷量下降，因而也会影响镀层性能，同时镀层的应力和孔率也会增加，这样就降低其耐蚀性能。由此可见，化学镀镍过程中温度控制均匀十分重要，最好能在 12℃范围内波动，并要避免局部过热，以免影响镀层成分变化而形成层状组织，严重时甚至会出现层间剥落现象。

（三）搅拌及工件放置

为了使工件各个部位能均匀地沉积上镍磷合金，将工件吊挂在镀槽中时必须注意位置，除了施镀面彼此不能紧贴外，还不能出现因气体无法排放而在聚集部位产生的漏镀现象，形状复杂的工件尤其要注意。但只做到这一点还不够，为了使浴中温度均匀、消除工件表面与镀槽整体溶液间的浓度差异、排除工件表面的气泡等，在化学镀实施过程中进行适当的搅拌是必要的。

搅拌方式一种是转动工件，但它只适用于批量生产某种定型的产品，在镀槽设计的同时就制作好适当的夹具。大型工件、不规则或多品种的零部件要转动就比较困难。另一种是用泵循环并同时过滤镀液，也可用无油压缩空气或机械搅拌。实验发现 pH6 ~ 8，用空气搅拌能提高镀速，pH10 ~ 12，用超声波搅拌也能提高镀速，但后者因降低了镀液稳定性及设备投资大尚未推广应用。

搅拌加快了反应产物离开工件表面的速度，同时流入新鲜镀液，有利于提高沉积速度、保证质量，镀层表面不易出现气孔或气带及发花等缺陷。但过度搅拌也是不可取的，因为过度搅拌容易导致工件尖角部位漏镀，并使容器壁和底部沉积镍，严重时甚至会造成镀液分解。还值得注意的是搅拌方式及强度也会影响镀层的磷量。

第四节 化学镀镍配方及工艺规范

一、化学镀镍与基体材料

电镀产品质量问题的80%以上都出在前处理工序。从化学镀定义可知，化学镀的前提条件一方面是基体表面必须具有催化活性，这样才能引发化学沉积反应；另一方面化学镀层本身也必须是化学镀的催化表面，这样沉积过程才能持续下去，达到所需要的镀层厚度。化学镀镍层本身就是化学沉积反应的催化剂，然而，化学镀镍的基体材料几乎可以是任何一种金属或非金属材料。根据对于化学镀镍过程的催化活性，基体材料可分为如下3类：

第一类本征催化活性的材料；

第二类无催化活性的材料；

第三类催化毒性的材料。

对于次磷酸钠化学镀镍浴，元素周期表中第VEB中的金属，如铝、钛及镍，均属于第一类本征催化活性的材料，这些金属可以直接化学镀镍。

大多数材料属于第二类，即无催化活性的材料。这些材料表面不具备催化活性，必须通过在它表面沉积的第一类本征催化活性的金属，使这种表面具有催化活性之后才能引发化学沉积。

铅、镉、铵、锡、汞、硫均属于第三类催化毒性材料。基体合金成分中含有这些元素超过某一百分数时，假如浸入镍浴，不仅基体表面不可能镀上，还会溶解而且进入镍浴的这些材料的离子将阻滞化学镀镍反应，甚至停镀。因此这类材料进入化学镀浴之前须进行预镀，如采用电镀镍或其他方式在其表面形成一层具有足够厚度的完整致密的预镀层。预镀层一方面引发化学镀镍的催化活性，另一方面阻止催化毒性元素的溶出。

基体材料对于化学镀镍反应的催化活性及其分类也不是一成不变的。基体材料在不同的镀浴中具有不同的催化活性，特别是受还原剂和镀浴pH的影响很大。例如，金属钴在碱性次磷酸钠化学镀浴中具有本征催化活性，属于第一类材料。再次磷酸钠镀浴中属于第二类材料的铜、钳、钨、金、银和石墨等基体材料，在硼氢化钠镀浴中可以直接催化化学镀浴对基体材料的影响也是应该考虑的重要因素之一。镁、铝、锌、铜等是在强碱性镀浴中易腐蚀的基体材料，上述有色金属在中性或弱酸性的胺基甲硼烷镀浴中沉积镍硼合金是比较有利的。同样，某些不耐温的非金属材料，如塑料等应该采用低温化学镀浴进行施镀。

除基体材料的化学成分和性质对化学镀镍有显著影响之外，基体材料的表面形貌的影响也是十分突出的。由于化学沉积时无外加电场的影响，化学镀镍层是十分均匀，对于集体材料的表面原有缺陷和粗糙形貌几乎没有任何整平和掩盖的作用；因此，只有在缺陷较少和表面粗糙度较低的基体材料表面上才能获得高质量的化学镀镍层。

化学镀镍层覆盖基体材料，赋予基体材料本身所不具备的表面功能。根据冶金学观点，基体与镀层之间存在外延、扩散、结合和形貌4种相互作用。在重视基体材料对镀层的影响时，同样应该注意镀层对基体材料的影响。由于化学镀裸层具有比较高的硬度、抗张强度和弹性模量，以及比较低的延展性，几乎对所有化学镀镍后的零件刚性都有提高，但塑性和弹性变形性能降低。据报道在某些情况下，镀层零件的抗疲劳强度明显降低。化学镀镍层对基体材料的这些不良影响可以通过镀后处理的方式得一定程度的克服，如镀后烘烤除氢、较高温度下热处理提高抗疲劳强度等。然而，对基体的不良影响往往起源于基体材料，产生于化学镀镍全过程。例如，氢脆即氢原子扩散渗透进入基体金属所造成的某些形式的损伤。金属零件在电解除油、酸洗、施镀，甚至在使用中遭腐蚀时，凡是在金属表面有原子态氢存在的过程中都可能引起氢致损伤。不同的基体材料对于氢原子渗入的敏感程度是不同的，某些高强钢内应力和硬度较大的基体金属则特别危险。若从基体材料前处理开始，贯彻化学镀镍全过程，始终注意这些问题，就有可能将对基体材料的不良影响降低到最低程度。

二、不同材料基体表面预处理

（一）预先脱脂

有大量油污、抛光膏等污物的零件应进行预先脱脂。宜先采用化学或有机溶剂脱脂。

高温碱液脱脂是既便宜又易管理且使用广泛的化学脱脂方法。碱液中氢氧化钠含量不易过高，对钢铁零件脱脂，碱液含氢氧化钠质量浓度应 < 100g/L；对铜及其合金件处理，含氢氧化钠质量浓度应 < 20g/L。而锌、锡、铅、铝及其合金件则不能用浓碱液脱脂，最好用碱性盐碳酸钠、磷酸三钠等。碱液脱脂只能是皂化动植物油脂，加入少量乳化剂如硅酸钠、皂粉、OP 乳化剂、海鸥洗涤剂等表面活性剂可以除去矿物油脂。

（二）电解清洗

电解清洗的方式有阴极除油、阳极除油和阴阳极联合除油 3 种方法。

阴极除油在阴极表面进行还原反应，析出氢气，乳化作用大，除油速度快，且不腐蚀零件，但易对零件产生渗氢，电解液中金属杂质在阴极上析出，造成零件的挂灰，适用于对零件强度没有高要求的钢铁零件。阳极除油与阴极除油相比，除油速度低，易对零造成腐蚀，适于对表面粗糙度要求不高而强度要求较高的零件。采用阴阳极联合除油，可以发挥二者的优点，是最有效的电解除油方法。在实际生产中，根据不同的金属材料、性质及其对零件的强度要求，表面粗糙度要求，有选择地使用除油方法。

（三）浸酸活化

对于表面有氧化皮及锈蚀的零件应进行酸浸蚀。可根据零件表面氧化皮及锈蚀严重程度、基材的类型等选择下列方式进行渣蚀处理。

浸蚀包括一般浸蚀、光亮浸蚀和弱浸蚀。一般浸蚀可除去金属零件表面上的氧化皮和锈蚀物；光亮浸蚀可溶解金属零件的薄层氧化膜，除去浸蚀残渣，并使零件呈现出基体金属的结晶组织，以提高零件的光泽；弱浸蚀可中和零件表面的残碱（铝件碱洗），除去表面预处理中产生的薄氧化膜，使表面活化，提高基体金属与镀层的结合强度。

（四）脱脂浸蚀法

当零件油污不太严重时，为简化工序减少设施，可把脱脂和浸蚀工序合并一起进行，即用乳化能力较强的乳化剂（OP10 乳化剂、平平加）直接和浸蚀剂配合使用，这样可同时达到去油脂和去锈的目的。

经过酸浸蚀的零件表面上常常会残留一些灰（残渣），通常称为挂灰，可以将零件放入 800 ~ 1200g/L 硝酸中在≤ 45℃下浸泡 3 ~ 10s.

（五）碳钢和低合金钢的前处理

碳钢及其低合金钢 Ni-P 非晶态镀膜工艺如下。

①化学除油，含清洁剂的碱性脱脂浴，70 ~ 80℃ 10 ~ 20min。

②热水清洗，70 ~ 80℃ 2min。

③冷水清洗（两次逆流漂洗或喷淋），2min。

④电解清洗，含清洁剂的碱性脱脂浴，70 ~ 80℃。

⑤热水清洗，70 ~ 80℃，2min。

⑥冷水清洗（两次逆流漂洗或喷淋），2min。

⑦浸酸活化，利用盐酸（150 ~ 360g/L）室温浸蚀 1 ~ 5min。

⑧冷水清洗，1min。

⑨去离子水清洗，70 ~ 80℃，3min。

⑩非晶态镀膜，85 ~ 95℃，采用聚丙烯镀槽。

⑪ 冷水清洗，室温，2min。

⑫ 钝化处理，93g/L 重铬酸钾溶液，60℃，5 ~ 10min。

⑬ 冷水清洗（两次逆流漂洗或喷淋），室温，2min。

⑭ 干燥。

对于有锈蚀或氧化皮的零件，在初步除油之后，直采用喷砂或钢丝刷清除。良好的前处理非常重要，不仅有助于延长镀液寿命，而且这样获得的镀膜可以保证具有优异的耐腐性能。

（六）其他材料零件的镀前处理

1. 铸铁件的镀前处理

铸铁有许多种类，常见铸铁件为灰铸铁，含碳量 2% ~ 4%，主要以石墨相的形式存在。铸轶件表面疏松多，特别是当铸造质量不高的情况下，铸铁件表面缺陷尤为突出。因此，铸铁化学镀镍比较困难，废品率较高。主要表现在镀层结合强度差、镀层孔隙率高、镀件容易返锈。因此铸铁件的前处理应十分仔细，酸洗时间不宜过长，否则造成工件表面碳富集，在镀层与基体之间形成夹心层，降低镀层结合强度。

2. 不锈钢、高合金钢的镀前处理

由于不锈钢和高镍、铬含量合金钢的表面上有一层钝化膜，若按常规钢铁件表面预处理的方式进行前处理，化学镀层的结合强度很差。因此，在对不锈钢、高合金钢件碱性除油之后，应在浓酸中进行阳极处理。

3. 铝及铝合金的镀前处理

铝及铝合金的密度小，导热、导电性能较好，是一种强度、质量比高的材料。然而铝及铝合金本身却存在易腐蚀、不耐磨、接触电阻大、焊接难等缺点。由于采用阳极氧化、涂装、电镀等表面保护技术，促进了铝和铝合金的广泛应用。化学镀镍作为铝和铝合金理想的表面改性技术之一，其重要性正在不断增加。铝是一种难镀的金属基体，由于铝与氧有很强的亲合力，铝基体表面极易生成氧化膜，这种自然氧化膜与其表面覆盖层的结合强度很差。为克服这个问题，通常在脱脂清洗、刻蚀活化工序之后采用以下 3 种技术途径：

①利用专门的浸镀、溶液的腐蚀性，除去铝的氧化膜。在受控置换反应下，在铝件表面浸镀上一层尽可能薄的、比较不容易氧化的中间金属层；浸镀层是暂时性的或过渡性的，如浸锌法、浸镍法；然后转入预镀层工序，如预电镀镍或预化学镀镍。

②在铝合金表面形成特殊结构的人为氧化膜，防止铝的氧化，提高后续镀层的结合强度，如磷酸阳极氧化法。

③直接化学镀镍，如某些弱碱性化学镀镍浴法等。

至今为止，研究开发和已经生产验证的工艺方法相对集中于采用浸锌预镀层方法。

三、化学镀镍液的维护

（一）化学镀镍液的稳定性

化学镀镍的工艺要求比一般电镀严格，镀液使用、调整维护问题较多，不作特殊处理镀液很难维持使用6个周期以上。因此化学镀镍液的配制与调整维护是一个很值得注重研究的课题。

在电镀镍时金属离子的不足是靠阳极镍溶解来补充的，而在化学镀镍时每时每刻消耗的镍离子都无处补给，镀液会逐渐不平衡，需要加镍盐补充镍离子的不足。随着化学镀的进行，还原剂的含量也会发生变化，一方面反应过程消耗还原剂，另一方面还原剂也会被氧化生成有害物质。例如，以次磷酸盐作还原剂的酸性镀液，次磷酸盐被氧化生成亚磷酸盐是不可避免的，而亚磷酸盐对化学镀镍是有害物质。此外，镀液尚有自然分解、pH随时改变等问题。

因此，可以说化学镀镍液从一开始使用就存在自然分解、pH变化、主盐浓度降低、还原剂浓度降低诸多问题，随时影响化学镀镍液的稳定性。这也是化学镀镍工艺难以掌握的原因所在。以上是说明化学镀镍液不稳定的根源，具体地分析镀液不稳定的原因还与镀液的配制方法、各成分比例、镀前工件处理、操作工艺条件等因素有关。

1. 关于镀液自然分解现象

化学镀镍液使用与不使用都会发生自然分解现象，出现这种情况若不及时采取有效措施自然分解会越来越快。自然分解表面现象是镀液产生大量气泡，严重时溶液会呈现泡沫状，这时会使镀层发黑或镀层生成许多形状不规则的黑色粒状沉淀物，使生产无法进行下去。

除了镀液生成气泡外，镀液的颜色开始变浅。因此当发现镀液生成气泡、颜色变浅，这就显示镀液已发生自然分解，应尽快进行处理，如补加络合剂等，使其不再继续分解。

2. 镀液的成分配比影响

如果镀液中次磷酸盐浓度过高，虽可以提高沉积速度。但也会造成镀液的自然分解，尤其对于酸性镀液，且当pH偏高时，镀液自然分解的趋势就会越严重。当次磷酸盐浓度过高时，会加速镀液内部的还原作用，这时如存在其他不稳定因素（局部温度过高、在加热器附近或有浑浊沉淀物等）特别容易诱发镀液自然分解。

此外，溶液中次磷酸盐含量过高，容易产生亚磷酸盐的沉淀。因为当次磷酸盐含量过高且pH也偏高时，亚磷酸镍的允许浓度（也称极限浓度，高于此浓度即会生成沉淀）就大幅降低；因此，在较低浓度下就会发生沉淀，使镀液处于不稳定状态。如果溶液中镍盐浓度偏高且 pH 也较高时，就容易生成亚磷酸镍和氢氧化镍沉淀，使溶液浑浊，极易发生自发分解现象。

络合剂应选择合适，既能充分地络合镍离子，又能提高镀液中亚磷酸盐的沉淀点。实验表明，当镀液中镍盐浓度、温度、pH 一定时，亚磷酸镍在溶液中的溶度积也是一定的，这时如果溶液中络合剂浓度偏低，同样能降低亚磷酸镍的允许浓度，使镀液不稳定。

在镀液中其他成分不变的条件下，如果过高地增加 pH 调整剂的浓度，容易产生二磷酸镍及氢氧化镍沉淀，同时也易加速还原剂的分解。亚磷酸盐的允许浓度与溶液 pH 有着密切的关系，石桥等人实验结果证明，当 pH=4.0 时，极限浓度为 0.25mol/L；当 pH=5.0 时，极限浓度为当 0.03mol/L；当 pH=6.0 时，极限浓度为 0.003mol/L。这说明 pH 越高，亚磷酸盐浓度的允许极限越低。因此，可以看出，当酸性镀液的 pH > 5 后，镀液稳定性变坏。

在酸性镀液加入乳酸，在碱性镀液加入柠檬酸盐，不仅对镍离子有络合作用，而且有提高亚磷酸盐极限浓度的作用。

3. 镀液配制方法的影响

次磷酸盐在配制时加得过快或未完全溶解，都会使局部的次磷酸盐含量过高，产生亚磷酸镍沉淀，造成镀液不稳定。

配制溶液时或生产过程中调 pH 时，加碱时不能过快，否则会使镀液局部的 pH 过高，容易产生氢氧化镍沉淀。

配制溶液时顺序不当也会造成镀液不稳定。

镀前处理是电镀工作者十分重视的工序，它不仅影响电镀件的质量，同时还会影响到镀液的稳定性。因为将镀前处理的酸性或碱性溶液带入镀槽，会污染镀液，并会使化学镀镍液的 pH 发生变化。如果将其他具有催化活性的金属杂质带入镀液，就可能成为溶液自发分解的触发剂。因此，镀件在进入镀槽前必须清洗干净，尤其是需要用钯盐活化后才能进行化学镀镍的非金属零件，若未将重金属离子清洗干净而将其带入镀槽，将在其上优先还原出镍，沉淀在镀液中，对镀液稳定性影响极大。

4. 操作工艺方法的影响

化学镀镍槽如果采用电炉、蒸气直接加热，就会使镀液局部过热（温度超过 96℃），且当 pH 偏高时，很容易引起镀液自然分解。

镀液的负荷过高或过低，尤其在负荷过低时对槽液稳定性影响较大，因为此时沉积速度过高，所获得的镀层比较疏松，镍结晶颗粒可能从镀层上脱落到镀液中，形成自催化还原中心，促使溶液自发分解。

使用的工装夹具，应进行防蚀保护，以防止镀液对其腐蚀，否则一旦挂具被腐蚀，势必增加镀液的杂质，影响镀液的稳定性。

（二）化学镀镍液的调整与维护

1. 镍离子浓度的调整

镍离子浓度的调整控制是化学镀镍工艺最基本的管理项目，因为它决定了镍层的沉积速度及镀层质量。

对镍离子的调整，首先应化验镍离子含量，准确称量所需硫酸镍或氯化镍量，然后溶解、络合后严格按配制工艺顺序加入。镍离子浓度分析化验，补充裸盐是较简单的问题，然而在现场工作时还需注意镀液的体积和液面的正确计算。镀液体积大小的精确计算往往被人们忽视。镀液体积精确计算，最容易忽视的问题是没有把镀槽内的加热管、过滤器等部分所占的体积从总槽容量中减去。只有把镀液体积计算准确才能把镀槽成分调整准确。另外，镀槽内溶液不可能完全装满，一定要有一个空余高度，因此现场正确测量液面高度，对于准确计算镀液体积就会有实际意义，不应忽略这一问题。

2. pH 的调整

镀液 pH 的高低将会影响化学镀镍液的稳定性，同时对沉积速度和镀层质量也都有影响。镀液的 pH 要调整控制在某一个水平是办得到的，并可以对其进行自动控制。然而即使是维持刚配制时的 pH，当镀液工作几个周期后，仍不能保持原定沉积速度，这是由于溶液老化和亚磷酸盐缓慢蓄积。所以，此时应把 pH 适当地调高一些，从而保证沉积速度。

3. 次磷酸钠浓度的调整

次磷酸钠的消耗与镍离子的沉积量是相关的。关于次磷酸钠的消耗情况，可以从镀层总沉积量来计算。在化学镀镍时，除镍离子还原外，还会有氢气的产生，氢气的产生也会消耗次磷酸钠。

根据不同配方，利用率在20%～35%，在实际工作中，每析出1g镍时，应该补充5.6g次磷酸钠。

4. 工作温度的控制

槽液温度对沉积速度有较大的影响，因此现场工作应特别把镀液的温度控制好。场应使用温度敏感度为 ±1℃的温度计来进行固定位置的温度测量。这个固定位置应能代表镀件所在的恰当位置。

5. 其他条件的控制

镀液的密度、亚磷酸盐、络合剂、稳定剂、促进剂等的浓度也应列入调整控制项目。

由于溶液老化而伴随的亚磷酸盐的积累使得络合剂含量的化学分析不太精确。因此控制亚磷酸盐的浓度，就成了一项十分重要的内容。在国外已发明一整套自动控制系统进行自动加入化学药品或控制 pH，在国内大型化学镀工厂很少使用自控装置，这里主要介绍两种控制亚磷酸盐浓度的方法。

①化学法即加入三氯化铁法。根据溶液中亚磷酸盐含量，通过计算将三氯化铁需要用量的 1/3 溶解后，加入化学镀镍液中，反复搅拌，生成黄色沉淀物）$Na_2[Fe(OH)(HPO_3)_2]\cdot 2H_2O$，待沉淀完全后再进行过滤，以除去过多的亚磷酸钠。操作时溶液温度应控制在 50 ~ 60℃，pH 控制在 5 左右。化学药品也可采用硫酸高铁或硫酸高铁铵，其加入法与加入三氯化铁相同。

②提高镀液 pH 法。此法是根据镀液在不同的 pH 下，都有一个亚磷酸钠浓度的极限值，并可以根据不同配方做出本工艺 pH⁻亚磷酸钠极限值曲线图，作为本工艺控制亚磷酸钠浓度的原始依据。根据此图，即可提高 pH 到某值，就可知道此时溶液中存在多少 $Na_2HPO_4\cdot 5H_2O$，超过此值的 $Na_2HPO_4\cdot 5H_20$ 就沉淀下来，过滤除去。最后将溶液再调整回工艺要求的 pH。

6. 化学镀镍液的维护管理

在日常工作中应注意维护镀液清洁，杜绝催化活性颗粒进入镀槽。首先应加强镀件的镀前处理工作，做到清洗干净再入槽；其次镀液使用后应及时加盖以免铁丝、铜丝等金属物品掉入槽内。特别是铅和铬，若它们镀液中质量浓度超过 5mg/L，就会对化学镀镍层产生不良影响，应严格避免带入镀槽。

镀液中如有沉淀物应立即清除。镀槽、加热管、挂具表面如有镍层，应随时退除，千万不能等到第 2 天。特别是镀槽中加热器表面的镍层，必须随时退除，否则一段时间后，这些有镀镍层的地方，将继续发生化学镀反应，消耗镀液。

严格控制工艺条件也是槽液维护管理的重要内容之一。有的工厂将工艺操作规程称为执行工艺纪律，不可违反，必须严格执行。具体来说，应该严格做到加温均匀，不得超过工艺规范要求的上限；装载量应符合工艺规定；镀液温度达到工艺要求后，应尽快进行化学镀；严格控制镀液的 pH；加强镀液的分析化验工作。

四、化学镀镍后处理的要求

（一）去氢脆热处理

在非晶态 Ni-P 合金镀层施镀结束之后必须进行清洗和干燥，目的在于除净镀件表面残留的镀液，使镀层具有良好的外观，并且防止在零件表面形成“腐蚀电池”条件，保证镀层的耐蚀性。除此之外，还可以进行以下后续处理。

消除氢脆的镀后热处理：零件在较高温度下进行短时间的热处理，可以有效地降低氢脆，并提高镀层的硬度。

零件应在回火温度 50℃以下进行热处理，表面间距应在 190 ~ 220℃下进行 21h

的热处理。高温下进行热处理将降低基体表面硬度。

（二）钝化处理

为使非晶态 Ni-P 合金具有优良的耐蚀性，对镀层进行钝化处理是非常必要的，钝化膜的防护作用是因为膜层致密，从而使金属表面与腐蚀介质隔离。

处理方法是采用 m（重铬酸钾）：m（去离子）=7：93 的钝化液在 70℃下钝化 15s，某些商品的铬酸浴中还含有成膜剂、润湿剂等添加剂，除钝化作用之外，还兼有封闭成膜作用，因此提高化学镀镍层的抗变色性能和耐腐蚀性能的效果是明显的。

（三）封孔处理

采用封孔剂对镀层封孔处理将有效提高镀层的耐蚀性能，按规定比例配制好封孔液后，将钝化后的零件浸入其中，完全湿润后提出进行干燥处理。使用中对存放封孔剂塑料桶等容器注意加盖保存，使用一段时间后由于水分的挥发会导致液体变稠，可以酌情加水稀释。使用中注意节约，零件提出后尽量将滴挂液体流回容器。

（四）提高镀层硬度的热处理

为提高化学镀镍层的硬度并达到技术要求的硬度值，热处理技术条件应综合滤热处理温度、时间及镀层合金成分的影响。

通常为获得最高硬度值，采用得最多的热处理工艺是在 400℃保温 1h。因此，确定提高镀层硬度的热处理工艺的正确方法是：化学镀镍层的供方应按其实施生产条件制备镀层试样，分析测试镀层化学成分；参考选择热处理工艺参数，通过实验验证达到需方技术要求之后方可实施热处生产工艺。

第五节　化学镀铜的技术

一、化学镀铜的基本原理

（一）化学镀铜的热力学条件

化学镀铜发生在水溶液与具有催化活性的固体界面，由还原剂将铜离子还原为金属铜层，其氧化还原反应得失电子过程可以表达为：

$$还原反应 Cu^{2+} + 2e^- \longrightarrow Cu$$

$$氧化反应 R \longrightarrow O + 2e^-$$

式中，R 为还原剂，O 为还原剂的氧化态；铜离子的还原电子全部由还原剂提供。

人们希望化学镀铜的化学反应只发生在工件表面。但是，从热力学上看，化学镀铜体系本质上是不稳定的。若存在活化核心，如灰尘或某些金属微粒，就随时可能导致在溶液本体发生氧化还原反应。正常浓度的络合剂并不能阻止镀液的自发分解；为防止这个问题，镀液中必须添加像二巯基苯并噻唑（MBT）这一类的稳定剂；稳定剂添加量很小，它们竞争吸附在活性核心表面阻止其与还原剂反应；如果稳定剂过量使用，化学镀铜可能被完全停止。

有时镀液中添加络合剂之后，镀速十分慢；加入某种添加剂增加镀速至适当水平，又不至于损害镀液的稳定性。这类添加剂叫促进剂或加速剂；通常是阴离子，如 CN^- 等。

总之，在水溶液中用甲醛、次亚磷酸盐等还原剂还原铜离子是满足热力学条件的。在碱性溶液中对化学镀铜反应有利；但镀液中必须含有适当的络合剂、缓冲剂和稳定剂。

（二）化学镀铜的动力学问题

除热力学上成立之外，化学反应还必须满足动力学条件。化学镀铜如其他催化反应一样需要热能才能使反应进行；这是化学镀液达到一定温度时才有镀速的原因。理论上化学镀铜的速度可以反应产物浓度增加和反应物浓度减少的速度。由于实际使用的化学镀铜溶液中含有某些添加剂，目的是稳定镀浴和提高镀层性能。但是这些添加剂的存在使得影响因素过多、情况变得太复杂；自化学镀铜技术诞生以来，科学工作者不断地探索其异相表面催化沉积的动力学过程；提出了各种化学沉积的机制、假说，试图对化学镀钢的实验事实作出合理的解释，增加对化学镀铜现象的本质认识。迄今为止，研究工作中采用的最多的是电化学研究方法，鲍罗维克（M·Paunovic），宾得拉(P.Bindra)等人曾经对此做过十分详尽的综述。现仅就部分重要的研究结果加以介绍。

化学镀铜阴极反应即铜离子还原历程的可能性如下：

$$(CuEDTA)^{2+} + 2e^- = Cu + EDTA^{4-} \quad (1)$$

$$(CuEDTA)^{2-} + e^- \xrightarrow{rds} (CuEDTA)^{3-} + e^- = Cu + EDTA^{4-} \quad (2)$$

$$(CuEDTA)^{2-} + e^- = (CuEDTA)^{3-} + e^- \xrightarrow{rds} Cu + EDTA^{4-} \quad (3)$$

阴极部分电极（阴极池）的极化曲线的 Tafel 斜率为 -165mV/dee。基于双电子跃迁需要非常高的活化能，因此式（1）被排除。对于式（3），与实测电化学参数不符，也不能成立。因此铜离子的还原历程只可能按式（2）进行，即为双电子分步骤跃迁；$Cu^{2+} \rightarrow Cu^+$ 步骤为阴极反应的速度控制性步骤。这一反应历程与在酸性硫酸铜溶液中电镀铜的机制类似。

$$HCHO + H_2O = H_2C(OH)_2 \quad (1)$$

$$H_2C(OH)_2 + OH_{ad}^- = H_2C(OH)O_{ad}^- + H_2O \quad (2)$$

$$H_2C(OH)O_{ad}^- \xrightarrow{rds} HCOOH + 0.5H_2 + e^- \quad (3)$$

$$HCOOH + OH^- = HCOO^- + H_2O \quad (4)$$

在水溶液中的甲醛主要以具有电化学活性的水合物形式存在。反应（1）表示在高pH的水溶液中甲醛水合反应的动态平衡。甲醛的水合物与吸附在电极表面的OH^-反应而生成水合物的阴离子，即具有电化学活性的亚甲基二烃基阴离子；反应（2）表示上述动态过程。反应（3）表示电子跃迁即氧化过程，甲醛的氧化态为甲酸。在化学镀铜溶液中，阳极极化曲线的Tafel斜率为210mV/dee(恒电位法)、-185mV/dee(恒电流法)。这种大值Tafel斜率的电极行为是催化反应的特征；表示反应粒子是特性，并且电子跃迁发生于亥姆霍兹双电层的内层，电子跃迁步骤（3）为镀液中阳极反应的速度控制性步骤。

阴极极化曲线的Tafel斜率，为什么在部分阴极电极（阴极池）中与在镀浴中相差甚远。这种表观机制的改变显然是由于镀液中存在有还原剂和阳极部分反应，化学镀反应历程是通过两个连贯的反应才能发生，电子在阳极部分反应中释放，电子在阴极部分反应中消耗，因此，化学镀总的反应速度由这两个部分电极反应之中较慢的一个所控制。通常在化学镀铜溶液中（在平衡电位时），甲醛氧化的交换电流密度比铜沉积反应的交换电流密度要小1～2数量极。因此，无论阴极池沉积铜的机制如何，化学镀铜反应均受甲醛氧化过程的动力学控制，即铜沉积部分反应完全受阳极部分反应控制。因此，可以认为化学镀铜反应中两个部分电极反应不是相互独立的。

支持这一论点的进一步证据是：甲醛在阳极池中氧化反应Tafel斜率为110mV/dee（恒电流法）；-115mV/dee（恒电位法），同样与其在镀浴中的Tafel斜率相差很大。这说明在镀液中甲醛的氧化受铜离子还原反应的影响，毕竟甲醛的氧化反应发生在同时产生沉积铜的表面。

通过化学沉积与电沉积的比较，有助于认识化学镀铜的形核和生长。化学沉积过程中吸附的甲醛分子在催化活性表面的阳极氧化反应，一分子甲醛可以提供一个电子和一个氢原子。就铜离子的还原反应而论，化学沉积与电沉积的唯一区别就是化学沉积的电子来源于还原剂；电沉积的电子来源于外接电源。

化学镀铜伴随着析氢过程，氢可能被滞留于镀层之中；显微镜观察发现镀层内夹杂着氢气泡；并且氢气泡的大小、形态和分布是不同的；这种现象直接影响到镀层的物理性质。

氢原子和氢分子在表面是可迁移的，随时可能聚集成氢气泡。如果氢气泡过大，则将脱附进入镀液。表面显露的晶粒缺陷通常为沟槽状，因此成为择优容纳氢气泡的地点。在化学镀铜沉积生长时，表面上氢气泡处于聚集和脱附的动态过程，通常大气泡在显露的晶粒边界上保持时间较长，在这样的动态过程中，这些大小气泡可能被裹挟入镀层之中，形成第一类和第三类气泡。第二类气泡则是由晶隙氢原子结合而形成的多面形氢气泡。

氢渗，特别是对铁金属或者其他对氢渗敏感的金属会造成氢脆。据分析铜是对于氢渗并不敏感的金属，化学镀铜是个例外。由上述讨论可知化学镀铜层中的氢对镀层的氢脆有两种贡献：一种为典型的气泡压力效应；另一种为气泡空穴对于断裂的缺陷效应；前者可用退火脱氢消除；后者却无法除去。从这个意义讲，氢是化学镀铜的特征性有害杂质；沉积过程进入镀层的其他杂质还有 C、N、O 和 Na 等，这些元素来自镀液组成；有关这些元素对于镀层性质的影响并不完全清楚。

由于上述杂质的共沉积，化学镀铜层的纯度低于电镀铜层；因此其他物理性质也会有所不同。化学镀铜层的铜含量、密度、延展率低于电镀铜；而化学镀铜层的抗张强度、硬度和电阻高于电镀铜。表中电镀铜层为酸性硫酸铜浴所获镀层典型的物理性质，包括化学镀铜层在内，镀层的物理性质还会受镀浴组成、施镀技术参数、沉积速度的影响。因此，表中数据仅为参考。用于印刷电路的化学镀铜层，特别是镀厚铜的技术进步主要集中于获得理想的机械性能，特别是抗张强度和延展性，这些性质是镀层应用可靠性的必要保证。

二、化学镀铜的工艺在印刷电路板制造中的应用

目前大多数印刷电路板采用减法工艺制造。该工艺生产原料为覆铜板；即各种绝缘板材的表面覆盖有电解铜箔。绝缘基板的厚度规格变化范围很大，因此有的覆铜板刚性很好，有的轻薄可绕则称为柔性板。如果将电路图转印到覆铜板表面上，首先可用光致抗蚀材料在覆铜箔表面印制成所需的精确图形；然后将没有抗蚀材料防护的即不需要的铜箔部分化学刻蚀去掉；最后除去抗蚀层，这样绝缘基板上剩下的铜箔就是复制的电路图形。减法工艺来源于印刷电路的形成主要靠的是除去铜层。

如果印刷电路制造时原料为非覆铜箔板，则为加法工艺。因此用加法制造工艺时，化学镀铜的功能就不仅仅是通孔镀而且是表面选择性金属化了。若采用化学镀铜直至获得所需要电路图形的厚度时称为全尺寸化学镀（厚）铜；有时化学镀铜至一定厚度后，改用电镀铜镀至规定厚度；无论采取上述任何一种方法都是加法工艺。

为提高印刷电路的密度，而采用一种称为 B 阶材料的半固化状态的环氧玻璃布层作为黏结剂，在加热加压条件下通过 B 阶材料的完全固化而将数层蚀刻好的电路紧密地黏合在一起。这样层状叠加形成的印刷电路称为多层印刷电路板。多层板的层数有 3 ~ 24 层不等，甚至层数更多。对于多层印刷电路板而言，通孔化学镀铜不仅仅导电连接两外表面电路，而且导电连接内芯层电路；因此既要求化学镀铜层与绝缘层材料

有良好的结合强度，又要求化学镀铜层与芯层电路铜层（即所谓铜－铜结合）具有合格的结合力。

印刷电路板化学镀铜工艺如同其他湿法工艺一样，包括镀前预备、施镀过程和镀后处理一系列工序，每步工序对于保证产品质量都是重要的。一般每两道工序之间应有一次或多次清洗操作相连接。其中清洗工序很重要，事实上许多故障正是由于清洗不充分所引起的。

第七章　金属表面阳极氧化处理技术

第一节　阳极氧化基本原理

一、概述

（一）阳极氧化的目的及意义

阳极氧化是在外加电流作用下，以轻质金属（镁、铝、钛等）为阳极，在特定的电解液中在轻质金属表面形成一层氧化膜的过程。

铝是比较活泼的金属，在空气中能自然形成一层厚度为 0.01 ~ 0.10am 的氧化膜（Al_2O_3）。由于自然形成的这层氧化膜是非晶态的、薄而多孔、机械强度低，所以不能有效地防止整体金属的腐蚀。为了提高铝及其合金的抗蚀性，通常采用人工氧化的方法（化学氧化和电化学氧化）获得厚而致密的氧化膜。由于氧化的方法不同，得到的氧化膜可以满足不同的性能要求。这样可以在铝表面生成厚度达几十至几百微米的氧化膜，其耐蚀性、耐磨性、电绝缘性和装饰性都有明显的改善和提高。若采用不同的电解液和操作条件，就可以获得不同性能的氧化膜。

随着新材料的发展，镁合金作为一种比铝合金更轻的金属，得到了广泛关注，但是镁合金的耐蚀性差成为镁合金发展所要解决的必要问题。镁合金在自然环境中形成的氧化层疏松、易吸水，会加快材料的腐蚀失效。阳极氧化能够提高镁合金表面的硬度和耐蚀性，有效地降低镁合金的腐蚀速率，从而提高其耐蚀性。同时阳极氧化层具有多孔结构，能与其他涂层复合，形成结合牢固且耐蚀的复合涂层，扩大镁合金的应用范围。但是，镁合金阳极氧化技术仍然存在一些问题需要解决。

钛是 20 世纪 50 年代发展起来的一种重要的结构金属，钛合金因具有强度高、耐蚀性好、耐热性高等特点而被广泛用于各个领域。世界上许多国家都认识到钛合金材料的重要性，相继对其进行研究开发，并得到了实际应用。钛合金的阳极氧化技术能够对钛合金表面进行修饰，一方面可以提高其耐蚀性、耐磨性、硬度和生物相容性；另一方面是用来装饰钛合金，形成的氧化层具有多孔结构，能够通过表面的染色等处理使钛合金呈现工业需求的颜色。

综合来讲，阳极氧化处理主要应用在以下几个方面：

①作防护层。阳极氧化膜在空气中有足够的稳定性，大幅提高了金属制品表面的耐腐蚀性能。

②作装饰层。阳极氧化曾可以进行着色和染色处理，经过处理后，能得到各种鲜艳的色彩。在特殊工艺条件下，还可以得到具有瓷质外观的氧化层。

③作耐磨层。阳极氧化膜具有比金属基底更高的硬度，可以显著提高制品表面的耐磨性。

④作电绝缘层。一般金属是良性导体，经过氧化处理后所得的阳极氧化膜具有很高的绝缘电阻和击穿电压，可以用作电解电容器的电介质层或电器制品的绝缘层。

⑤作喷漆底层。阳极氧化膜具有多孔性和良好的吸附特性，作为喷漆或其他有机覆盖层的底层，可以提高漆或其他有机物膜与基体的结合力。

⑥作电镀或化学镀底层。利用阳极氧化膜的多孔性，可以提高金属镀层与基体的结合力。

⑦作功能性材料。利用阳极氧化膜的多孔性在微孔中沉积功能性颗粒，可以得到各种功能性材料。正在开发中的功能部件功能有电磁功能、催化功能、传感功能和分离功能等。

（二）阳极氧化的分类及特点

阳极氧化按电流提供的方式可分为直流电阳极氧化、交流电阳极氧化及脉冲电流阳极氧化。其中用得最多的是直流电阳极氧化，而脉冲电流阳极氧化以其膜层生长效率高、均匀致密、抗蚀性能好而有发展前途。

按电源输出的方式不同可分为恒电流阳极氧化和恒电压阳极氧化，膜厚的增加与单位面积上通过的电量成正比，在恒电压条件下，由于体系的电阻增加，电流密度会随着氧化时间的延长而下降，下降情况视合金和体系不同有所差异，而且电流密度也随槽液温度而变化，因此恒电压阳极氧化时氧化层的厚度不宜控制，所以一般工厂多采用恒电流阳极氧化。

对于铝合金来讲，按电解液成分可分为硫酸、磷酸、铬酸等无机酸阳极氧化，在这些电解液中虽然也可以得到某一种色调，但这种色调是单一的。而以磺基有机酸为主的一些电解液则可以通过对时间、电流的改变得到不同色调膜层的阳极氧化膜。丙二酸和草酸等简单有机酸在不同电压及电解时间的作用下，同样也能获得一种变化的色调；对于镁合金来讲，按电解液成分可分为铬酸盐电解液（但是六价铬对环境和人体危害比较大）、高锰酸钾电解液、氨水电解液、氢氧化钠或氢氧化钾电解液、钛合金阳极氧化液、磷酸电解液、铬酸电解液、硫酸电解液、磷酸二氢盐电解液和偏铝酸盐电解液等。

按膜层性质可分为普通膜、硬质膜、瓷质膜、有半导体作用的阻挡层膜及红宝石膜等。不同的膜层也就对应了不同的电解液及阳极氧化的工艺条件与工艺方法。

按终止电压不同分为普通阳极氧化和微弧氧化。微弧氧化是通过电解液与相应电参数的组合，在铝、镁、钛及其合金表面依靠弧光放电产生的瞬时高温高压作用，生长出以基体金属氧化物为主的陶瓷膜层。微弧氧化所形成的氧化层的硬度更高，具有更好的耐磨性。

二、阳极氧化原理

（一）铝及铝合金的阳极氧化机制

铝合金的阳极氧化电解液分为具有溶解性的电解液，其在氧化过程对氧化膜有溶解作用，所形成的氧化层为多孔结构，常见的电解液包括草酸、磷酸、硫酸和铬酸。另外一类是具有溶解性的电解质，在氧化过程中对氧化层不具有溶解能力，所得到的氧化层结构为壁垒型结构，常见的该类电解质包括中性硼酸盐、中性磷酸盐、中性酒石酸盐。具有溶解性的电解液是工业中比较常用的电解液，这是由于其所形成的氧化层为多孔结构，这类氧化膜主要用于保护性和装饰性场合，有较多的用途。本小节主要叙述铝在硫酸溶液中的氧化原理。

在阳极氧化过程中铝及其合金作为阳极，阴极一般用铅，只起导电作用。电解液为酸溶液。在进行阳极处理时，发现在铝阳极表面上生成了结实的氧化铝膜，阳极附近液层中 Al^{3+} 含量增加了，同时在阳极上有氧气析出，在阴极上有氢气析出，还伴有溶液温度上升的现象，说明反应是放热反应。此时在阳极上发生如下式反应：

$$H_2O-2e^-=[O]+2H^+$$

$$2Al+3[O]=Al_2O_3$$

同时，酸对金属铝和生成的氧化膜进行着化学溶解，反应如下式：

$$2Al+6H^+=2Al^{3+}+3H_2\uparrow$$

$$Al_2O_3+6H^+=2Al^{3+}+3H_2O$$

氧化膜的生成与溶解同时进行，因此，只有当膜的生成速度大于膜的溶解速度时，膜的厚度才能不断增长。

综上所述，氧化膜的生成是两种不同的反应同时进行的结果。一种是电化学反应析出氧与金属铝结合生成氧化膜；另一种是化学反应，即酸对膜的溶解。只有当电化学反应速度大于化学反应速度时，氧化膜才能顺利生长并保持一定厚度。

为此，在选择阳极氧化用的电解液组成时，应当考虑到在氧化过程中，氧化膜的电化学形成速度应明显大于膜的化学溶解速度。但是也必须使氧化膜在该电解液中有一定的溶解速度和较大的溶解度，否则氧化膜也不能增厚。

根据氧化电源的输出方式不同，铝合金的阳极氧化分为恒流型阳极氧化和恒压型阳极氧化。恒流型阳极氧化采用恒定的氧化电流密度，对试样进行氧化；恒压型是采用恒定的电压对试样进行氧化。相对来讲，恒流型在工业生产中应用的比较多，这是由于采用恒流型进行氧化，控制氧化时间就能控制氧化层的厚度和质量；而恒压型的阳极氧化过程中，阳极的电流密度随着氧化层的生成而发生改变，因此，其氧化层的厚度很难控制。主要看一下恒流型氧化过程中氧化膜如何生成的。氧化膜的生成规律，可以通过氧化过程的电压－时间特性曲线来进一步说明（图 7-1）。

电压－时间曲线是在 200g/L 的硫酸溶液中，于 25℃时，阳极电流密度 1A/dm^2 的条件下测得的。它反映了氧化膜的生成规律，所以又称为铝阳极氧化的特性曲线。该曲线明显地分为 3 段，每一段都反映了氧化膜生长的特点。

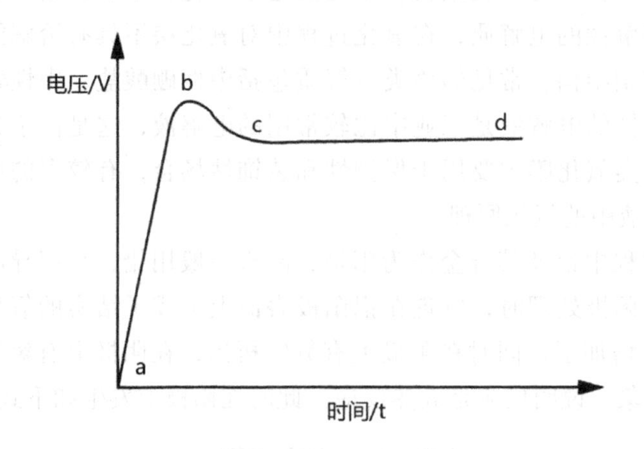

图 7-1　铝阳极氧化时的电压－时间特性曲线

a—b 段：是在开始通电后的 10s 左右，电压急剧上升，这时铝表面生成一层致密的具有很高电阻的氧化膜，厚度为 0.010 ~ 0.015μm，称为无孔层或阻挡层。阻挡层的厚度取决于外加电压，外加电压越高，其厚度也越大，硬度也越高。每增加一伏电压，阻挡层增厚 10A。

b—c 段：阳极电压达到极大值值后开始下降，一般可比其最高值下降 10% ~ 15%。最大值就是阻挡层在某一外电压下达到的极限厚度。这是由于电解液对氧化膜的溶解作用所致。由于氧化膜的厚度不均匀，溶解使氧化膜最薄的地方形成孔穴，因而该处电阻下降，电压也就随之下降。氧化膜上产生孔穴后，电解液得以和新的铝表面接触，电化学反应又继续进行，氧化膜就能继续生长。O^{2-} 离子通过孔穴扩散与 Al^{3+} 结合成新的阻挡层。

c—d 段：当阳极氧化进行约 20s 以后，电压下降至一定数值就趋于平稳，不再下降。此时，阻挡层的生成速度与溶解速度基本达到平衡，其厚度不再增加，电压保持平稳。但是，氧化反应并未停止，而是在每个孔穴的底部氧化膜的生成与溶解仍在继续进行，使孔穴底部逐渐向金属基体内部移动。随着氧化时间的延长，孔穴加深形成孔隙和孔壁，多孔层逐渐加厚。孔壁与电解液接触的部分也同时被溶解并水化（$Al_2O_3 \cdot xH_2O$），从而成为可以导电的多孔层，其厚度由 1 至几百微米。多孔层的厚度取决于电解液的种类、浓度及工艺条件。

氧化膜的生长与金属电沉积不同，不是在膜的外表面上生长，而是在已生成的氧化膜下面，即氧化膜与金属铝的交界处，向着基体金属生长。为此必须使电解液到达孔隙的底部溶解阻挡层，而且孔内的电解液还必须不断更新。

阳极氧化膜的生长过程是在膜的增厚和溶解这一矛盾过程中展开的。通电瞬间，由于氧和铝的亲和力特别强，在铝表面迅速生成一层致密无孔的氧化膜，其厚度依槽电压而异，一般为 10 ~ 150nm。它具有很高的绝缘电阻，称为阻挡层。由于在形成氧化铝时体积要膨胀，使得阻挡层变成凹凸不平。在膜层较薄的地方，氧化膜首先被电解液所溶解并形成孔穴，接着电解液便通过孔穴到达铝基体表面，使电化学反应能够继续进行，这样就使孔穴变成孔隙。随着电解的不断进行，孔隙越来越深，阻挡层便逐渐向铝的基体方向发展，得到了多孔状的氧化膜：

①当阳极氧化开始时，金属铝的表面形成一层极薄的氧化膜。

②由于阳极氧化层的绝缘性，氧化膜上的高电压引起氧化膜的介电破裂，使得氧化膜生成微孔。

③电解液渗透进入微孔中，由于通电氧化膜进一步生长多孔性结构。

④在微孔的底部发生氧化膜的连续生长。

⑤这个过程继续发生形成完整的多孔型阳极氧化膜。

在氧化膜的成长过程中，电渗起着重要作用，使电解液在多孔层的孔隙内不断循环更新。电渗是这样发生的，在电解液中被水化了的铝氧化膜表面带有负电荷，而在它的周围紧贴着它的水溶液中有着带正电荷的阳离子，如由于氧化膜被溶解而使得溶液中存在着大量的 Al^{3+}，由于电位差的缘故，在外加电场作用下，紧贴孔壁的液层（含有阳离子）会向孔隙外面流去（流向溶液本体），而外面（溶液本体中）的新鲜电解液即能沿着孔隙中心轴线向孔内流进，这样，就发生了含有带电质点的液体（液相）相对于孔壁（固相）的移动，即电渗。电渗使得孔隙内的电解液不断更新，从而使孔隙加深并扩大。电解液的电渗是铝氧化膜成长的必要条件之一，但是氧化膜的成长是朝着基体铝内部进行的，这和金属的电沉积截然不同。氧化膜是在已生成的氧化膜底下向着铝基体不断发展变厚。

氧化膜的厚度取决于电流密度和处理时间，但是它的增长不是无限的。当铝通电时，首先形成阻挡层氧化膜，随着电解的进行，氧化膜发展成阻挡层和多孔层两部分。在氧化膜的上部，由于是在电解初期形成的，长时间的浸泡，使多孔层的针孔壁被电解被溶解变薄，而中间部位的氧化膜，由于在电解液中浸泡时间较少，所以孔壁就较厚。这样使得多孔层氧化膜的断面其几何形状不是圆柱形孔、而是倒圆锥形孔的断面，随着电解的不断进行，最上层的氧化膜孔壁被潜解而成针状，最后溶解消失。而原来靠近最上层的下面部位，又再次变成针状，以致消失。就这样，随着电解的不断进行，氧化膜的底部向着铝基体发展，而其表面又一点点消失，使得氧化膜的厚度仍旧在一定范围之内。

另有一种说法，叫垂直溶解，即氧化膜的减薄像机械磨损一样，一层一层被溶解掉。不管氧化膜的减薄具体是怎样的，它们都是化学溶解的结果。氧化膜在硫酸溶液中的化学溶解速度为1A/s。

电解时，氧化膜的阻挡层是由于电场作用而产生的，因此，阻挡层的溶解是电解液的化学溶解和电场作用下的电化学潜解两方面所造成的。氧化膜的电化学溶解只是在阻挡层中发生的溶解现象。阻挡层的电化学溶解强而有力，是使阻挡层变为多孔层的必要条件。电化学溶解速度是化学溶解速度的几十倍，甚至几百倍。

膜的组成随溶液成分及工艺条件而异，所得膜层的主要成分是 γ-Al_2O_3。除此之外，还含有部分水及对应酸的化合物或酸的分解产物等。例如，在硫酸溶液中得的膜层含有少量的用 2（SO_4）3 及 SO_3；再如，用草酸作电解液时，膜层中会含有部分草酸的化合物。

铝的阳极氧化膜由两部分组成，即双层结构，具有以下性质：

①内层为阻挡层，膜薄（0.01 ~ 0.10μm），致密，比电阻为 1011Ω/cm，它的化学组成为 γ-Al_2O_3，即在非晶态 Al_2O_3 中混合着晶质 Al_2O_3，在铝基体内侧含有过剩的 Al^{3+}，在多孔层一侧含有过剩的 O^{2-}，中间为过渡状态，故起整流作用。

②外层为多孔层，较厚（几十至几百微米）、疏松多孔、硬度低，比电阻为 1011Ω/cm。在常温下形成时，多为非晶态 Al_2O_3，高温下则形成晶质 Al_2O_3。

③凯勒（Keller）通过高分辨率电子显微镜观察到，多孔层是由许多六角柱状的小孔膜胞所组成，每个六角柱中央有一个小孔，孔壁厚度约为孔径的两倍。在阳极氧化过程中，电流通过孔隙流动，使孔隙沿着电场方向生长。孔逐渐长大且相互接触形成六角柱状的孔壁，而孔隙本身即变成圆筒状。

④膜的微观结构对其性能起重要作用。例如，阻挡层或多孔层的厚度、孔壁的厚度及孔径大小及孔隙率等，均与膜的硬度、耐磨性和着色性等密切相关。

孔径大小与电解液的种类、电压和电解时间等有关。在不同电解液中，所得的膜层其孔径大小、增加的顺序为：硫酸＜草酸＜磷酸＜铬酸。另外，槽电压和电解时间对孔径大小的影响是，在一般情况下，槽电压越高，电解时间越长，孔径就越大。阻挡层及孔壁的厚度，主要取决于槽电压，槽电压越高，阻挡层越厚，孔壁也就变厚。氧化膜的孔隙率也与电解液体系及工艺条件有关。在不同电解液体系中，所得的膜层其孔隙率增加顺序为：磷酸＜铬酸＜草酸＜硫酸。在同一体系中，电压越高，孔隙率也就越高。

（二）镁及镁合金的阳极氧化机制

传统的阳极氧化的电压一般较低，阳极化时火花不明显。阳极化膜的形成过程类似于钝化膜的生成过程。镁与水溶液反应生成一层初始的表面膜，在强阳极电场的作用下镁离子与溶液中的阴离子不断反应生成膜，同时膜也在水溶液的化学与电化学的作用下不断溶解，电压不断升高时，膜的生成速度高于溶解速度，所以膜不断加厚。只有当阳极化电位足够高一般是电位高于 50V 以上，才有可能发生火花放电现象，新发展起来的镁合金阳极化技术的电压都较高，在阳极化过程中试样表面最终都会出现火花放电或弧光的现象，这类的阳极化也称为微弧氧化。

火花放电主要发生于氧化膜电介质击穿的电压区间，在电解液中，当施加的阳极电压或电流足够高后，镁合金表面原来生成的表面膜中就会出现强烈的电荷交换与离子迁移。于是部分膜因此而破坏。这样的局部反应还使得镁合金表面局部温度大幅升高，促使等离子化学反应产生。对应等离子化学反应出现的阳极极化电位为“点火电位”。当火花放电发生后，在火花放电点的基底镁合金与阳极化溶液间，会产生一条局部的火化放电通道，溶液一侧为等离子的局部阴极，基底镁合金一侧为局部阳极，反应产生的气体在该通道中被离子化，成为等离子体。由于火花的局部加热作用与强电离作用，溶液介质中的水在火花放电处可能被分解成氢和氧，从而使火花放电总是伴随着大量气体的析出。火花放电导致镁合金表面产生的局部高温使镁合金表面熔化、气化与氧化，因此阳极氧化膜一般为多孔陶瓷状的。火花放电在导致阳极化膜产生击穿孔的同时，还有烧结作用。它能使所形成的微孔在一定程度上因烧结而封闭。

同铝合金氧化一样，主要介绍恒流氧化下，氧化层是如何生成的。

由于镁与氧的亲和力一般远远大于与其他的合金化元素，因此阳极化膜总是以镁的氧化物为主要成分。阳极氧化膜除镁之外的成分主要决定于基底镁合金与阳极化溶液。首先，基底镁合金中含有什么元素，这些元素就有可能被阳极氧化进入到阳极氧化膜中，阳极氧化膜中就有可能含有这些元素。另外，一些阳极化溶液的成分也可能会进入阳极氧化膜中成为膜的成分之一。迄今为止，阳极氧化膜的化学组成都可从基底镁合金与阳极化溶液的成分中找到依据。

由于阳极化膜的主要成分仍为氧化镁，未经后处理或外加涂层的镁合金阳极氧化膜在腐蚀性介质中不大可能持续较长的时间而不被腐蚀破坏。通过火花放电阳极氧化的阳极化氧化层总是呈多孔的。外表面上为无数的弹坑状或火山口形，从侧面看，这些火山口下的孔洞并不是垂直地通向基底的，而且曲折拐弯，可能有很大一部分并不与基底相通。阳极氧化膜的这些孔隙有可能就是腐蚀性介质进入镁合金基底的通道。因此，对阳极氧化膜进行封闭或再加涂层或面漆就有可能大幅提高阳极氧化膜的耐蚀性。也正因为这层膜的多孔性，使阳极氧化膜能与涂在其上的封闭层涂层有极好的机械结合力。

第二节　氧化工艺条件及影响因素

一、铝及铝合金阳极氧化工艺

铝及其合金阳极氧化工艺流程：铝件→机械抛光→除油→清洗→中和→清洗→化学抛光和（或）电解抛光→清洗→阳极氧化→清洗（参看金属表面预处理相关内容）。铝合金的阳极氧化在不同的电解液中，其所采用的工艺条件及氧化层的性能微观形貌各有不同。

（一）硫酸阳极氧化

硫酸阳极氧化是应用最广泛的工艺，硫酸溶液非常稳定且成本较低，不产生特殊的污染，废液处理比较容易。硫酸阳极氧化膜无色透明，处理成本比较低，又适合于各种着色处理方法和封孔方法。硫酸阳极氧化的阳极氧化膜，其孔隙率约为10%，适合于电解着色处理。此外，氧化膜的活性较强，适合于染色处理。

在稀硫酸电解液中通以直流或交流电流对铝及其合金进行阳极氧化处理，能得到厚度5～20μm无色透明的氧化膜。但不适合孔隙大的铸造件、点焊和铆接的组合件。

硫酸阳极氧化溶液组成及工艺条件见表7-1。其中，直流法的1号工艺和交流法工艺适用于一般铝和铝合金的防护－装饰性氧化，直流法的2号工艺适用于纯铝和铝镁合金制件的装饰性氧化。

表7-1　硫酸阳极氧化容液组成及工艺

组成及工艺条件	直流法		交流法
	1	2	
硫酸／(g/L)	150～200	160～170	100～150
温度／℃	15～25	0～3	15～25
阳极电流密度（A/dm2）	0.8～1.5	0.4～6.0	2～4
氧化时间／min	20～40	60	20～40

操作时应注意如下内容。

挂具材质应和工件材质相同，由于氧化膜一旦形成电阻就比较大，故挂具与工件必须紧密接触。另外，在同一挂具上不宜处理不同材质的工件，以防止厚度不均引起着色不均匀。在氧化过程中不允许中途断电，因氧化一定时间后断电，膜层会产生两层结构。一般一次氧化面积和电解液的体积有关，每立方米电解液中一次处理面积为 3.3m^2 比较合适。膜的厚度由电流密度及电解时间来确定，可用经验公式来计算。

膜厚（μm）=0.3× 电流密度（A/dm^2）× 电解时间（min）

式中，0.3 为系数，根据电解条件可以进行适当修正。

（二）草酸阳极氧化

草酸阳极氧化于 20 世纪 20 年代在日本首先得到应用，由于其工艺成本比硫酸阳极氧化高出 3 ~ 5 倍，电解液的稳定性也较差等原因，目前其应用已不如硫酸那么广泛，而且常常与硫酸联合使用形成混合酸溶液。由于草酸对氧化膜的溶解作用比较小，所以能获得较厚的氧化膜，膜厚可达 60μm。草酸阳极氧化的外加电压较高。因此能耗比较高，草酸阳极氧化膜是透明的浅黄色膜，膜层孔隙度低、硬度比较高、耐磨性和耐腐蚀性都比较好，但是并不适于着色或染色。表 7-2 是草酸阳极氧化的槽液成分及相应的工艺条件。目前这种工艺在家用电器、建材、机械等行业中特殊零部件或高档制品的氧化。

表 7-2 草酸阳极氧化的槽液成分及相应的工艺条件

成分	温度 /℃	电压 /V	电流密度 / （A/dm^2）	时间 /min	备注
3% ～ 5% 的草酸	18 ～ 20	40 ～ 60	DC1 ～ 2	40 ～ 60	氧化膜较硬
3% ～ 5% 的草酸	25 ～ 35	20 ～ 50	DC2 ～ 3	40 ～ 60	氧化膜稍软
3% 的草酸	25 ～ 35	60 ～ 100	DC1 ～ 2	30 ～ 80	日本常用配方
3% ～ 5% 的草酸	35	30 ～ 35	DC1.5 ～ 2.0	20 ～ 30	GXH 草酸法

以制取电绝缘用的厚膜氧化为例，操作时应注意以下几点。

①铝件氧化时应带电入槽（小阳极电流密度）。为了防止氧化膜不均匀和在高压区出现局部电击穿而引起铝件的过腐蚀现象，必须逐步升高电压，切勿操之过急。

②在氧化过程中，电压随时间的变化如下：

0 ~ 60V　　5min，使电流密度保持在 2.0 ~ 2.5A/dm^2

70V　　5min

90V　　5min

90 ~ 110V　　15min

110V　　60 ~ 90 min

电压上升不允许超过 120V。采取梯形升压是因为草酸氧化膜很致密、电阻高，只有提高电压才能获得较厚的氧化膜。按工艺规定时间氧化，断电后取出铝制品。

③氧化过程中出现电流突然上升（电压下降），往往是由于膜层被电击穿。当工作电压很高时，电解液的温度容易不均匀而影响到膜层质量，因此必须对电解液进行强烈搅拌和冷却，严格维持恒定的电解液温度。

（三）铬酸阳极氧化

铬酸阳极氧化主要用在耐腐蚀性要求较高的场合，一般采用恒电压阳极氧化。铬酸氧化膜比硫酸氧化膜和草酸氧化膜要薄得多，一般厚度只有 2 ~ 5μm，所以能保持原来零件的精度和表面粗糙度。铬酸氧化膜的膜层质软、弹性高，基本上不降低原材料的疲劳强度，但耐磨性不如硫酸氧化膜。铬酸氧化膜是不透明的膜，颜色由灰白色到深灰色或彩虹色。由于它几乎没有孔穴，故一般不易染色，膜层不需要封闭就可使用。在同样厚度下，它的耐蚀能力比不封闭的硫酸氧化膜高。铝酸氧化膜与有机物结合力良好是油漆的良好底层。因铬酸对铜的溶解能力较大，所以含铜量大于 4% 的铝合金一般不适用铬酸阳极氧化。表 7-3 是铬酸阳极氧化的槽液成分及相应的工艺条件。

表 7-3　铬酸阳极氧化的槽液成分及相应的工艺条件

成分	温度 /℃	电压 /V	电流密度 / （A/dm^2）	时间 /min	备注
95 ～ 100g/L 铬酐	37±2	＜ 40	0.5 ～ 2.5	35	作为涂层底层
50 ～ 55g/L 铬酐	39±2	＜ 40	0.5 ～ 2.7	60	机械零部件处理
30 ～ 35g/L 铬酐	40±2	＜ 40	0.2 ～ 0.6	60	容差小的零部件
5% ～ 10% 的铬酐	40 ～ 50	30 或 40		视需求而定	恒电压法

制备过程中应注意以下几点。

①在开始氧化后 15min 内，电压控制在 25V 左右，随后将电压逐步调整至 40V，持续 45min，断电取出铝制品。

②在氧化过程中电流有下降现象，为了保持一定的电流密度必须经常调整槽电压，并严格控制槽液的 pH 在规定范围之内。

二、铝及铝合金微弧氧化工艺

近年来兴起的微弧氧化技术是将铝、铁、镁、锆等金属及其合金（统称为阀金属）浸渍于电解液中，作阳极，施加高电压使该材料表面产生火花或微弧放电，以获得金属氧化物陶瓷膜的一种表面改性技术。

自 20 世纪 80 年代德国学者克瑞斯（P.Kurse）利用火花放电在纯铝表面获得含 α-Al_2O_3 的硬质膜层以来，微弧阳极氧化技术取得了很大进展。近年来，许多国家的科学工作者以阳极脉冲陶瓷化（canodic pulse ceramic）、阳极火化沉积（anodic spark deposition）、火花放电阳极氧化（anodic oxidation by spark dischage）、等离子体增强电化学表面陶瓷化（plasma enhanced chemical ceramiccoating）、微弧阳极氧化（micro-oxidation）、微弧等离子体氧化（micro-plasma oxidation）等众多技术介绍了有关微弧阳极氧化这一技术的研究工作及成果。

①膜层为经高温融化而形成的 Al_2O_3 陶瓷膜，从而具有很高的耐腐蚀性能，经 5% 的 NaCl 中性盐雾腐蚀试验，其耐蚀能力达 1000h 以上。

②陶瓷膜层是原位生长的，与基体结合牢固，不容易脱落，结合强度可达 2.04 ~ 3.06MPa；膜层中含有高温转变相 α-Al_2O_3，使得膜层的硬度高、耐磨性好；还含有 γ-Al_2O_3 相、α-A10（OH）相，赋予膜层良好的韧性。膜层的硬度（HV）高达 800 ~ 2500，明显高于硬质阳极氧化。磨损实验表明，陶瓷膜具有与硬质合金相当的耐磨性能、比硬镀铬层高 75% 以上；陶瓷膜还具有摩擦系数较低的特点。

③电绝缘性能好。其体绝缘电阻率可达到 $5 \times 10^{10}\Omega \cdot cm$，在干燥空气中它的击穿电压为 3000 ~ 5000V。

④导热系数小，膜层具有良好的隔热能力。

⑤外观装饰性能好，可按使用要求大面积地加工成各种不同颜色（红、蓝、黄、绿、灰、黑等）、不同花纹的膜层，而且一次成型并保持原基体的粗糙度，经抛光处理后，膜层的粗糙度可达 0.4 ~ 0.1μm，远高于原基体的粗糙度。

⑥通过改变电解液的组成及工艺条件，可以调整膜层的微观结构、特征，从而实现膜层的功能性设计。

⑦微孤阳极氧化新技术自问世以来，虽然尚未投入大规模生产，但已引起人们的普遍关注，并已进入一些应用领域。

在阳极氧化过程中，当工件上施加的电压超过一定范围时，铝合金表面先期形成的氧化膜就会被击穿。随着电压的增加，氧化膜表面会出现辉光放电、微弧和火花放电等现象。辉光放电形成的温度比较低，对氧化膜的结构影响不大；火花放电温度很高，可以使铝合金表面熔化，发射出大量的离子，使火花放电区出现凹坑或麻点，对材料表面是一种破坏作用；只有微弧区的温度适中，既可以使氧化膜的结构发生变化，又不会造成材料表面的破坏。微弧氧化就是利用这个温度区对材料表面进行改性的。微弧直径一般在几微至几十微米，相应温度可达几千摄氏度甚至上万摄氏度，在工件表面停留时间很短，约为几至几十毫秒。在溶液中可以使周围的液体气化，形成高温高压区，有人估计该区域的压强为 20M ~ 50MPa。在这个区域中，由于电场的作用可以产生大量的电子及正、负离子。正是这个区域的特殊物理化学条件，对材料表面有着特殊的物理化学作用。首先，高温高压特性使铝合金表面的氧化膜发生相和结构的转变，可使原来无序结构的氧化膜转变成含有一定 α 相和 γ 相的 Al_2O_3 结构。当然这种变化不是在一次微弧时间内就能完成的，而是经历了多次微弧氧化过程的结果。其次，等离子体形成新的氧化条件，不但不会使原先的氧化膜溶解掉，而且还会生成新的氧化膜，使氧化膜的厚度增加。随着氧化膜厚度增加，该区域的微弧会自动消失；但在电场作用下，微弧又会在氧化膜的其他的薄弱环节出现。因此，在等离子体微弧氧化过程中，铝合金表面会有许许多多跳动着的微弧点。

另外，微弧氧化还能产生渗透氧化，即氧离子可以渗透到铝基体中与铝结合。通过实验发现，大约有 70% 的氧化层存在于铝合金的基体中，因此铝试样表面尺寸变动不大。由于渗透氧化，氧化层与基体之间存在着相当厚度的过渡区，使氧化膜与基体呈牢固的冶金结合，不易脱落。在微弧氧化过程中，随着铝合金表面氧化层厚度不断增加，微弧亮度会逐渐变暗，最后消失。微弧消失后，氧化仍可进行，氧化层厚度还将不断增加。

等离子体微孤氧化生成陶器膜层的过程，可以用以下反应方程式来表示：

$$Al-3e^- \longrightarrow Al^{3+}$$

$$4Al^{3+}+3O_2+12e^- \longrightarrow 2Al_2O_3$$

或

$$Al^{3+}+4OH^- \longrightarrow Al(OH)_4^-$$

胶体受热分解：

$Al(OH)_4^- \longrightarrow Al_2O_3+H_2O, 2Al(OH)_4^- \longrightarrow Al_2O_3+3H_2O+2OH^-$。起初形成的是 $\alpha-Al_2O_3$，在高温下会转变为 $\gamma-Al_2O_3$。

微弧氧化过程有明显的阶段性。第一初阶段阳极材料表面有大量的气泡产生，金属光泽逐渐消失，在电场作用下表面形成具有电绝缘特性的 Al_2O_3 膜层。随着时间延长，膜层逐渐增厚，其承受的电压越来越高，再加上阳极材料表面有大量的气体生成，为等离子体的产生创造了条件。进入第二阶段后，初生的氧化膜被高电压击穿，材料表面形成大量的等离子体微弧，可以观察到不稳定的白色弧光。此时在电场作用下，新的氧化物又不断生成，氧化膜的薄弱区域不断变化，白色弧光点似乎在阳极表面高速游动。同时，在微等离子体的作用下，又形成瞬间的高温高压微区，其温度达 2000℃以上、压力达数百个大气压，使得氧化膜熔融。等离子体微弧消失后，溶液很快将热量带走，熔融物迅速凝固，在材料表面形成多孔状氧化膜。如此循环反复，微孔自身扩大或与其他微孔连成体，形成导电通道，从而出现了较大的红色光泽的孤斑。第三阶段是氧化进一步向深层渗透。一段时间后，内层可能再次形成较为完整的 Al_2O_3 电绝缘层，随着氧化膜的加厚，微等离子体造成的熔融氧化物凝固，可能在表面形成较为完整的凝固结晶层，造成较大的孔径，导电通道封闭，使红色弧斑减少直至消失。然而，微等离子体依然存在，氧化并未终止，进入第四阶段，即氧化、熔融、凝固平稳阶段。

在铝合金表面形成的微弧氧化膜层是由结合层、致密层和表面层三层结构所组成，层与层之间无明显界限，总厚度一般为 20 ~ 200μm，最厚可达 400μm。陶瓷膜外表面γ相多，膜从外到内α相逐渐增多。氧化层的外表面由于同电解液直接接触冷却较快，所以由γ相组成且基本上不随氧化时间变化。膜层内部冷却较慢，Al_2O_3主要由α相组成，致密层中的α-Al_2O_3可达60%以上，且形成了迷宫状的通道。表面层较粗糙疏松，可能是由微弧溅射物和电化学沉积物所组成。

目前微弧氧化电解液多呈碱性以减小对环境的污染，常用的电解液主要有硅酸盐、磷酸盐、铝酸盐、硼酸盐、钨酸盐等。由于陶瓷膜对电解液中离子的吸附具有选择性，对于实验中常见的离子，吸附型强弱依次为SiO_3^{2-}、PO_4^{3-}、VO_4^{3-}、MoO_4^{2-}、WO_4^{2-}、$B_4O_7^{2-}$、CrO_4^{2-}等，国内外研究和使用最多的电解液是硅酸盐体系和磷酸盐体系。总体而言，磷酸盐溶液中生成的微弧氧化膜最厚，耐蚀性能优良；硅酸盐溶液中生成的膜层表面较粗糙，但具有良好的耐磨性；铝酸盐体系中的MAO陶瓷膜致密性好、硬度高且表面更为光滑。相比于硅酸盐体系，铝合金在磷酸盐体系中需要有更高的起弧电压，膜层受热应力作用极易产生热裂纹。若将磷酸盐与硅酸盐制成复合电解液则可以改善膜层的厚度和致密性，从而获得耐磨、耐蚀性良好的陶瓷膜层；而以硼酸盐为电解液可获得附着性良好、结晶度更好、膜层硬度更高且空隙分布更均匀的MAO陶瓷膜。在实际的应用中，电解液的组成要与铝合金材料很好的配合才行，不能简单的根据电解液的pH、导电性大小、黏度、热容量大小等理化因素来确定某一种电解液是否能对各种铝合金材料的微弧氧化合适。

①电解液的温度为20 ~ 60P时均可正常工作。温度过高，容易产生点腐蚀；温度过低，不易形成火花放电，影响陶瓷膜色泽的均匀性。最佳工作温度在20 ~ 40℃。

②电流密度为7 ~ 10A/dm^2。

③氧化时间为10 ~ 15min。氧化10min所获得的陶瓷膜为均匀的灰白色，并带有金属光泽；当处理时间延长到15min时，颜色略为变深。

三、铝及铝合金阳极氧化影响因素

阳极氧化处理是在电解质溶液中，以铝作阳极通过电流，发生电化学反应而在铝上生成阳极氧化膜的工艺过程。这涉及阳极氧化槽液类型（电解质溶液）、阳极氧化电源和阳极氧化操作参数3个方面。铝阳极氧化的具体工艺参数有：槽波成分与浓度、阳极氧化温度、阳极氧化的电压与电流密度、电解槽的阴阳极材质与阴阳极面积比及槽液中容许的杂质含量等。

（一）槽液

生成多孔型铝阳极氧化膜的电解质槽液主要用无机酸电解液，如硫酸、铬酸和磷酸等，其中硫酸应用最广。有时也使用混合酸，如硫酸加草酸、硫酸加酒石酸（99%），所得硫酸阳极氧化膜无色透明、可染色（电解着色或染色等）、也可以封孔（沸水封孔、冷封孔或电泳涂漆等），综合性能较好。硫酸阳极氧化膜不透明，但耐蚀性较强。磷酸氧化膜的孔径大，适合于作涂装或电镀的底层。碱性电解液阳极氧化膜表面粗糙、孔隙大、耐磨性差，除了可以作涂装底层外，应用相当有限。然而碱性电解液在高电压阳极氧化（如微弧氧化）中经常使用。有机酸中的草酸、酒石酸、磺基水杨酸等，常被加入硫酸中以降低硫酸对于氧化膜的溶解能力，从而可以提高槽液温度和电流密度，改进膜的质量，形成“宽温氧化”。在特殊需要的情形下，也可以单独使用有机酸，得到耐蚀、耐磨兼具的阳极氧化厚膜。无机酸槽液主要控制全酸浓度和游离酸浓度，而游离酸浓度往往更有实际意义。槽液浓度视酸的种类而异，浓度范围应该按照工艺说明认真管理。一般硫酸阳极氧化的硫酸含量可以选择在 15% ~ 20%（也可以按照含量浓度 130 ~ 180g/L 配制），传统上欧洲的硫酸质量浓度偏高（不超过 200g/L），我国和日本的偏低（约 160g/L）。硫酸质量浓度的变化范围控制在 ±10g/L。磷酸溶液的含量约为 4% 的磷酸，铬酸溶液含量约为 3% 的铬酐。在配制硫酸槽液时可用自来水配制，而在配制草酸或其他有机酸溶液时宜用去离子水。槽液中有害的杂质是氯、氨等形成的阴离子，以及铜、铁、硅等形成的阳离子。其中对阳极氧化影响最显著的是 Cl^-、F^- 和 AH^{3+}。当活性离子 Cl^- 和 F^- 存在时，膜的孔隙率增加，膜表面粗糙疏松，其至使氧化膜发生腐蚀，Cl^- 的最高允许质量浓度为 0.05g/L，因此，在配制溶液时应注意水的量。槽液中铝离子含量也应该加以控制，Al^{3+} 含量增加，使氧化膜表面出现白色斑点，并使吸附能力下降，当质量浓度超过 20g/L 时，电解液的氧化能力显著下降。在硫酸阳极氧化时，铝离子浓度一般控制在低于 20g/L 的范围，最佳控制稳定在 5 ~ 10g/L。铝离子质量浓度过高，则阳极氧化膜的透明度低，耐磨性下降，严重时还容易发生“烧焦”现象。此时可将电解液的温度升至 40 ~ 50℃，在不断搅拌下缓慢加入 $(NH_4)_2SO_4$ 溶液，使 $A1^{3+}$ 产生成 $(NH_4)_2A1(SO_4)_2$ 的复盐沉淀，然后用过滤法除去。Cu^{2+} 的质量浓度超过 0.02g/L 时，氧化膜上会出现暗色条纹和斑点，可以用铅作电极，阴极电流密度控制在 0.1 ~ 0.2A/dm^2，使铜在阴极析出。

当其他条件不变时，提高硫酸浓度将提高电解液对氧化膜的溶解速度，使氧化膜的生长速度较慢、孔隙多、弹性好、吸附力强、染色性能好，但膜的硬度较低。降低硫酸浓度，则氧化膜生长速度较快，而孔隙率较低、硬度较高、耐磨性和反光性良好。

（二）阳极氧化电源

传统的阳极氧化电源采用直流电（DC）氧化电源，在某些情形下脉冲电流（PC）氧化电源更具优势，如生产比较厚的或硬度比较高的阳极氧化膜。交流电（AC）阳极氧化和交直流叠加（AC+DC）阳极氧化，在当前工业方面的应用还很少。直流阳极氧化中稳定的直流电，虽然可以由蓄电池或直流发电机提供，但是这并不是理想的电源，在工业中很少采用。通常，工业上采用 SCR（可控硅）控制或滑动电刷自动变压器控制的整流器提供直流电。最常用的脉冲阳极氧化的电压波形是单向方波脉冲，由于电流回复效应，既保证短时间的高电流密度使阳极氧化膜高速生长，又有利于低电流密度时焦耳热从膜层的散失，防止膜烧损，最适合于压铸铝合金的阳极氧化厚膜的形成。因此，在硬质阳极氧化方面，脉冲电源可以显示其独特的优越性。在建筑铝型材阳极氧化时，除非生产厚度大于 20μm 的厚氧化膜，才可能显示脉冲阳极氧化的优越性，因此，在我国铝型材生产中脉冲阳极氧化没有被大量选用。

（三）氧化电压

阳极氧化电压决定了阳极氧化膜的结构，也就是决定了氧化膜的性能。在控制电压（即恒电压）阳极氧化时，外加电压高则电流密度也高，阳极氧化膜的生长速度也随之加快。阳极氧化电压首先与铝合金类型有关，在 165g/L 硫酸槽液、25℃和 1.2A/dm2 电流密度下，6063-T5 和 5052 铝合金的电压为 13 ~ 14V，6061-T6 和 3003 铝合金的电压为 14 ~ 15V，而 2014-T6 和 2024-T3 铝合金的电压则为 17 ~ 18V。同时电压还与电解质类型、电解槽校浓度、铝离子浓度、槽液温度及搅拌等因素有关。一般条件下，硫酸溶液的电压约为 15V，磷酸溶液的电压约为 20V，而铬酸溶液的电压则大于 20V。在草酸槽液中阳极氧化，外加电压已经从硫酸溶液中不到 20V 增加到 50V 左右。当然，称微弧氧化的电压可能达到几百伏，此时外加电压并不是单一电化学反应的结果，而是物理的火花放电过程与电化学过程的共同作用。

（四）电流密度

控制电流（也称恒电流）直流阳极氧化是最普遍、最常用的方法，因为电流密度与时间直接控制阳极氧化膜的厚度。在相同条件下，提高电流密度，氧化膜的生长速度加快、孔隙率高、易于染色，而且硬度及耐磨性也有所提高。反之，减小电流密度，膜的生长速度减慢，但生成的膜层相当致密。单纯用提高电流密度来加快氧化膜的生长速度和增加厚度是有限的，当达到极限值时。氧化膜的生长速度不再提高。这是因为电流密度太高时，电流效率下降，同时由于热效应会使电解液温度升高，对膜的溶解速度加快，因此，一般阳极电流密度应控制在 0.8 ~ 1.5A/dm^2，硬质阳极氧化电流密度可以高达 3A/dm^2 在生产过程中允许电流在 5% 的范围内波动。

（五）搅拌

阳极氧化槽搅拌的目的是有利于阳极氧化膜的散热，阳极氧化过程中电流通过膜层产生的热必须散出去。工业化批量生产通常将槽液机械循环到槽外，通过换热器冷却再用泵打回槽内，同时槽内再进行空气搅拌可以便槽液成分和温度更加均匀，而且更有助于阳极氧化膜的散热。近年有报道称，将空气搅拌改进为空气微泡搅拌，可以加强散热，提高阳极氧化膜的生长速度。槽液循环原则上不能代替空气搅拌，两者同时使用效果更好，我国和欧洲通常同时采用槽液循环和空气搅拌两种方法。日本学者的观点有些不同，他们认为空气搅拌使槽液中含有大量空气泡，增大槽液的电阻从而使能耗增加，另外，还可能由于在工件表面上积聚空气泡，造成阳极氧化膜的点缺陷，因此他们并不主张进行空气搅拌。日本学者的意见也是不无道理的，因此不必强求硬性规定，应该根据生产的具体情况决定取舍才更加合理。

（六）合金成分

一般情况下，铝合金元素的存在都使氧化膜的质量下降。例如，含铜量较多的铝合金的氧化膜上缺陷较多；含硅铝合金的氧化膜发灰发暗。在同样的氧化处理条件下，在纯铝上获得的氧化膜最厚、硬度最高、抗蚀性最好。

四、镁及镁合金的阳极氧化工艺

镁合金的阳极氧化既可以在碱性溶液中进行，也可以在酸性溶液中进行。在碱性溶液中，氢氧化钠是这类阳极氧化处理液的基本成分。在只含有氢氧化钠的溶液中，镁合金是非常容易被阳极氧化成膜的，膜的主要成分是氢氧化镁，它在碱性介质中是不溶解的。但是，这种膜层的孔隙率相当高，在阳极氧化过程中，膜层几乎随时间呈线性增长，直至达到相当高的厚度。由于这种膜层的结构疏松，它与基体结合不牢。防护性能很差，所以在所有研究的电解液中，都添加了其他组分，以求改善膜的结构及其相应的性能。添加的组分有碳酸盐、硼酸盐、磷酸盐、氟化物和某些有机化合物。碱性的阳极氧化处理液获得实际应用的并不多，但报道的却不少，具有代表性的为 HAE 法。它是在氢氧化钾溶液中添加了氟化物等成分。酸性阳极氧化法以 Dow-17 法为代表。镁合金的阳极氧化工艺分为普通阳极氧化工艺和微弧阳极氧化工艺。

（一）普通阳极氧化经典工艺

普通阳极氧化经典工艺有 Starter 工艺、U.S.Pat 工艺、DOW-17 工艺、HAE 工艺。

1. HAE 法

HAE 法（碱性）适用各种镁合金，其溶液具有清洗作用，可省去前处理中的酸洗工序。溶液的操作温度较低，需要冷却装置，但溶液的维护及管理比较容易。HAE 法的膜由 $MgAl_2O_4$、MgO 组成。

采用该工艺时需注意以下几点。

①镁是化学活性很强的金属，故阳极氧化一旦开始，必须保证迅速成膜，才能使铝基体不受溶液的浸蚀。溶液中氟化物和氢氧化铝就是起促使镁合金在阳极氧化的初始阶段迅速成膜的作用。

②在阳极氧化开始阶段，必须迅速升高电压，维持规定的电流密度，才能获得正常的膜层。若电压不能提升，或者提升后电流大幅增加而降不下来，这表示镁合金表

面并没有被氧化生成膜，而是发生了局部的电化学溶解，出现这种现象，说明溶液中各组分含量不足，应补充。

③高锰酸钾主要对膜层的结构和硬度有影响，使膜层致密提高显微硬度；若膜层的硬度下降，应考虑补充高锰酸钾。当溶液中高锰酸钾的含量增加时，氧化过程的终止电压可以降低。

④用该工艺所得的膜层硬度很高，耐热性、耐蚀性及与涂层的结合力均良好，但膜层较厚时容易发生破损。

⑤氧化后可在室温下的 20g/L 重铬酸钾、100g/L 氟化氢铵溶液中浸渍 1 ~ 2min，进行封闭处理，中和膜层中残留的碱液，使它能与漆膜结合良好，并还可提高膜层的防护性能。另外，也可用 200g/L 氢氟酸来进行中和处理。

2. Dow-17 法

Dow-17 法（酸性），尽管目前提出的酸性电解液比碱性的要少得多，但目前广泛采用的是属于这一类的电解液，Dow-17 是其中有代表性的工艺，该工艺也适用于各种镁合金，与 HAE 法相类似，溶液也具有清洗作用。镁合金氧化膜的微观结构类似于铝的阳极氧化膜，是由垂直于基体的圆柱形孔隙多孔层和阻挡层组成，膜的生长包括在膜与金属基体界面上镁化合物的形成，以及膜在孔底的溶解两部分。Dow-17 法的膜由 $MgCr_2O_4$、Cr_2O_3、$MgFPO_4$ 组成。

采用该工艺应注意以下几点。

①该工艺可以使用交流电，也可以使用直流电，前者所需设备简单，使用较为普遍，但阳极氧化所需的时间约为直流氧化的 2 倍。电流密度为 0.5 ~ 5.0A/dm2 时，操作温度在 70 ~ 80℃。

②当阳极氧化开始时，应迅速将电压升高至 30V 左右，此后要保持恒电流密度并逐渐升高电压。阳极氧化的终止电压，视合金的种类及所需膜层的性质而定。一般情况下，终止电压越高，所得的膜层就越硬。例如，终止电压为 40V 左右时，所得的膜层为软膜；60 ~ 75V 时为轻膜；75 ~ 95V 时为硬膜。

③用该工艺所得的膜层硬度略低于 HAE 法所得膜层的，但膜的耐磨性和耐热性能均为良好。膜薄时柔软，膜厚时易产生裂纹。

④用该工艺处理的工件若在恶劣环境下使用时，表面可涂有机膜。可用 529g/L 水玻璃，在 98 ~ 100℃的温度下进行 15min 的封闭处理，以提高其防护性能。

⑤因该工艺所得氧化膜属于酸性膜，故不需要做中和处理。

（二）镁及镁合金微弧氧化

随着环保要求的提高，以及使用环境的多样化，传统阳极氧化已经不能满足一些特殊要求。美、德、英等国在 20 世纪 70 年代便着手开发镁合金的微弧阳极氧化处理工艺，其特点为应用成本与硬质阳极氧化差不多、前处理简单、环境良好、易于修复、对复杂形状工件及受限通道可以形成均匀的膜层，而且尺寸变形小、耐腐蚀性良好。新型的镁合金微弧氧化工艺是在阳极氧化基础上发展起来的，比较经典的有以下5种工艺。

1.Keronite工艺

Keronite工艺采用弱碱电解液。Keronite膜是一种氧化硅酸盐化合物，其中，含有一种由水晶金相变位后形成的较软的氧化物。正是这种物质使Keronite膜拥有高硬度、耐疲劳、抗冲击等优点，同时还具有高可塑性的优点。Keronite膜层分为3层结构：最外层为多孔陶瓷层，可以作为复合膜层的骨架；中间层基本无孔，具有保护作用；内层是极薄的阻挡层。膜层总厚度10 ~ 80μm、硬度达4000M ~ 6000MPa。

2.Magoxid工艺

Magoxid工艺由德国AHCGMBH公司开发。工艺采用磷酸－氢氟酸－硼酸的混合溶液，同时还用尿素、乙二醇、丙三醇等有机物作为稳定剂。形成的膜层具有较好的耐蚀性和抗磨性，可以进行涂装，涂干膜润滑剂或含氟高聚物。膜层同样可分为3层，总厚度一般在15 ~ 25μm，最厚可达50μm。

3.Tagnite工艺

TagniteI艺是在碱性溶液中利用特殊波形在镁合金表面生成白色硬质氧化物。Tagnite涂层厚度为3 ~ 23μm，标准盐雾腐蚀实验时间可达400h。电解液的组成为：5 ~ 7g/L氢氧化物、8 ~ 10g/L氟化物、15 ~ 20g/L硅酸盐。Tagnite膜对镁合金表面涂装有很好的附着性，氧化膜与基体的结合力是目前最好的。

4.Microplasmic Process工艺

Microplasmic ProcessI艺由Microplasmic公司开发，处理镁合金微等离子体的电解液为氯化铵溶液，或为含有氢氧化物和氟化物的溶液。膜层主要由镁的氧化物和少量表面沉积了硬的烧结的硅酸盐组成。该法可以实现大多数方法不能很好完成的内部表面的涂层。

5.Anomag工艺

Anomag工艺处理的优点是可对镁合金阳极膜层进行染色。因为使用了氨水，所以火花放电受到抑制，无需冷却设备。同时，向电解液中加入不同成分的添加剂可以改变膜层的透明度。槽液成分、温度、电流密度和处理时间会影响膜层的厚度。Anomag工艺与粉末涂装结合效果好，膜层的孔隙分布比较均匀，膜层的粗糙度、耐蚀性及抗磨性是现有几种微弧氧化处理工艺中最好的。

五、铜及铜合金的阳极氧化

铜和铜合金在氢氧化钠溶液中阳极氧化可得黑色氧化铜膜层。膜层薄而紧密，与基底的结合力好，基本不会改变工件的尺寸，所以一般用作防护装饰涂层，应用在仪器、仪表的制作上。

铜和铜合金在碱液中氧化成膜，一般认为是电化学步骤和化学步骤相继串联进行的过程。在氧化的初级阶段，氢氧根在阳极放电，析出的氧和铜作用使其表面生成氧化亚铜。氧化亚铜膜覆盖在铜表面，使得铜的电极电位升高，于是发生二价铜的溶解，并在紧靠电极表面的溶液中生成铜酸钠，即氢氧化亚铜在浓氢氧化钠溶液中的溶解产物。该化合物通过水解反应，便会生成二次产物氧化铜。这样黑色膜层的形成被认为是氧化铜自电极－溶液界面的过饱和溶液中结晶析出的过程，即在生成铜酸钠化合物后，随后的过程就与化学法自溶液中获得转化膜的过程完全相同了。铜在碱溶液中阳极氧化时，氢氧化钠的浓度、电流密度和温度对氧化膜的厚度和结构都有一定的影响，其所造成的影响也可以通过机制进行解释。例如，随着溶液中的氢氧化钠浓度的升高，氧化铜的溶解度增大，晶核数减少，所形成的膜层疏松多孔。

比斯台克（Biestek）指出上述氧化机制过于简单，忽视了假设生成的氢氧化铜或铜酸钠的物理化学性质。实际氧化膜的形成，则应该是金属表面上直接发生阳极反应的结果：

$$2Cu + 2OH^- \longrightarrow Cu_2O + H_2O + 2e^-$$

$$Cu_2O + 2OH^- \longrightarrow 2CuO + H_2O + 2e^-$$

即铜在氢氧化钠溶液中的氧化过程，纯属电化学过程。

铜和铜合金的阳极氧化的电解液很简单，只有氢氧化钠一种化合物。当温度和电流密度不变时，高浓度的氢氧化钠所形成的氧化膜较厚，但随着氧化时间的延长，则会生成粗糙疏松的膜层；当氢氧化钠的浓度低时，所形成的膜层较薄，且电流密度所允许的范围变窄，表面电流分布不均，所形成的膜层的厚薄不均一，在电流密度大的区域形成厚的黑色膜层，在电流密度小的区域所形成的膜较薄，能够看到基底的红色。因此，要得到最佳的氧化层，电解液中氢氧化钠的含量一般为 15% ~ 20%。

电解液温度一般为 80 ~ 90℃，有时可以高达沸点。较高的温度与高浓度氢氧化钠对氧化膜的影响情况类似，高温同样能够提高电流密度的施加范围。当温度过低，低于 60℃时，所形成的氧化膜含氢氧化物，膜层呈现绿色。

允许用的电流密度范围与上述的两个因素有关，高温和高浓度电解液能够施加的电流较大，反之亦然。合适的电流密度范围为 0.5 ~ 1.5A/dm^2。大电流密度能够缩短氧化时间。

第三节　氧化层的着色

一、铝及其合金阳极氧化层的着色

阳极氧化后得到的新鲜氧化膜，可以进行着色处理，这样既美化了氧化膜外观，又可提高抗蚀能力。纯铝、铝镁和铝锰合金的氧化膜易染成各种不同的颜色，铝铜和铝硅合金的氧化膜发暗，只能染成深色。

着色必须在阳极氧化后立即进行，着色前应将氧化膜用冷水仔细清洗干净。氧化膜的染色方法有浸渍着色、一次电解着色和二次电解着色等。

（一）浸渍着色

将阳极氧化后的铝制品浸渍在含有染料的溶液中，则多孔层的外表面能吸附各种染料而呈现出染料的色彩。这是因为阳极氧化膜具有巨大的比表面积和化学活性，氧化膜（$Al_2O_3 \cdot H_2O$）靠对色素体的物理吸附和化学吸附，将色素体吸附于多孔层的孔隙内而显色，故亦称染色，通常称作吸附染色。染料有有机染料和无机染料。在染色液和电解液不发生相互作用的情况下，可采用两者的混合液，在进行阳极氧化的同时染上颜色。吸附染色的氧化膜必须是无色透明的，并具有一定的孔隙率和吸附性，厚度适当，晶体结构上无重大差别，如结晶粗大或偏析等。业已证明，硫酸阳极氧化膜孔隙多、吸附性强、膜层无色透明，易染成各种鲜艳的色彩。草酸阳极氧化膜带黄色，只能染成偏深色。铬酸氧化膜孔隙少，膜本身又呈灰色或深灰色，而且膜薄不易染色。

染色前，最好用氨水中和氧化膜孔内的残留酸液，然后用冷水仔细清洗干净。切忌用热水清洗，不能用于抚摸氧化膜，任何油污和液体吸附在氧化膜表面都会影响染色质量。吸附染色处理是把有机染料（分为水溶性的和油溶性的）或无机染料渗入并吸附于铝氧化膜孔隙。从染色牢度，上色速度，颜色种类，操作简便及色彩鲜艳程度等方面比较，有机染料比无机颜料优越得多。有机染料染色可得到高度均匀和再现性好且色调范围宽广的各种颜色，但是有机染料的耐光保色性能没有无机颜料好。

适用于铝氧化膜着色的有机染料很多，主要包括酸性染料、活性染料和可溶性还原染料等。

配制染色的水最好用蒸馏水或去离子水而不用自来水，因为自来水中的钙、镁等离子会与染料分子络合形成络合物，使染色液报废。染色槽的材料最适宜用陶瓷、不锈钢或聚丙烯塑料等。

通常采用无机颜料着色的氧化膜色调不如有机染料着色鲜艳且结合力差，但耐晒性好得多，故可用于室外铝合金建筑材料氧化膜的着色。

采用无机颜料着色时所用溶液分为两种，这两种溶液本身不具有所需颜色，只有在氧化膜孔中起化学反应后才能产生所需色泽。

着色时，先把氧化好的铝及其合金制品用清水洗净，立即浸入溶液①中10 ~ 15min，取出用水清洗一下，即浸入溶液②中1 ~ 15min。此时，进入膜孔中的两种盐发生化学反应生成所需要的不溶性有色盐。取出后用水洗净，在60 ~ 80℃烘箱内烘干。

如果制件所着颜色较浅，可在烘干前重复进行着色。

无机盐着色最好在40 ~ 60℃下进行，这时不仅着色速度快，而且牢度提高。

（二）一步电解着色法

某些特定成分的铝合金在特定的电解液中进行阳极氧化，同时还能着上不同的颜色，这种方法称作整体着色或整体发色法，也称一步电解着色法或自然发色法。

①铝和铝合金（含有硅、铬、锰等）在电解液中经阳极氧化处理直接产生有颜色的氧化膜。这种电解液常含有特殊的有机酸和少量的硫酸等化合物。有机酸通常是磺化芳香族化合物，其中应用最多的是磺基水杨酸和磺基苯二酸等。

②一步电解着色法的机制比较复杂，同时受许多因素的影响，如电解液的成分、电流波形、电流密度、电压、温度、时间等电解参数，以及合金成分和热处理状态等，所以很难得出一致的见解。多数研究者认为合金中的成分通过嵌入整个氧化膜组织的微细粒子对光的散射和吸收而显色。颜色范围是浅青铜色—深青铜色—黑色。这些发色微粒是基体材料的成分即非氧化态的金属粒子或是有机酸的分解产物。颜色的深浅与氧化膜的厚度有关。

③一步电解着色法的优点是工艺简单、成膜带色、对环境无污染。其产品具有极好的耐光性、耐候性和高硬度的青铜色系氧化膜，广泛地应用于户外建筑、工艺美术、医疗器材等方面的铝制品表面精饰。它的缺点是需要高电压和大电流、耗电量大，而且必须要用离子交换装置连续净化电解液，防止槽液中Al^{3+}过多增加。另外，有机酸的价格也较昂贵，因此整体着色法成本十分昂贵。

氧化膜的色泽深浅取决于它的厚度，而厚度又与电解液中主要有机酸（如磺基水杨酸）的浓度、电流密度、电压及氧化时间等因素有关。对于浓度相近的电解液，在相当长的一段时间内，通相近的恒电流，其槽电压（主要阳极电位）基本不变。随着电解的进行电压升高，当电压升高到额定值（视需要的颜色深浅而定）时，转为恒电压阳极氧化，直至电流降低到零，如此可以获得均一、重现性良好的青铜系氧化膜。

（三）二步电解着色

铝和铝合金的电解着色是把经过阳极氧化的制件浸入含有重金属盐的电解液中，通过交流电作用，发生电化学反应，使进入氧化膜微孔中的重金属离子还原为金属原子，沉积于孔底阻挡层上而着色。由于各种电解着色液中所含的重金属离子的种类不同，在氧化膜孔底阻挡层上沉积的金属种类也不同，粒子大小和分布的均匀度也不相同，因此，对各种不同波长的光发生选择性的吸收和反射，从而显出不同的颜色。用电解着色工艺得到的彩色氧化膜具有良好的耐磨性、耐晒性、耐热性、耐腐蚀性和色泽稳定持久等优点，目前在建筑装饰用铝型材上获得了广泛应用。

电解着色法基本原理如下。

阳极氧化膜阻挡层，即 Al_2O_3 具有单向导电的半导体特性。当阳极氧化后在含有金属离子的溶液中进行交流电解时，氧化膜起整流作用，即当铝电极作阳极时类似于普通阳极氧化，电极上发生氧化膜的形成和生长过程；当铝电极作阴极时氧化膜相当于电子导体，此时氧化反应停止，而金属的还原反应取而代之，结果多孔层的膜孔底部沉积金属。

电解着色的色调依沉积金属或金属氧化物种类及沉积量而异，除了金属具有的特征色外，还和金属颗粒大小、形态和粒度分布等有关。如果颗粒大小处于可见光波长范围，则颗粒对光波有选择性吸收或漫反射，因而可以获得不同的色调。

国内不少厂家生产有各种牌号用作氧化膜电解着色的稳定剂、促进剂和发色剂。

在电解着色过程中，重金属主盐浓度应控制在工艺范围内，过低不易在膜孔中着上颜色，过高则容易产生浮色，很容易脱落。温度一般控制在 20 ~ 35℃较为适宜，过低着色速度慢，只能着较浅的颜色；过高（高于 40℃）则着色速度太快，易产生浮色。交流电压低，着色较浅；提高电压可以加深着色深度，因此，在同样条件下，改变电压就可以在氧化膜微孔内分别着上多种不同的单色。

在着色液的浓度、pH、温度和交流电压都相同的条件下，随着电解着色时间的逐步延长，就可以在上述氧化膜的微孔内分别着上由浅到深的不同单色。

电解着色的表面具有与硫酸阳极氧化膜相同的硬度和耐磨等性能，这是因为在孔隙内沉积的金属粒子对氧化膜结构的影响很小。电解着色的膜层在 550℃放 1h，没有严重损失。这是因为色素体是无机物，不易受热氧化分解。同样，膜层耐紫外线照射性能极佳，也是因为色素体是无机物且又沉积在膜层孔隙底部，所以特别耐光晒。电解着色中增加了阻挡层的厚度，所以提高了膜层的耐蚀性。但它的缺陷性（孔蚀点）比吸附染色膜大，也与电解着色时阻挡层的增厚有关。

在交流电解着色液配制时应注意以下几点。

①必须避免异种铝材同时吊挂。

②要用与处理制品相同的材质或铁材作吊挂夹具。

③严格控制着色后清洗水的 pH。

④对于镍盐溶液，如果一次电解液中的 Al^{3+} 含量过多和电解后的水洗时间过长，则容易产生着色膜的剥离。

⑤锡盐溶液中如有 Sn^{2+} 氧化沉淀物，则可引起着色不均，所以要设置过滤器。

⑥因为在直流电解法中可能会从硫酸电解后的漂洗水中带进杂质使着色困难，所以在着色前必须用纯水清洗。

影响着色膜质量的因素包括以下几点。

1. 金属盐

电解着色中的色素体来源于金属盐，其浓度太低，不易上色；浓度过高，会出现浮色或容易脱色。国内常用的金属盐有镍盐和锡盐或它们的混合盐。由于金属离子是通过多孔层孔隙后才能还原，故沉积反应往往受扩散控制。因此从动力学角度看，金属盐浓度高一些为好，但考虑到工件对溶液的带出量，金属盐含量一般控制在中等浓度。镍盐浓度一般为 0.10 ~ 0.15mol/L，锡盐浓度为 0.02 ~ 0.03mol/L。

2. 硫酸

硫酸在电解液中起防止盐类水解和导电作用。若电解液中不加一定量的酸，则容易发生金属氢氧化物的沉淀，着色膜呈灰色；若加酸过量，着色速度慢且色泽变暗。硫酸质量浓度一般控制在 15 ~ 20g/L。

3. 硼酸

硼酸在电解液中起缓冲作用，调节溶液 pH，主要在镍盐溶液中使用。镍盐溶液的 pH 一般维持在 4 以上。如果没有缓冲剂，镍往往以镍的氢氧化物形式析出，故外观色泽受到影响。硼酸质量浓度以 30 ~ 35g/L 为宜。

4. 甲酚磺酸

它是锡溶液中的稳定剂。SN^{2+} 溶液长时间与空气接触时，Sn^{2+} 氧化成 Sn^{4+} 而变黄，并对着色带来不良效果。因此，在溶液中加入一定量的甲酚磺酸或草磺酸等 SN^{2+} 的络合剂，以稳定溶液。

5. 电压

交流电压和着色速度及外观色泽有关。在不同电压下，可以获得不同的单色。一般情况下，当其他条件不变只改变电压时，随着电压的上升，着色速度加快，色泽也变深。

6. 时间

其他条件不变只改变电解时间，也能获得各种不同的单色。一般随电解时间的延长，着色膜色泽由浅变深。

二、镁合金阳极氧化层的着色

镁阳极氧化膜的孔隙与阻挡层的断裂和随后的氧化行为有关，孔隙大且无规则。镁的阳极氧化膜是不透明的，其孔隙更大，而且分布不均匀。它会被酸迅速腐蚀，因此许多应用于铝阳极氧化的着色方法，不适用于镁阳极氧化膜层的着色。镁的阳极氧化膜的着色，传统上是采用油漆或粉末涂层。由于粉末涂层需要烘烤固化，在涂装过程中，当温度超过粉末涂层的固化温度（即200℃）时，铸件将产生脱气问题，导致粉末涂层起泡。应采用降低固化温度，减小气泡的粉末涂装工艺。

微弧氧化着色技术的原理简单概括为将被处理的镁合金制品作阳极，使被处理样品表面在脉冲电场的作用下，产生微弧放电，在基体上生成一层与基体以冶金形式相结合的包含氧化镁和着色盐化合物的陶瓷层。微弧氧化的着色原理是有色溶液中的金属盐在电解液里直接参与电化学反应和化学反应。通过添加发色成分使微弧氧化膜色彩具有多样性，氧化膜的颜色取决于陶瓷膜的成分。从陶瓷发色原理来讲，陶瓷膜的发色成分是以分子或离子的形式存在，可以是以简单离子着色，如本身带有颜色的金属离子 Cu^{2+}、Fe^{3+}，也可以是以复合离子着色。一些含有不稳定电子层的元素，如过渡族元素、稀土元素等，它们区别于普通金属的一个重要特征是它们的离子和化合物都呈现颜色。例如，CO^{3+} 能吸收橙光、黄光和部分绿光，略带蓝色；Ni^{2+} 能吸收紫光、红光而呈紫绿色；Cu^{2+} 能吸收红光、橙光、黄光和紫光，让蓝光、绿光通过，呈现蓝色；Cr^{3+} 能吸收红光、蓝光而现绿色。其化合物的颜色多取决于着色离子的颜色，只要着色离子进入膜层，膜层的颜色就由该离子或其化合物的颜色来决定。某些离子，如 Ti^{4+}、V^{5+}、Cr^{6+}、Mn^{2+} 等本身是没有颜色的，但它们的氧化物和含氧酸根的颜色却随着离子电荷数的增加而向短波长的方向移动：TiO_2 白色，V_2O_5 橙色，CrO_3 暗红，Mn_2O_7 绿紫，TiO^{2+} 无色，VO^{3-} 黄色，CrO_4^{2-} 黄色，MnO^{4-} 紫色。由于在微弧氧化过程中，电解液中的成分可直接参与反应而成为陶瓷膜的组分，因此通过在电解液中添加某些可调整膜层色彩的成分，并结合工艺参数的调整，可以改变膜层色彩。

第四节　阳极氧化的应用

一、炊具用品

对铝制的锅和水壶等黑色表面的炊具，其阳极氧化膜可以在 6 ~ 10μm 硫酸阳极氧化膜上，通过二次电解着色得黑色。例如，电饭煲的内釜、金属铝板的内表面涂覆氟碳树脂的“不黏性”内胆，而外表面进行黑色阳极氧化膜处理。将电饭煲外表面的黑色阳极氧化膜与银白色金属（原铝）比较，黑色处理电饭煲内水的温度在相同功率加热相同时间，温度比较高。表明水温升高可以节约大约 10% 的时间，也可以说节省了 10% 的电。

硬质阳极野餐锅是传统炊具在这一工艺中的应用，硬质阳极氧化生产的锅经久耐用，硬度是不锈钢的两倍。野餐锅使用寿命长，耐腐蚀、耐磨损。在极高的温度下不会损坏。这种阳极氧化过程起源于饮食业应用的发展。厨师们想要一个一天能经受无数次烹饪的锅。消费者希望炊具耐用、美观。

硬质阳极氧化野餐锅的颜色非常漂亮，各方面都能满足消费者的要求。标准的硬质氧化野餐锅接近无孔。这意味着食物很少粘附在物质表面。

硬质阳极氧化铝具有与传统铝相同的原子排列。这意味着，同样底部不粘表面可以很容易地绑定到阳极氧化野餐锅。其优点是优于标准铝锅的组合，用标准铝制成的普通野餐锅在使用一段时间后，不粘涂层将开始分解。食物分解成小块后，就会接触到铝。

这种接触产生新的化学反应，加速不粘表面的分解。这种情况不会发生在硬质阳极氧化表面，因此表面极其坚硬且不易破碎。它不仅像硬质金属野餐壶一样耐用，而且还可以保持铝制的井。例如，铝是很好的导热体。因为罐子的核心仍然是软铝，所以食物可以煮得很熟。

二、电子部件

目前，能量转换体系冷却用的铝热沉已得到了广泛的应用。如果电解着色成黑色表面，则会更加有效地发散热量。为了散发积蓄的热量，目前表面处理采用硫酸阳极氧化膜染成黑色膜的方法，为了确保黑色膜的均匀性，阳极氧化膜的厚度不能小于10μm。然而阳极氧化膜的热导率很低，如此厚的阳极氧化膜是不合适的。为了改善这种情况，将几微米厚的阳极氧化膜电解着色成黑色更有效。

电解着色可以提供非常均匀的黑色，即使阳极氧化膜只有几微米厚。此外，锡盐电解着色具有优良的分布能力，即使梳子形状的制品也能得到均匀的颜色。在某种程度上，阳极氧化膜的微孔中析出的金属也会改进热导率。

比如，在消费电子产品领域，就利用了铝合金阳极氧化膜的多孔性，可以吸附染料，从而可以实现多种外观颜色，赋予铝合金良好的装饰性。

基于这点，铝合金从此被广泛用于电子产品的外观零件，这个具有代表性的事件是苹果公司发布的 iPhone 5，由于在结构上采用了 Unibody（一体成型技术），“铝合金 + 阳极氧化”这套组合拳才被大众熟知。特别是在后续的 iPhone 6 到 iPhone 8 这几年时间的手机产品（当然还包括 iPad、iMac 等苹果系的其他产品），采用了真正的铝合金一体机身，铝合金作为外观零件所占的比例达到了顶峰。同时期的其他手机厂商，基本上也受这波潮流的影响，纷纷跟进。

在当时，把“铝合金 + 阳极氧化”这种工艺大规模应用在消费类电子产品上可谓是人类首次，相对于上一代的采用不锈钢 + 玻璃作为外观件的 iPhone 4/iPhone 4S，由于重量减轻了，即使长时间握持也不会感觉疲劳，同时因兼具金属细腻的质感，而当时其他大部分厂商还在采用塑胶外壳，铝合金外壳成为了当时高端的代名词，虽然当时的iPhone 5因外观未得到太多认可，甚至吐槽，但是毫无疑问的是，铝合金一体成型机身+阳极氧化处理，这一工艺从那个时候开始，不仅在消费者眼里，还是其他手机厂商眼里，都得到的认可和追捧，同时，反过来也促进了行业的发展。

近年来，渐变色的外观比较流行，随着阳极氧化工艺的发展，渐变色阳极氧化工艺逐渐成熟起来。原理很简单，是在阳极氧化后，在染色池中控制着色时间，来进行渐变色的效果实现。

大概过程为：对铝合金工件进行阳极氧化处理，使工件的表面形成含有密集微孔的阳极氧化薄膜；将工件置于第一着色液中，进行第一次着均匀底色处理；接着将工件置于第二着色液中，进行第二次着渐变色处理，并使第二着色液接触工件的时间沿样品着色面预设方向逐渐变化，以使得工件不同位置的阳极氧化薄膜孔内进入的染料分子数量逐渐变化，进入的染料分子越多，颜色也就染得越深，这样就能实现渐变色的效果。

三、运输行业

镁合金和铝合金在交通运输方面体现出很大的优势，由于其具有强度高、密度低等优点，能够在保持安全性的同时大幅降低运输工具自身的重量，从而降低能耗，如飞机的外壳、汽车轮毂、方向盘等都是采用镁合金或铝合金材料。

镁铝合金在使用时，大多情况下都是利用阳极氧化进行预处理，一方面提高自身耐蚀性；另一方面增加外层涂层与基底的结合力，使镁铝合金在应用时不发生腐蚀失效。

除了以上行业用到阳极氧化后的镁铝合金，在其他一些行业，如医疗、能源、建筑行业也经常用到，具有很好的发展前景。

四、用于现代建筑

由于铝合金电解着色工艺的引进，近年来国内电解着色广泛应用于建筑铝型材方面，它不但有适宜建筑色调的古铜色、黑色及红色等，并且铝合金电解着色耐磨度优于一般常规氧化，尤其耐晒度甚佳，20年以上的日晒夜露大气中都不会消色，这是与氧化着色法不可比拟的。电解着色法氧化的铝型材不单可用于建筑门窗，用它做商店柜台、货架等也尤为适宜。

第八章　金属表面缓蚀剂防腐技术

第一节　缓蚀剂防腐技术概述

一、概述

（一）定义

缓蚀剂来自拉丁语 inhibere——抑制，英文为 corrosion inhibitor。在船舶工程中，将缓蚀剂定义为：在腐蚀体系中添加少量即可使金属腐蚀速率降低的物质。而在机械工程中，给出的定义则是：在基体材料中添加少量即能减缓或抑制金属腐蚀的添加剂。从以上对缓蚀剂的描述可以发现，虽然不同行业给出的定义不完全相同，但是有一点是共同的，那就是——少量。也就是说，凡是加入腐蚀体系中能够减缓或抑制金属腐蚀的物质都可以称为缓蚀剂。在美国标准 ASTM-G14-76 中将缓蚀剂定义为：一种当它以适当的浓度和形式存在于环境（介质）中时，可以防止或减缓工程材料腐蚀的化学物质或复合物质。而在实际中，特指那些加入量少，价格便宜又能大大降低金属腐蚀或锈蚀的物质。评价其缓蚀效果的指标一般采用缓蚀率（即缓蚀效率，%）。

$$\text{缓蚀率}=\frac{CR_{\text{无缓蚀}}-CR_{\text{缓蚀}}}{CR_{\text{无缓蚀}}}\times 100\%$$

式中 $CR_{\text{无缓蚀}}$——无缓蚀剂系统的腐蚀速率；

$CR_{\text{缓蚀}}$——有缓蚀剂系统的腐蚀速率。

有时也用抑制系数表示缓蚀效果。

$$抑制系数=\frac{CR_{缓蚀}}{CR_{无缓蚀}}$$

由上式可知，缓蚀率越大，抑制系数也就越大，选择这样的缓蚀剂，效果较好。

如果金属产生孔蚀等局部腐蚀时，则评定缓蚀剂的有效性还需要考虑金属表面的孔蚀密度和孔蚀深度。

（二）工业生产对缓蚀剂的要求

虽然缓蚀剂种类繁多，但是真正能够作为缓蚀剂使用的物质的数量却是有限的，首先因为商品缓蚀剂需要具有较高的缓蚀效率，合理的价格和广泛的来源，而且工业生产对缓蚀剂提出了具体要求，能满足这些要求的物质就更有限。

对接触型缓蚀剂的要求：

①能瞬间产生钝化膜或其他保护膜；

②对界面 pH 值有缓冲作用；

③具有较强的透水能力，能从金属表面置换水分；

④能阻止析氢反应，并防止氢脆现象发生。

对酸洗缓蚀剂的要求：

①不影响腐蚀产物和水垢的溶解；

②酸洗过程中除去氧化物时只析出少量氢气，有利于腐蚀产物从金属表面脱落；

③能抑制钢铁吸收氢的能力，避免钢铁发生“氢脆”；

④抑制酸对金属的腐蚀，防止产生孔蚀。

对大气腐蚀缓蚀剂的要求：

①有固定的、较大的蒸气压；

②当空气湿度增加时，缓蚀性能不发生改变；

③对金属和合金有所要求的保护效果；

④热稳定性好，在工作温度下不会受热分解。

（三）缓蚀剂分类

缓蚀剂种类繁多，缓蚀机理复杂，目前对于缓蚀剂的分类还没有完全统一的方法。

根据缓蚀剂在介质中对金属电化学腐蚀过程的影响分为：阳极型缓蚀剂、阴极型缓蚀剂和混合型缓蚀剂。

1. 阳极型缓蚀剂

阳极型缓蚀剂多为无机强氧化剂，如铬酸盐、钼酸盐、钨酸盐、钒酸盐、亚硝酸盐、硼酸盐等。它们的作用是在金属表面阳极区与金属离子作用，生成氧化物或氢氧化物氧化膜覆盖在阳极上形成保护膜。这样就抑制了金属向水中溶解。阳极反应被控制，阳极被钝化。硅酸盐也可归到此类，它也是通过抑制腐蚀反应的阳极过程来达到缓蚀目的的。阳极型缓蚀剂要求有较高的浓度，以使全部阳极都被钝化，一旦剂量不足，将在未被钝化的部位造成点蚀。

2. 阴极型缓蚀剂

抑制电化学阴极反应的化学药剂称为阴极型缓蚀剂。锌的碳酸盐、磷酸盐和氢氧化物，钙的碳酸盐和磷酸盐为阴极型缓蚀剂。阴极型缓蚀剂能与水中、与金属表面的阴极区反应，其反应产物在阴极沉积成膜，随着膜的增厚，阴极释放电子的反应被阻挡。在实际应用中，由于钙离子、碳酸根离子和氢氧根离子在水中是天然存在的，所以只需向水中加入可溶性锌盐或可溶性磷酸盐。

3. 混合型缓蚀剂

某些含氮、含硫或羟基的、具有表面活性的有机缓蚀剂，其分子中有两种性质相反的极性基团，能吸附在清洁的金属表面形成单分子膜，它们既能在阳极成膜，也能在阴极成膜。阻止水与水中溶解氧向金属表面的扩散，起到缓蚀作用。巯基苯并噻唑、苯并三唑、十六烷胺等属于此类缓蚀剂。

按照化学组成分，缓蚀剂可以分为：无机缓蚀剂、有机缓蚀剂、聚合物类缓蚀剂。

①无机缓蚀剂。无机缓蚀剂主要包括铬酸盐、亚硝酸盐、硅酸盐、钼酸盐、钨酸盐、聚磷酸盐、锌盐等。

②有机缓蚀剂。有机缓蚀剂主要包括膦酸（盐）、膦羧酸、巯基苯并噻唑、苯并三唑、磺化木质素等一些含氮氧化合物的杂环化合物。

③聚合物类缓蚀剂。聚合物类缓蚀剂主要包括聚乙烯类、POCA、聚天冬氨酸等一些低聚物的高分子化学物。

按照介质性质分，缓蚀剂可以分为：水溶性缓蚀剂、油溶性缓蚀剂和气相缓蚀剂。其中水溶性缓蚀剂又可以根据介质的pH值分为中性介质缓蚀剂、酸性介质缓蚀剂和碱性介质缓蚀剂。

按照与金属表面的接触方式分，缓蚀剂可以分为：接触型缓蚀剂和气相缓蚀剂（非接触型）。

①接触型缓蚀剂。绝大多数在水、油、涂料等介质中使用的缓蚀剂都可以作为接触型缓蚀剂使用，包括已知的具有气相缓蚀作用的苯并三氮唑等物质同样也可以作为接触型缓蚀剂使用。

②气相缓蚀剂（非接触型）。主要是指那些具有一定饱和蒸气压，挥发到金属表面可以与金属表面的金属原子（离子）反应的物质，还包括一部分自身虽然不挥发，但是却是复合型气相缓蚀剂配方中不可或缺的成分的物质，如亚硝酸钠，自身不挥发，但是在目前国内外比较成熟的气相缓蚀剂配方中几乎都存在。因为缺少了亚硝酸钠，其他组分的作用就无法充分发挥，其中的原因还没有得到充分的证实。对于有效的气

相缓蚀剂来说，迅速起效和持续提供长时间的保护是理想的，这两种性质取决于气相缓蚀剂组分的挥发性，当然，二者对于挥发速率的要求是相反的，所以在实际中，为了使气相缓蚀剂能够同时具备这两种性质，一般采取复合型气相缓蚀剂，在配方中既有挥发很快的组分，也有挥发速率较小的组分，二者相辅相成，具有协同效果。

按照保护膜的类型分，缓蚀剂可分为氧化膜型缓蚀剂、沉积膜型缓蚀剂和吸附膜型缓蚀剂。

①氧化膜型缓蚀剂。铬酸盐、亚硝酸盐、钼酸盐、钨酸盐、钒酸盐、正磷酸盐、硼酸盐等均被看作氧化膜型缓蚀剂。铬酸盐和亚硝酸盐都是强氧化剂，无需水中溶解氧的帮助即能与金属反应，在金属表面阳极区形成一层致密的氧化膜。其余的几种，或因本身氧化能力弱，或因本身并非氧化剂，都需要氧的帮助才能在金属表面形成氧化膜。由于这些氧化膜型缓蚀剂是通过阻抑腐蚀反应的阳极过程来达到缓蚀的，能在阳极与金属离子作用形成氧化物或氯氧化物，沉积覆盖在阳极上形成保护膜。以铬酸盐为例，它在阳极反应形成 Cr（OH）；和 Fe（OH）$_3$，脱水后成为 CrO_3 和 Fe_2O_3 的混合物（主要是 γ-Fe_2O_3）在阳极构成保护膜。因此有时又被称作阳极型缓蚀剂或危险型缓蚀剂，因为它们一旦剂量不足（单独缓蚀时，处理 1L 水，所需剂量往往高达几百、甚至过千毫克）就会造成点蚀，使木来不太严重的腐蚀问题，反而变得更加严重。氯离子、高温及高的水流速都会破坏氧化膜，故在应用时，要根据工艺条件，适当改变缓蚀剂的浓度。硅酸盐也可粗略地归到这一类里来，因为它主要也是通过阻抑腐蚀反应的阳极过程来达到缓蚀的。但是，它不是通过与金属铁本身，而可能是由二氧化硅与铁的腐蚀产物相互作用，以吸附机制来成膜的。

②沉淀膜型缓蚀剂。锌的碳酸盐、磷酸盐和氢氧化物，钙的碳酸盐和磷酸盐是最常见的沉淀膜型缓蚀剂。由于它们是由锌、钙阳离子与碳酸根、磷酸根和氢氧根阴离子在水中与金属表面的阴极区反应而沉积成膜，所以又被称作阴极型缓蚀剂。阴极缓蚀剂能与水中有关离子反应，反应产物在阴极沉积成膜；以锌盐为例，它在阴极部位产生 Zn（CH）$_2$ 沉淀，起保护膜的作用。锌盐与其他缓蚀剂复合使用可起增效作用，在有正磷酸盐存在时，则有 Zn_3（PO_4）$_2$ 或（ZN_2Fe）$_3$（PO_4）$_2$ 沉淀出来并紧紧黏附于金属表面，缓蚀效果更好。在实际应用中，由于钙离子、碳酸根和氢氧根在水中是天然存在的，一般只需向水中加入可溶性锌盐（例如：硝酸锌、硫酸锌或氯化锌，提供锌离子）或可溶性磷酸盐（例如：正磷酸钠或可水解为正磷酸钠的聚合磷酸钠，提供磷酸根），因此，通常就把这些可溶性锌盐和可溶性磷酸盐叫作沉积膜型缓蚀剂或阴极型缓蚀剂。这样，可溶性磷酸盐（包括聚合磷酸盐）就既是氧化膜型缓蚀剂，又是沉积膜型缓蚀剂。另外，一些含磷的有机化合物，如有机磷酸（盐）、有机磷酸酯和有机磷羧酸，也可归到这类缓蚀剂中，大约与其最终能水解为正磷酸盐不无关系。由于沉淀型缓蚀膜没有与金属表面直接结合，而且是多孔的，往往出现在金属表面附着不好的现象，缓蚀效果不如氧化型膜。

③吸附膜型缓蚀剂。吸附膜型缓蚀剂多为有机缓蚀剂，它们具有极性基因，可被金属的表面电荷吸附，在整个阳极和阴极区域形成一层单分子膜，从而阻止或减缓相应电化学的反应。如某些含氮、含硫或含羟基的、具有表面活性的有机化合物，其分子中有两种性质相反的基团，即亲水基和亲油基。这些化合物的分子以亲水基（例如氨基）吸附于金属表面上，形成一层致密的憎水膜，保护金属表面不受水腐蚀。牛脂胺、十六烷胺和十八烷胺等这些被称作“膜胺”的胺类，就是水处理中常见的吸附膜型缓蚀剂。巯基苯并噻唑、苯并三唑和甲基苯并三唑这些唑类，是有色金属（尤其是铜）的理想缓蚀剂。它们虽然与铜金属本身作用成膜，但与上述典型的氧化膜型缓蚀剂不同，不是通过氧化，而是通过与金属表面的铜离子形成络合物，以化学吸附成膜的。当金属表面为清洁或活性状态时，此类缓蚀剂能形成缓蚀效果令人满意的吸附膜。但如果金属表面有腐蚀产物或有垢沉积的情况下，就很难形成效果良好的缓蚀膜，此时可适当加入少量表面活性剂，以帮助此类缓蚀剂成膜。

二、缓蚀剂作用机理

缓蚀剂对于金属保护作用的机理是金属腐蚀与防护领域的一个重要的研究课题。目前为止，学术界还没有形成统一的认识。但是，学者们相对比较认可的理论包括如下几方面。

（一）电化学机理

电化学机理认为：金属的腐蚀是由于在金属表面存在进行电化学反应的条件，即具有阴极和阳极。应用缓蚀剂（接触型缓蚀剂或气相缓蚀剂）的作用是切断阴阳两极之间的联系，阻止电化学反应。本书曾以经典的 19 号气相缓蚀剂为对象，研究了碳钢、铝、黄铜等金属的电化学极化曲线，发现其对钢铁材料属于混合型缓蚀剂，对阴极和阳极的电化学反应均有抑制作用。对铝和黄铜属于阳极型缓蚀剂，主要抑制阳极电化学反应。

（二）物理化学吸附机理

物理化学吸附机理即吸附成膜机理，持这种观点者认为：缓蚀剂在金属表面可能发生两种吸附过程，即物理吸附和化学吸附，物理吸附是由金属表面电荷与缓蚀剂离子之间的静电吸附力和范德华力所引起，多数属于阴极抑制型。化学吸附则是由缓蚀剂分子与金属形成配位键所致，是不可逆过程，一般属于阳极抑制型。

缓蚀率通常与吸附缓蚀剂覆盖的表面积百分率（θ）成比例。据研究，在低表面覆盖率时（$\theta < 0.1$），吸附缓蚀剂抑制腐蚀反应的效率可能大于高表面覆盖率时的作用。分子结构对缓蚀剂在金属表面吸附行为有较大影响，这种影响首先取决于官能团的极

性以及极

性基团与金属表面的配合作用。另外，空间位阻、极性基团的数目等也对吸附行为有较大影响，从而影响缓蚀性能。空间位阻小，利于缓蚀剂的吸附和在金属表面形成致密的膜，可增大覆盖度从而增加缓蚀率；但空间位阻太小，则有效覆盖度小，对缓蚀率提高也不利。

（三）界面化学反应成膜机理

界面化学反应成膜机理即反应成膜机理，这是在缓蚀剂吸附到金属表面后，在界面处转化、聚合和配位螯合等作用发挥缓蚀作用，这些缓蚀剂分子含有—NH^2、—OH、—SH、—COOH 等极性基团，通过和金属表面离子形成螯合物膜起保护作用。

持这种观点的学者认为：由于缓蚀剂的缓蚀机理在于成膜，故迅速在金属表面上形成一层密而实的膜，是获得缓蚀成功的关键。为了迅速成膜，水中缓蚀剂的浓度应该足够高，等膜形成后，再降至只对膜的破损起修补作用的浓度；为了密实，金属表面应十分清洁，为此，成膜前对金属表面进行化学清洗除油、除污和除垢，是必不可少的步骤。在实际应用中，许多应用缓蚀剂失败的例子就是由于对金属表面的清洗不够，造成保护膜不密实，保护效果受影响。

（四）协同机理

协同机理是针对复合型缓蚀剂而言的，在复合型缓蚀剂的各组分之间存在协同作用，利用这种作用，可以充分发挥各组分的优势，减少其自身的局限性，可以扩大缓蚀剂的筛选范围并解决单组分缓蚀剂难以克服的困难。

国内外对缓蚀剂组分之间的协同作用进行了研究，尤其是无机缓蚀剂钼酸盐与其他缓蚀剂之间的协同作用开展了较多的工作，取得了很大的成功。钼酸盐与适当的无机或有机缓蚀剂配合使用，其效果优于单独一种缓蚀剂，总缓蚀效率大于各缓蚀剂总和的几倍，甚至是几十倍。当钼酸盐：亚硝酸盐为 2∶3，总浓度为 5mg/L 时，复合缓蚀剂对碳钢在模拟冷却水中的防腐蚀有很好的协同效应。钼酸钠与磷酸氢二钠水溶液对钢的协同缓蚀效率由二者单独使用的 61.5% 和 0%，提高到 91.5%。当亚硝酸盐：钼酸盐：多磷酸盐：正磷酸盐为 3∶2∶1∶1 时，该多组分缓蚀剂在敞开冷却水系统中可获得良好的效果和经济效益。钼酸盐与有机缓蚀剂之间也显示了很好的协同作用。

作者曾采用紫外反射光谱、拉曼光谱、XPS 表面能谱 3 种原位表面分析技术对气相缓蚀剂在金属表面形成保护膜的化学组成及成膜过程进行了研究，发现 19 号气相缓蚀剂在金属表面以化学吸附为主，并与金属表面原子形成了不稳定的络合物，该络合物在气相缓蚀剂气体持续存在时能够保持结构稳定，而当离开气相缓蚀剂氛围，则很快分解，使金属表面恢复到初始状态。

这些可以说针对具体物质和具体配方研究得到的协同作用的现象和理论分析，促进了缓蚀剂作用机理的研究，但是仍然没有形成统一的理论，这方面还有待于进一步深入研究。

第二节 腐蚀监测技术

腐蚀监测被认为是实现现代工业文明生产的重要手段，腐蚀监测技术是由实验室腐蚀试验方法和设备的无损检测技术发展而来的，其目的在于揭示腐蚀过程以及了解腐蚀控制的应用情况和控制效果。

传统的腐蚀监测主要是在停车检修期间安装和取出挂片进行检测达到监测目的，检测方法如失重法。失重试验是最古老的腐蚀试验方法。它通过称取试验片暴露在测试环境前后重量的变化来计算金属表面的平均失重量。它的优点是可以提供如腐蚀率、腐蚀类型、腐蚀产物的情况以及焊接腐蚀和应力腐蚀等较多的信息，但缺点是需破坏材料的结构，试验时间长，而且得到的结果往往是整个试验周期中产生腐蚀的总和，不适于现场使用。因此长期以来失重法只用于实验室或者暴露场的暴露试验。

现代的腐蚀监测实践经验大部分来自化学、石油化学、炼油、动力等工业，在这些工业中，腐蚀行为可以通过各种方法监测如超声波法、声发射法、电位法、电阻法、线性极化法、电偶法、电位监测法、射线技术及各种探针技术。近年来出现的新的监测技术有交流阻抗技术、恒电量技术、电化学噪声技术和超声波测量技术等。

电化学测试方法是一种比较好的无损检测方法。当 $0.1\mu A/cm^2$ 的自然腐蚀电流流经金属试样 1h 生成的锈蚀产物约为 $1.04\times10^4 mg/cm^2$。如果用失重法，即使不考虑除锈技术上的困难，测量出这样小的重量变化也很困难。而用电化学方法却很容易，它的主要优点是，能够快速响应，所得信息常常能与实验室中的背景研究直接联系，更有可能利用探测器来判断生产装置的腐蚀行为，增加了诊断的可靠性，有助于选择补救措施或控制系统。本节重点讨论了电化学方法，主要有：电阻法（ER），电化学噪声技术（ECN），交流阻抗技术（EIS），线形极化法（LPR）和恒电量技术。

一、电化学方法的腐蚀监测技术

（一）电阻法（ER）

顾名思义，电阻法是利用金属在腐蚀过程中截面减小，电阻增加，通过电阻变化来测定腐蚀率的。因此测出腐蚀过程中的电阻变化即可求出腐蚀速度。它不受腐蚀介质限制，在气相、液相、导电或不导电的介质中均可应用。测量时不必把试样取出，也不必清除腐蚀产物，因此可在生产过程中直接、连续的监测，具有灵敏、快速的优点。

电阻法的缺点是试样加工要求严格，因为灵敏度和试样的横截面有关。试样越细越薄则灵敏度越高，如果腐蚀产物是导电体（如硫化物）则会造成测试结果误差较大。如果介质的电阻率过低也会带来一定的误差，对于低腐蚀速度体系的测量所需时间较长。而且不能测定局部腐蚀特征，若用于非均匀腐蚀场合，也有较大误差，所测腐蚀速度随不均匀程度的加重而偏离。

国内已有的电阻法腐蚀速度测试仪是兰州炼油厂仪表分厂生产的 DFJ22 型腐蚀测定记录仪，可以测出水处理不同阶段（如预膜、换水、运转等阶段）的腐蚀。还可以测定水处理中特定条件下（如带锈预膜）的腐蚀。陈素晶等针对铝合金腐蚀平均速率与瞬时速率的差异，利用电阻法测量了 7075 铝合金电阻随时间的变化，获得了对应的腐蚀速率与时间的关系；何建平利用该方法考察了铝合金构件的剥离腐蚀问题，认为剥离腐蚀主要影响铝合金构件的尺寸，如果将这种影响用电阻值的变化来表示，则由电阻值的变化可以转化为铝合金腐蚀速率的实时变化，提出了一种新的评估航空铝合金剥蚀性能的电阻法。

电阻法已经成为在线腐蚀监测系统的主要监测手段，但其固有的缺点即只能测定一段时间内的累计腐蚀量，而不能测定瞬时腐蚀速度和局部腐蚀制约了其进一步的发展。

（二）电化学噪声技术（ECN）

电化学噪声技术是指腐蚀着的电极表面所出现的一种电位或电流随机自发波动的现象，这种波动称为电化学噪声。分析这些噪声谱不仅能给出腐蚀的过程，而且还可给出腐蚀的特点，如点蚀特征。它包括电化学电位噪声（EPN）以及电化学电流噪声（ECN），反映了由于腐蚀发生引起腐蚀电位或电偶电流的微幅波动。由于 ECN 测量方法简单，对仪器要求不高，近 10 年来已逐渐成为腐蚀研究的重要手段之一，并开始应用于工业现场腐蚀监测，如不锈钢、碳钢、铝合金、黄铜等的孔蚀、缝隙腐蚀、微生物腐蚀、涂层下腐蚀以及 SCC 过程中的 ECN 特征等。

ECN 测试装置一般由两个同材质工作电极（WE1，WE2）及一个参比电极（FE）构成，其中 WE2 接地，WE1 连接运放（OP）反相端，组成零阻电流计（ZRA）。电流与电位信号经 A/D 转换后由计算机采集。

浙江大学的曹发和、张昭等人鉴于此，利用面向对象的 Vision C++ 语言，采用蝶形傅里叶算法开发了电化学噪声分析软件 ENAN，ENAN 可以分析电化学工作站（CH1660A，IM6E，powerlab）所采集的电化学噪声，得到功率密度谱（SPD），用线性最小二乘法，计算出相应的特征参数及由此计算出孔蚀判据 SE 和 SG 实验验证。

（三）交流阻抗技术（EIS）

最初测量电化学电阻采用交流电桥和李沙育方法等，这些方法既费时间又较繁琐，干扰影响也大。随着电子技术的发展,锁相技术和相关技术的仪器(如频率响应分析仪、锁相放大器等)被用于交流阻抗测试，它们的灵敏度高，测试方便，而且容易应用扫频信号实现频域阻抗图的自动测量。后来可以利用时频变换技术从暂态响应曲线得到电极系统的阻抗频谱，从而实现了在线测量，追踪电极表面状态的变化。

交流阻抗方法是一种暂态电化学技术,属于交流信号测量的范畴,具有测量速度快,对研究对象表面状态干扰小的特点，它用小幅度交流信号扰动电解池，并观察体系在稳态时对扰动的跟随情况，同时测量电极的交流阻抗（交流阻抗谱），进而计算电极的电化学参数，特别适用于高阻抗土壤环境和对金属腐蚀体系的测量。

在金属腐蚀行为的研究工作中，交流阻抗实验方法应用比较多。主要用来研究金属材料在各种环境中的耐蚀性能和腐蚀机理。如芮玉兰通过交流阻抗谱法研究了中性自来水介质中钼酸钠、苯并三氮唑可能的缓蚀机理以及其最佳浓度组合，范国义等探讨了交流阻抗法研究冷凝器黄铜管在循环冷却水系统中的腐蚀问题，结果表明，交流阻抗法可以有效地评定黄铜管的耐腐蚀性能，进而为指导现场腐蚀监测生产提供有益信息；威华（R.P.Vera Cruz）等应用交流阻抗法对不锈钢在干湿交替环境下的腐蚀进行了研究，发现交流阻抗法监测金属腐蚀过程可以不受电极表面电流分布不均匀的影响，而且交流阻抗谱可以清楚地反映出钝化、孔蚀和再钝化过程，甚至可以探测到孔蚀的产生和成长。

（四）线性极化法（LPR）

极化阻抗或称线性极化技术,是工厂监测中测量腐蚀速度时广泛使用的技术之一。此种技术的测量简单迅速，可以对腐蚀速度进行有效的瞬时测量。斯特恩（Stern）和他的同事在20世纪50年代提出了线性极化的重要概念，虽然线性极化技术有着一定的局限性，但在实验室和现场快速测定腐蚀速度时还是一种简单可行的方法。腐蚀工作者在随后的十余年中又做了许多工作，完善和发展了极化电阻技术。当电流通过电极时引起电极电位移动的现象称为电极的极化。阳极的电极电位从原来的正电位向升高方向变化，阴极的电极电位从原来的负电位向减小方向变化。变化结果使腐蚀原电池两极之间的电位差（电动势）减小，腐蚀电流亦相应减小。电极极化作用对氧化反应与还原反应或对腐蚀电流的阻碍力与电阻具有相同量纲,称之为极化阻抗,其值越大,腐蚀电流越小。根据给腐蚀系统输入的电沉脉冲 ΔI 是否稳定，极化法又可分为直流极化和交流极化法。

在研究混凝土中钢筋腐蚀速率的电化学方法中，线性极化法是最简单的一种，此法主要基于 Stern Geary 公式，对被测钢筋外加一恒定电位，保证扰动信号足够小使电压与电流之间满足线性关系。

线性极化法在快速测定金属瞬时腐蚀速度方面独具优点，现已成功的用于工业腐蚀监控如氨厂脱碳系统的腐蚀监控、酸洗槽中缓蚀剂的自动监测与调整等。但它不适于在导电性差的介质中应用，当设备表面有一层致密的氧化膜或钝化膜，甚至堆积有腐蚀产物时，将产生假电容，而引起很大的误差，甚至无法测量。

（五）恒电量技术

恒电量测量方法是一种暂态测量技术，是将已知的小量电荷施加到金属电极上，根据金属体系在恒电量激励下的张弛过程，建立恒电量微扰下的物理模型并加以分析，解析获得多个电化学参数。它既可测定瞬时腐蚀率，又可把瞬时腐蚀率连续记录下来，进行图解积分得到平均腐蚀率。由于这种电化学暂态检测技术施加的电讯号不仅微小，而且是瞬时的，测量的又是电位衰减变化，而电位衰减对工作电极面积大小不那么敏感，因此就等量的扰动而言，它要比直流稳态线性极化电阻技术可以更快、更准确地测量瞬间腐蚀速度。

湖南大学赵常就等人发展了恒电量技术，成功研制了 HJC-1 型恒电量智能腐蚀监测仪，该系统包括由阻抗变换器、放大器、自然腐蚀电位补偿装置等组成的恒电量扰动仪主机，主要完成恒电量扰动信号的产生和极化电位随时间衰减信号的输出；微型计算机、A/D 和 D/A 转换器等，主要完成对恒电量扰动仪主机的控制和极化电位数据的采集与处理。赵永韬等人将恒电量技术搭载现代移动通讯网络，组成一个分布式数据采集与信息处理系统，实现了基于 GPRS 远程通讯的腐蚀监测，使该技术在应用范围方面有了新突破。

二、金属腐蚀监测仪器的发展及其趋势

随着计算机技术特别是单片机技术应用的日益广泛和深入，腐蚀监测技术逐渐向智能化方向发展。以计算机技术为核心的智能化腐蚀监测仪成为腐蚀监测的重要发展方向。智能化腐蚀监测仪一般是以微处理器为核心，配置一定的硬件组成不同的模块，通过数据总线、控制总线、地址总线，采用传感器将检测得到的腐蚀信息转化为电信号，通过 A/D 和 D/A 转换接口，微处理器进行试验控制、采集数据、计算出腐蚀量数据并打印结果。

计算机技术与电化学技术融合，可以通过反馈作用于实验，改变与调整实验参数，使腐蚀监测研究达到新的高度。因此出现了精度更高、适用面更广泛的、更容易操作的智能化便携式的腐蚀监测仪。如恒电量腐蚀测试仪和微型计算机联机在线测量，能对腐蚀的影响因素连续跟踪，还可通过测量的电阻、电容的变化，判断缝隙腐蚀和小孔腐蚀是否发生。交流阻抗技术与计算机结合，其应用领域进一步拓宽，为其他诸如生物、环境、电子、材料、土建等领域的研究工作提供新的机遇。最新的电化学测试组合仪器，加上辅助设备的体积也只有一个手提箱大，但功能却相当于 10 年前一整套的电化学实验室则试系统。

国内近年来涌现出的智能化便携式的腐蚀监测仪主要有CMB21510B（弱极化法）、CCMW29810（恒电量法）和能够用电阻探针、线性极化探针和氢探针等多种方法监测的CMA21000腐蚀监测系统。国外在原有系列产品基础上除继续出新型号仪器外，沿着实时（real time）和在线（on-line）方向研制出了更新的监测仪器。例如美国Cortest公司的MK29300，它利用电感阻抗法的原理制作而成，测量的是置于金属/合金敏感元件周围的线圈由于敏感元件的腐蚀而引起的感抗变化的信号。美国的EG&G公司、Gamry公司、英国的Solartron公司、德国的ZANHER公司、荷兰Eco Chemie等公司则致力于微机化的实验装置（如恒电位仪、频响分析仪等）。

第三节 酸洗缓蚀剂

酸洗缓蚀剂是在金属酸洗过程中能减缓酸对金属基体腐蚀的化学物质，在各种化学酸洗过程中都有良好的缓蚀效果。在正常使用下使金属的腐蚀率大大降低，并有优良的抑制钢铁在酸洗过程中吸氢的能力，避免钢铁发生“氢脆”，同时抑制酸洗过程中Fe对金属的腐蚀，使金属不产生孔蚀。适用于各种无机酸、有机酸，氧化性酸、非氧化性酸，例如盐酸、硝酸、硝酸-氢氟酸、硫酸、磷酸、氢氟酸、氨基磺酸、柠檬酸、草酸、醋酸、EDTA、NTA、HEDP等常见的各种酸洗用酸。酸洗包括：酸浸、酸洗和酸沾。

①酸浸。将金属浸泡在酸液中，长时间浸泡，清除较厚的金属氧化物。如冷轧前热轧钢板酸浸脱除轧制过程中产生的鳞皮和氧化皮。

②酸洗。用于金属设备除垢，也用于不需要长时间用酸浸泡，就可以清除的金属氧化物。如进行电镀、涂装、磷化前氧化皮和锈的清除。

③酸沾。钢铁件在加工和短时存放过程中，可能在表面生成一层很薄的氧化物层，这时只需要用浓度较小的酸溶液在金属表面擦拭就可除去氧化物层。如焊接或热加工而在金属表面产生的变色部分和氧化皮的清除。

一、酸洗缓蚀剂的特点

酸洗缓蚀剂由缓蚀剂、促进剂、抑雾剂、表面活性剂等复配而成，性能稳定、操作简单、用量小、效率高、费用低、无毒无臭、对环境无污染，对金属基体的腐蚀小、缓蚀率高，过程中没有酸雾，使用安全，特别是能避免误用缓蚀剂造成的危险。

使用方法：缓蚀剂的使用浓度一般为3% ~ 5%（重量），将计量的缓蚀剂加入计量水中，搅拌溶解即可。可以先加酸后加缓蚀剂，也可以先加缓蚀剂后加酸。常温或加热到 45 ~ 55℃后使用，将要处理的不锈钢件浸泡在清洗液中，处理 5 ~ 30min 或更长时间（处理温度和时间由氧化皮厚度、板材材质和处理要求而定），至氧化皮、锈完全清除干净，成银白色为止，然后用清水冲净。

二、常用的酸洗缓蚀剂

各种酸对金属的腐蚀（溶解）能力不同，而且随温度、压力等有所变化。另外，金属和酸反应生成的氢气会造成金属设备的氢脆腐蚀，氢气还会带出大量的酸性气体（酸雾），造成劳动条件恶化。所以酸洗时一般要加入缓蚀剂。常用的酸洗缓蚀剂有：乌洛托品、醛－胺缩聚物、硫脲等。

①乌洛托品。学名六次甲基四胺，分子式$(CH_2)_6N_4$，白色或浅黄色结晶粉末，无臭味，对皮肤有刺激性，在 263℃升华并有部分分解。能溶于水、乙醇、氯仿、二氯甲烷，不溶于苯、四氯化碳、乙醚和汽油。

乌洛托品作为传统缓蚀剂，已经使用半个多世纪，主要用于盐酸清洗锅炉时的缓蚀剂，既可单独使用，也可与其他缓蚀剂配合使用。在清洗锅炉时，乌洛托品能够很好地吸附在金属表面形成保护膜，抑制腐蚀作用。温度对其影响很大，当酸洗温度低于 55℃时，缓蚀作用明显降低，另外，其缓蚀作用还与盐酸的流速有关，适宜的流速是 0.3 ~ 0.5m/s，超过 0.5m/s 缓蚀作用下降。

②硫脲（TU）及其衍生物。分子式$(NH_2)_2CS$，白色至浅绿色晶体，有氨味，熔点 199 ~ 2O4℃，微溶于冷水，易溶于热水，常温下微溶于乙醇、乙酸、石脑油。硫脲作为酸洗缓蚀剂最早见于 20 世纪 20 年代。近年来，硫脲不仅作为酸洗缓蚀剂的主要成分，甚至可以作为盐水介质中钢铁的缓蚀剂。硫脲作为缓蚀剂，具有以下优点：一是效率高，一般可达 97% 以上；二是高温稳定，200℃下不会分解；三是低毒，易溶于热水，可在工作现场配置。

一般来说，在温度较低时，硫脲及其衍生物有较高的缓蚀效率，随着温度的千高，缓蚀效率下降，甚至会促进金属的腐蚀，尤其是当硫脲的浓度极稀时，硫脲及其衍生物均加速金属的腐蚀。

在不同的酸性环境中，硫脲及其衍生物对金属腐蚀的抑制作用不同。在盐酸介质中，对铝及铝合金、锌、镍、铁和碳钢，高浓度时抑制腐蚀。在硝酸溶液中，硫脲对铝及铝合金起缓蚀作用；对铁、锌、钢，低浓度时抑制腐蚀。

①硫脲既抑制阴极反应，又抑制阳极反应，在低浓度时抑制阴极反应，在高浓度时抑制阳极反应。当浓度低于 0.05mol/L 时，对铁的阳极溶解有促进作用，而对阴极析出氢有抑制作用。

②分子型硫脲和质子化型硫脲的共同作用导致硫脲的缓蚀效率有浓度极值。

三、酸性介质的缓蚀剂示例

（一）盐酸酸洗缓蚀剂

利用盐酸清洗时，一般盐酸浓度为5% ~ 10%，尽量在常温下使用，以避免加热产生酸雾。盐酸清洗具有价格便宜、操作方便、危险性小、除垢率高等优点，大多数金属可以用盐酸清洗。当清洗硅酸盐垢时，应加入一定量的氟化物，以增加去垢能力。

但是由于盐酸对黑色金属有较强的腐蚀能力，所以在操作时应加入缓蚀剂。盐酸酸洗缓蚀剂应用的前提为清洗介质为盐酸、硫酸、氨基磺酸，清洗对象的基材为黑色金属。盐酸酸洗缓蚀剂适用于各种型号的高中低压锅炉的酸洗，以及大型设备、管道的酸洗。酸液中一般加药量为1‰ ~ 3%，腐蚀速度不大于1g/（$m^2 \cdot h$）。

使用时将酸洗缓蚀剂按比例加入稀释好的酸液中，开启循环泵循环清洗，清洗过程中补加酸液时按比例补加酸洗缓蚀剂。

（二）硫酸酸洗缓蚀剂

钢铁工业的硫酸酸洗缓蚀剂应用始于19世纪40年代。但使用硫酸时，存在着对水垢不溶解，对氧化铁皮溶解能力差，用水稀释放出大量热，操作不安全等问题，所以目前使用硫酸清洗，只限于金属材料酸浸时使用，如钢管、金属制品、汽车、自行车部件等。

用于硫酸溶液的有机缓蚀剂主要有：有机胺、酰胺、咪唑啉、季铵盐、松香胺、烃系化合物及硫脲衍生物等。

（三）硝酸酸洗缓蚀剂

工业上用于酸洗的硝酸含量一般为6%左右，因为此时硝酸稳定，氧化性减弱，主要发挥其酸性作用。硝酸可以用于清洗碳钢、不锈钢、黄铜以及黄铜－碳钢焊接的组合体。但实际使用时，很少单独使用硝酸，常和氢氟酸、硫酸、盐酸复配使用。硝酸酸洗工艺开始于19世纪40年代，但其缓蚀剂的报道直到20世纪50年代以后才开始逐渐增多。能作为硝酸酸洗缓蚀剂的物质包括：硫氰化物、硫化钠、硫脲、醇、醚、糖类、肼、乌洛托品、铬酸钠等。据报道，在硝酸中最有效的缓蚀剂是：硫脲和硫化钠的混合物、吲哚（C_8H_7N）与NH_4SCN或Na_2S的混合物。

除硫脲、硫化钠外，高锰酸钾、重铬酸钾、亚硫酸盐、硫代硫酸根离子、卤离子均能起防护作用。卤离子I^-、Br^-作用最大；尤其是I^-与有机缓蚀剂复配，缓蚀效果很好。

（四）磷酸酸洗缓蚀剂

磷酸可作腐蚀产物清洗剂，如3% ~ 4%磷酸在100℃可清洗锅炉氧化铁，还可用于钢铁磷化前的除锈以及石油化工等行业大型储罐的喷淋清洗除锈，以简化清洗工序，达到除油、除锈、磷化和钝化的“四合一”处理目的。美国的Mears等人提出用铬酸作为磷酸对铝的缓蚀剂，实验表明，在85%的磷酸溶液中，加入1%的铬酸，缓蚀率可达99.2%。

（五）氨基磺酸酸洗缓蚀剂

氨基磺酸是一种中强酸，固体，性能稳定，不吸潮，水溶液无味，毒性小，使用方便，对金属腐蚀性小。可以单独使用，也可以和其他组分复配使用，加入缓蚀剂后可以清洗碳钢、不锈钢、铜及其合金设备，尤其适用于清除钙、镁的碳酸盐垢。目前氨基磺酸酸洗缓蚀剂主要有：有机胺类、硫脲类、烃类和氯化钠、溴化钾碘化钾等无机盐。在有机胺中，十二烷基甲基苄基氯化铵缓蚀效果最好；炔醇类化合物中，烃仲醇的缓蚀效果最好；无机化合物中碘化钾缓蚀性能最好。

（六）柠檬酸酸洗缓蚀剂

柠檬酸在锅炉设备等清洗时，不会引起应力腐蚀开裂，一般用于新装置开车前的清洗或火电厂炉前系统、炉本体及过热器的清洗。现主要使用的缓蚀剂甲醛－硝基苄混合物、苯基硫脲、二苄基亚砜、咪唑啉衍生物、醛胺缩合物、十二烷基吡啶黄原酸盐、丙炔醇、己炔醇、$^{2-}$巯基苯并噻唑、$^{2-}$巯基苯并咪唑等。

第四节　中性介质缓蚀剂

在腐蚀与防护科学中，中性介质指的是以下3类物质：

①中性水介质。循环水、锅炉水、供暖水、洗涤水、回收处理污水等。

②中性盐水溶液。如含碱金属的氯化物和硫酸盐、氯化铵、氯化镁等。

③中性有机物。各种非电解质有机物的水溶液，油、乳液等。

在上述溶液体系中，对金属的腐蚀危害程度或轻或重，都会发生。但研究较多的是针对循环冷却水和海水中使用的缓蚀剂。在工业用水中，冷却水约占60% ~ 65%，如能将这些水循环使用，一水多用，就能极大地节约用水。但是将工业用水循环利用的关键就是防止循环水系统中的结垢与腐蚀。现在采用添加中性介质缓蚀剂的方法，就可以达到目的。

一、中性介质中影响腐蚀的因素

中性介质中影响腐蚀的因素主要包括：

① pH 值。通常天然淡水的 pH 值为 6.0 ~ 8.4，海水为 7.0 ~ 8.4，敞开式循环冷却水正常运行的 pH 值为 5.6 ~ 9.0。pH 值对金属腐蚀速度的影响主要取决于该金属的氧化物在水中的溶解性对 pH 值的依赖程度。如果金属氧化物溶于酸而不溶于碱，则金属在低 pH 值时的腐蚀就快一些，而在高 pH 值时的腐蚀慢一些。但是要注意的是两性金属，如铝、锌等，他们在中间 pH 值时有较高的稳定性。

②水中阴离子。水中阴离子在增大金属腐蚀速度方面的顺序是：$NO_3 < CH_3COO^- < SO_4^{2-} < Cl^- < ClO_4^-$。

③水中络合剂。水中经常存在的络合剂是 NH_3、CN^-、EDTA 等，它们与水中的金属离子反应，生成络离子，降低金属离子的浓度，金属的电极电位降低，从而加速金属的腐蚀。

另外，水的硬度和水中金属离子的浓度对改变金属的腐蚀情况影响不大。

二、常见的中性介质缓蚀剂

（一）亚硝酸钠

白色结晶，斜方晶体，对空气灵敏，吸潮后变淡黄色，但仍能使用。相对密度为 2.168（0℃），熔点 271℃，极易溶于水，难溶于乙醚，微溶于乙醇。高于 320℃时分解，水溶液 pH=9。无臭，味微咸，有吸湿性，水溶液呈碱性反应，能从空气中吸收氧而逐渐变为硝酸钠。防锈性能良好。但对人体皮肤有刺激性。广泛用作防锈剂，用作染料中间体，也用于织物染色和医药。用于制偶氮染料、药物、氧化氮等，并用于腌肉、印染、漂白等方面。有致癌作用，需注意安全。

使用时，配成 2% ~ 20% 的水溶液，用 0.3% ~ 0.6% 的 Na_2CO_3 调整 pH 值在 9 ~ 10，在室温下或加热使用，工件可以浸泡存放（可用水稀释），也可浸泡后，取出存放。还可与其他防锈剂复配后使用。适用于钢铁制件工序间及中间库存的短期防锈，与其他防锈剂适当配合也用作封存防锈。单独使用时，不能用于铜等有色金属的防锈。

鉴别：

方法（1）：取本品的水溶液（浓度为 0.3 ~ 10g/（100g 水））约 1mL，加醋酸呈酸性后，加新制的硫酸亚铁试液数滴，即显棕色。

方法（2）：取上述溶液适量，加稀无机酸，加热，即发生红棕色的气体。

方法（3）：中性溶液，加醋酸氧铀锌试液，即生成黄色沉淀。

化学性质：

①与焦亚硫酸钠的反应：

$$2NaNO_2+3Na_2S_2O_5+H_2O=2Na_2HNS_2O_7+2Na_2SO_3$$

②与 SO_2 的反应，生成硫酸羟胺：

$$Na_2CO_3+2NaNO_2+4SO_2+H_2O=2HON(SO_3Na)_2+CO_2$$

$$3HON(SO_3Na)_2+6H_2O=(NH_2OH)_3\cdot 2H_2SO_4+2Na_2SO_4+2NaHSO_4$$

③与二氧化铅和氯化钾的反应：

$$NaNO_2+3NaHSO_3=HON(SO_3Na)_2+Na_2SO_3+H_2O$$

$$HON(SO_3Na)_2+Na_2SO_3+PbO_2=PbO+NaSO_3ON(SO_3Na)_2+NaOH$$

$$NaSO_3ON(SO_3Na)_2+3KCl+H_2O=KSO_3ON(SO_3K)_2\cdot H_2O\downarrow+3NaCl$$

（二）苯甲酸钠

物理性质：白色颗粒、粉末或结晶性粉末，无臭或微带臭气，味微甜带咸。溶于水，在乙醇中微溶。溶解度 100mL 水，25℃，53.0g；50℃，54.0g；95℃，76.3g；100℃，77g。水溶液 pH=8，在空气中稳定，加热时，开始熔化。

用途：用作食品保藏剂和防腐剂，用作烟草（加工）、药物和医学。

化学性质：

①与硝酸银的反应：在中性溶液中，形成白色沉淀。

$$C_6H_5COONa+AgNO_3=C_6H_5COOAg\downarrow+NaNO_3$$

②与氯化铁的反应：在中性溶液中，形成淡黄色沉淀。

$$3C_6H_5COONa+2FeCl_3+3H_2O=(C_6H_5COO)_3Fe\cdot Fe(OH)_3\downarrow+3NaCl+3HCl$$

（三）钼酸钠

物理性质：水溶性白色晶体，带两分子的结晶水。熔点 687℃（无水物），密度为 3.28g/cm^3。

用途：用作分析试剂、缓蚀剂、催化剂和锌镀层擦亮剂，生物碱的测定，并用于医药、染料等工业。

化学性质：

①与稀盐酸的反应：生成白色和黄色钼酸（H_2MoO_4）沉淀。

$$Na_2MoO_4+2HCl=H_2MoO_4\downarrow+2NaCl$$

②与硫化氢的反应：在酸化的钼酸钠溶液中通入小量的硫化氢，即得到蓝色反应，再通入硫化氢则形成棕色三硫化钼（MoS3）沉淀，这种沉淀作用在冷的酸性溶液一般

是不完全；如果在压力下，于沸溶液中持久地通入硫化氢则可得到更广泛的沉淀，通常在 0℃时于甲酸存在下通入过量的硫化氢后，则所得到的沉淀是定量的。

$$Na_2MoO_4 + 3H_2S + 2HCl = MoS_3 \downarrow + 2NaCl + 4H_2O$$

③与锌、氯化亚锡溶液反应：开始生成蓝色（可能由于 MoCl3 所制）反应，然后变为绿色，最后为棕色。

$$2Na_2MoO_4 + 3Zn + 16HCl = 2MoCl_3 + 3ZnCl_2 + 4NaCl + 8H_2O$$

$$2MoO_4^{2-} + 3Sn^{2+} + 16H^+ = 2Mo^{3+} + 3Sn^{4+} + 8H_2O$$

④与硫氰酸铵溶液反应：生成黄色反应，当加入锌或氯化亚锡后，由于形成钼硫氰酸铵 [（NH_4）$_3$Mo（SCN）$_6$] 的关系而变为血红色。在试验时有铁存在，开始即有红色出现，当有氯化亚锡或硫代硫酸钠溶液加入后即行消失。灵敏度：0.1μgMo，钨酸盐影响灵敏度。

⑤与黄原酸钾（SC（SK）OC_2H_5）的反应：与小量的固体黄原酸钾作用后，用稀盐酸酸化，即有红紫色反应。产物为 MoO_2·[SC（SH）（OC_2H_5）]$_2$，灵敏度为 0.O4μgMo，极限浓度：1：250000。

⑥与苯肼（$C_6H_5NHNH_2$）的反应：生成红色或红色沉淀。灵敏度：0.3μg，极限浓度：1：150000。

（四）苯三唑

物理性质：白色或浅粉红色针状晶体，露置空气中逐渐氧化变红。溶于醇、苯和甲苯，微溶于冷水，易溶于热水，水溶液 pH=5.5 ~ 6.5。熔点范围 90 ~ 95℃，在 98 ~ 100℃升华，沸点 201 ~ 204℃（2.0kPa）。对酸、碱、氧化还原都稳定，受热 100℃时亦稳定。与 NH_4OH 和乙二胺四乙酸合用测定 Ag、Cu、Zn 时选择性较好。中等紫外线吸收剂，吸收波长为 280 ~ 385nm，几乎不吸收可见光，具有良好的光稳定性和热稳定性，挥发性小。

用途：广泛用于铜、银等金属设备的缓蚀剂，照相防雾剂，光稳定剂等。

（五）无水碳酸钠

白色粉末，溶于水呈碱性。一般以 0.3% ~ 0.6% 的用量加入水中作清洗剂，或与亚硝酸钠配合使用以调整 pH 值。

（六）磷酸三钠、磷酸氢二钠

白色结晶，易溶于水呈碱性。一般以 2% ~ 5% 用量或与其他碱性清洗材料配合使用。适用于钢铁、铝、镁及其合金的清洗与防锈。

（七）三乙醇胺

无色或淡黄色黏稠液体，碱性物质，常与亚硝酸钠一起配成防锈水或冷却水使用，用量约 0.5% ~ 2%。与油酸作用后可作乳化剂，用于配制乳化切削液。也用作气相防锈剂。适用于黑色金属工序间防锈及库存防锈。

（八）六次甲基四胺

白色结晶，呈碱性。与其他水溶性防锈剂配合使用，一般用量在 1% ~ 2%，也是重要的酸洗缓蚀剂。适用于黑色金属防锈及作为酸洗缓蚀剂。

（九）尿素

无色透明结晶，易溶于水。与亚硝酸钠共同配成防锈水使用，也是最早被使用的气相缓蚀剂。用量较高，有时可达 30%。适用于黑色金属。

（十）硅酸钠

无色透明黏稠半流体，呈弱碱性。一般以 2% ~ 5% 用量与其他碱性清洗剂配合使用。适用于钢铁、铝、镁及其合金的清洗与防锈，对铝合金较有效。

第五节　气相缓蚀剂

一、气相防锈技术的优势

气相防锈技术也称 VCI 技术（VCI 是英文气相缓蚀剂 volatile corrosion inhibitor 的缩写），它是利用气相缓蚀剂对金属进行防锈保护的一种技术。其原理是：具有较低饱和蒸气压的气相缓蚀剂，挥发出一种可溶于水的特殊气体，附着在金属表面形成一层阻水层，从而切断电子从阳极向阴极的移动，抑制了电化学反应的发生，同时也阻挡了一些加速金属腐蚀的物质侵蚀金属表面。与其他防锈方法相比较，气相防锈技术主要具有以下优点：

①防锈期长，可根据用户的实际需要设定防锈期，最长可达 10 年以上；

②使用操作方便，无需在被包装金属材料表面涂油，启封后可直接投入使用，显著缩短平战转换时间，且材料可反复使用，尤其适用于野战条件下的装备防护；

③不受被包装物品几何形状和体积的限制，气相防锈材料挥发出的气体可以到达

被包装物品内部的任何空间,对结构复杂、不易为其他防锈涂层涂敷到的构件最为适宜;

④对武器装备的储存条件要求低，占用和消耗资源少，具有包装过程清洁、劳动强度低、综合成本低等特点；

⑤无污染，易处理，对人体无害，大部分材料可以回收利用。

二、气相防锈技术的应用现状

（一）气相防锈产品的应用形式

由于气相缓蚀剂的迅速发展及它在金属防锈方面所具有的优异效果，近些年来，气相防锈技术的应用越来越广，产品的种类也越来越多。从气相防锈产品的应用形式来看，目前国外主要有 4 种形式：气相防锈粉（包括片剂）、气相防锈纸、气相防锈油和气相防锈膜等。

①气相防锈粉。气相防锈粉是使用历史最长的气相防锈产品。使用时一船将气相防锈粉撒布于被防护物上，或装入纱布袋、纸袋内，或压成片剂分置于被防护物四周各处。使用量按不透气包装一般为 35 ~ 525g/m^3，有效作用距离主要决定于气相缓蚀剂的饱和蒸气压，大致在 10 ~ 100cm。包装后，最好在较高的温度下预膜数小时，以利于气相缓蚀剂挥发并吸附于金属表面。目前，气相防锈粉主要作为其他气相防锈方法的辅助方法使用。

②气相防锈纸。气相防锈纸是将气相缓蚀剂涂布（或浸）于牛皮纸或其他纸上，经干燥后，再分置于待包装物的周围，也可直接用来包装制件，再置于封闭包装内。气相防锈纸所用的纸，可以是牛皮纸、在原纸上贴合一层塑料薄膜或铝箔的气相纸或沥青纸。纸上涂（或浸）气相缓蚀剂的用量为 5 ~ 60g/m^2，一般在 20 ~ 40g/m^2，视气相缓蚀剂种类和具体应用对象而定。有效作用距离比相应气相防锈粉要大一些，实际使用时，如果距离过宽，必须用气相缓蚀剂纸片或粉末，加在中间以弥补其不足。在包装时，纸与金属之间，不应夹杂有其他任何物质，特别是酸性的纸张和木材等。

③气相防锈油。气相防锈油是将气相缓蚀剂溶入切削油、润滑油中使用，具有润滑和气相防锈双重作用，适用于发动机、齿轮箱、油压装置等。气相防锈油是目前仍在大范围使用的气相防锈产品之一。

④气相防锈膜。气相防锈膜最初的制备工艺是将气相缓蚀剂制成溶液，然后涂敷在塑料薄膜上，其典型组成形式为薄膜 - 薄膜形式，即将载体薄膜（常用聚乙烯醇缩丁醛和聚醋酸丁烯基树脂等,在此载体中内含气相缓蚀剂)用胶黏剂附着于基体薄膜(常用为聚乙烯、聚丙烯与玻璃纸等）上。但是由于技术上的原因，使用效果很差。国外近年已逐步发展成两层或三层的气相防锈膜，内层或中间层富含多组分气相缓蚀剂，外层透明、不透水、不透气。

美国NTI公司首先将Zerust VCI（Zerust气化性腐蚀抑制剂）合成于聚乙烯包装产品中，取代了防锈油及防锈粉等传统防锈处理工艺，使金属、机电产品在加工、运输、仓储过程中的防锈保护，达到了“干净、干燥、无腐蚀”的新境界，具有省时、省工、无污染、节约综合成本等显著优点。目前，气相防锈膜（简称VCI薄膜）已成为国外气相防锈技术的主流产品。使用时，将需要防锈的金属制品，直接用这种薄膜封装，就可以收到很好的防锈效果。

（二）气相防锈技术在工业领域的应用

目前全球已有50多个国家和地区的企业、公司大量使用了气相防锈产品，而且这种应用的普及速度还在不断增加。在工业领域使用气相防锈产品，主要是在以下几个方面。

①用于金属零件生产过程中的防锈。金属零件在各道加工工序之间，在加工成成品后进入装配阶段之前，或成品零件在进入包装工序之前，往往都要有一段停留时间，在此期间如不对金属零件采取防锈措施，金属零件很容易生锈。特别是那些不便采用涂油的零件更是如此。为此，许多企业采用气相防锈技术对成品和零件进行简易防护，如用气相防锈膜对零件进行包裹密封，对大型零件进行简易封存等，收到了很好的效果。

②用于金属产品运输过程中的防锈。许多金属产品在一个工厂加工后，还要运到另一个工厂进行加工、组装（如汽车发动机），这个过程的运输期可能很长，远洋运输一般可达半年以上。在运输期间金属产品可能会经历许多恶劣的环境，像高温、潮湿、海洋中的高盐空气侵蚀等。为了避免运输过程的金属腐蚀以及由此造成的经济损失，目前许多企业使用气相防锈材料对金属进行防锈，效果非常好。

③用于金属产品储存中的防锈。金属产品从出厂到交付用户使用，一般要有一个时间过程。在这个储存期为避免金属产品腐蚀，往往采用气相防锈材料对产品进行包装。

三、我国气相防锈技术的发展和应用

近年来我国顺应国际气相防锈技术的发展趋势，也在进行低毒高效缓蚀剂的开发，经过国家科技攻关计划和国家自然科学基金等专项支持，我国气相防锈技术有了极大提高。

湖南大学研制的1-羟基苯三唑，在中性或碱性水溶液中不仅对黄铜紫铜有良好的缓蚀性能，对钢、铸铁也有较好的缓蚀作用，该缓蚀剂毒性低，污染少，其水溶液浓度在0.05%以上即有很好的缓蚀和抑制细菌生长的效果，当其与磷酸盐等其他缓蚀剂配合使用时，防锈性能还可进一步提高。

华东理工大学等国内许多高校和科研院所，近年来也都在致力于高效低毒气相缓蚀剂的研究。北京化工大学研制的VCITH-901，克服了现有气相缓蚀剂由于渗透性不足、难以对垢下金属进行保护等弊病，已广泛应用于停用锅炉的保护，其性能远远优于传统干法和湿法，获得了国家级优秀新产品奖的国家发明奖。上海电力学院等单位研发的吗啉类气相缓蚀剂也在实用中取得了较好的效果。

我国有一些科研工作者目前正致力于气相缓蚀剂作用机理以及相关理论的研究，相信在不久的将来在这一领域会取得较大突破。

综上所述，可以认为，气相防锈技术虽然在我国起步较晚，但是其发展速度是非常快的，目前在实际应用方面与国际的差距正逐步缩小。随着该技术的进一步发展，必将在一定范围内逐步取代一贯采用的涂覆油脂等传统保护方法。

四、气相缓蚀剂的使用原则

目前，气相缓蚀剂单独应用的场合已经很少了，更多的是将气相缓蚀剂与其他材料复合，制成各种气相防锈材料应用，而气相缓蚀剂仅作为辅助应用。

（一）气相防锈材料的适用场合

气相防锈材料的工作原理是自材料内部自动挥发出来的气相防锈成分，在碰到金属表面时，会与金属表面原子发生反应，形成一层不太稳定的络合物保护膜，这层保护膜具有阻水、阻氧的功能，可以隔绝腐蚀性介质对金属表面的侵蚀作用。

从以上工作原理分析，气相防锈材料适用于金属产品的储存和运输环节的防锈，以及金属加工工序间的短期防锈。另外对一些静止设备的内部空间的防锈也是适用的，比如电器控制柜、通讯器材柜等内部的防锈，而对于大多数正在使用的设备则不合适。

（二）应用气相防锈材料对金属零件前处理的要求

与传统的以涂油为主的金属表面防锈方法相比，应用气相防锈材料进行防锈包装，可以简化包装程序，提高产品的档次，启封后的零件可以直接投入适用，深受欧美企业的欢迎，因此很多国家要求国内出口加工企业不能在金属零件表面涂油，金属表面始终处于干净、干燥的状态，所以，气相防锈技术被认为是金属防锈技术“由湿到干”的转变，而使用气相防锈材料也就成为国内金属产品出口防锈包装的必选方法。但是，国内许多技术人员对应用气相防锈材料，金属零件前处理应达到的要求，往往存在误区，认为气相防锈材料是可挥发的，而且能够在金属表面形成保护膜，所以对金属表面的处理就不需要那么严格了。其实不然，金属表面应当达到“干净、干燥、无污染”，这实际上是对金属表面前处理提出了更严格的要求。

为了实现金属表面的“干净、干燥、无污染”，清洗工艺一般应满足如下要求：

①清洗剂清洗。对于从加工流水线上下来的机械零件，应使用中性清洗剂去除表面的油污和加工残渣。清洗剂中不得含有 6501（学名：椰子油二乙醇酰胺，别名：尼

纳尔，英文名称：Detergent）及其他酰胺类表面活性剂。

②清水清洗。此操作的目的是将零件表面的清洗剂去除。最好使用流水喷淋（不使用循环水）的方法，如不能进行喷淋，则应及时更换清洗用的清水，以免使用时间太长，影响对零件表面清洗剂的去除效果。

③烘干。此操作的目的是将零件表面的水分去除，烘干温度在 80 ~ 120℃，时间不少于 10min。

④冷却。应将经过烘干的零件冷却至 60℃以下，再使用气相防锈膜进行包装，以免温度过高使气相防锈膜熔化。

说明：

①上述各步操作应当连续进行。

②在进行各步操作时，应当使用专用工具，不得用手直接拿取零件。

③对于内部有孔、洞的零件，在烘干时，应当进行翻转，以保证内部水分充分去除。

④应当按照清洗剂的使用要求，及时更换。

（三）气相防锈材料的用量要求

气相防锈膜是以挥发出的气相缓蚀剂在金属表面形成保护膜发挥防锈作用的。所以在应用时必须保证包装内部有足够的缓蚀剂浓度存在，或者说必须保证气相缓蚀剂在金属表面能够形成致密的保护膜。所以对于一个特定的包装体系来说，体系内部的金属制品的表面积与气相防锈材料所挥发出的气相缓蚀剂的浓度的比值必须在一个合适的范围之内。

如果仅用气相防锈膜包装，则应满足下列条件：

①气相防锈膜表面积：金属材料表面积 =1 ∶ 5 ~ 1 ∶ 15。

②气相防锈材料表面与金属材料表面的距离应小于 30 ~ 50cm。

③气相缓蚀剂（透气纸袋包装或挥发盒），在密闭容器或包装体系内部的用量一般为 30L/g，即每立方米空间使用 33g 气相缓蚀剂。

说明：

①在具体使用时，应将上述三个条件一并考虑；

②以上数据对于密闭性很好的体系，可以取气相防锈材料较少的用量。对于一般包装体系应以较大用量为宜；

③超过此范围，则应增加气相防锈材料的用量，即在包装内部放置气相缓蚀剂等材料；

④对于密集堆放的小零件，可以在中间的适当位置增加气相防锈膜作为隔断，以保证效果；

⑤对于气相缓蚀剂应分散放置在包装内部的各个部位，切勿集中堆放在某个角落。

第九章　金属表面堆焊技术

第一节　堆焊技术概述

随着科学技术的日益进步，各种产品机械装备逐步向大型化、高效率、高参数方向发展，对产品的可靠性和使用性能要求越来越高。材料表面堆焊作为焊接技术的分支，是提高产品和设备性能、延长使用寿命的有效手段。除了金属和合金外，陶瓷、塑料、无机非金属及复合材料等可以作为堆焊合金材料。因此，通过堆焊技术可以使零件表面获得耐磨、耐热、耐蚀、耐高温、润滑、绝缘等各种特殊性能。目前，堆焊技术大量应用于机械制造、冶金、电力、矿山、建筑、石油化工等产业部门。

一、堆焊的特点

堆焊是采用焊接方法将具有一定性能的材料熔敷在工件表面的一种工艺过程堆焊的目的与一般焊接方法不同，不是为了连接工件，而是对工件表面进行改性，以获得具有耐磨性、耐热性、耐蚀性等特殊性能的熔敷层，或恢复工件因磨损或加工失误造成的尺寸不足。这两方面的应用在表面工程学中称为修复与强化。

堆焊方法较其他表面处理方法具有的优点是：

①堆焊层与基体金属的结合是冶金结合，结合强度高，抗冲击性能好。

②堆焊层金属的成分和性能调整方便，一般常用的焊条电弧焊堆焊焊条或药芯焊条调节配方很方便，可以设计出各种合金体系，以适应不同的工况要求。

③堆焊层厚度大，一般堆焊层厚度可在 2 ~ 30mm 内调节，更适合于严重磨损的工况。

④节省成本，经济性好。当工件的基体采用普通材料制造，表面用高合金堆焊时，不仅降低了制造成本，而且节约了大量贵重金属。在工件维修过程中，合理选用堆焊合金，对受损工件的表面加以堆焊修补，可以大大延长工件使用寿命，延长维修周期，

降低生产成本。

⑤由于堆焊技术就是通过焊接的方法增加或恢复零部件尺寸，或使零部件表面获得具有特殊性能的合金层，所以对于能够熟练掌握焊接技术的人员而言，其难度不大，可操作性强。

二、堆焊的用途

作为焊接领域中的一个分支，堆焊技术的应用范围非常广泛，堆焊技术的应用几乎遍及所有的制造业，如矿山机械、输送机械、冶金机械、动力机械、农业机械、汽车、石油设备、化工设备、建筑以及工具模具及金属结构件的制造与维修中。通过堆焊可以修复外形不合格的金属零部件及产品，或制造双金属零部件。采用堆焊可以延长零部件的使用寿命，降低成本，改进产品设计，尤其对合理使用材料（特别是贵重金属）具有重要意义。

按用途和工件的工况条件，堆焊技术的应用主要表现在以下几个方面：

①恢复工件尺寸堆焊。由于磨损或加工失误造成工件尺寸不足，是厂矿企业经常遇到的问题。用堆焊方法修复上述工件是一种常用的工艺方法，修复后的工件不仅能正常使用，很多情况下还能超过原工件的使用寿命，因为将新工艺、新材料用于堆焊修复，可以大幅度提高原有零部件的性能。如冷轧辐、热轧辊及异型轧辊的表面堆焊修复，农用机械（拖拉机、农用车、插秧机、收割机等）磨损件的堆焊修复等。据统计，用于修复旧工件的堆焊合金量占堆焊合金总量的72.2%。

②耐磨损、耐腐蚀堆焊。磨损和腐蚀是造成金属材料失效的主要因素，为了提高金属工件表面的耐磨性和耐蚀性，以满足工作条件的要求，延长工件使用寿命，可以在工件表面堆焊一层或几层耐磨或耐蚀层。工件的基体与表面堆焊层选用具有不同性能的材料，能制造出双金属工件。由于只是工件表面层具有合乎要求的耐磨、耐蚀等方面的特殊性能，所以充分发挥了材料的作用与工作潜力，而且节约了大量的贵重金属。

③制造新零件。通过在金属基体上堆焊一种合金可以制成具有综合性能的双金属机器零件。这种零件的基体和堆焊合金层具有不同的性能，能够满足两者不同的性能要求这样能充分发挥材质的工作潜力。例如，水轮机的叶片，基体材料为碳素钢，在可能发生气蚀部分（多在叶片背面下半段）堆焊一层不锈钢，使之成为耐气蚀的双金属叶片；在金属磨具的制造中，基体要求强韧，选用价格相对便宜的破钢、低合金钢制造，而刃模要求硬度高、耐磨，采用耐磨合金堆焊在模具刃模部位，可以节约大量贵重合金的消耗，大幅度延长模具的使用寿命。

三、堆焊层的形成和控制

堆焊层是采用堆焊的工艺方法在材料层表面对磨损和崩裂的部位进行修复的堆敷

层。为了有效地发挥堆焊层的作用，采用的堆焊方法有较小的母材稀释率、较高的熔敷速度和优良的堆焊层性能，即优质、高效、低稀释率的堆焊技术。

堆焊层的影响因素较多，控制好各影响因素才能得到优质的堆焊层性能。

（一）稀释率

在焊接热源的作用下，不仅堆焊金属会发生熔化，基材表面也会发生不同程度的熔化，将堆焊金属被基材稀释的程度称为稀释率，用基材的熔化面积占整个熔池面积的百分比来表示。

稀释率强烈影响堆焊层的成分和性能，高的稀释率会降低堆焊层的性能，增

加堆焊材料的消耗为选择合适的填充材料和焊接方法，必须考虑各种焊接方法所获得的稀释率的大小，在堆焊方法和设备已选定的情况下，应从堆焊材料成分上补偿稀释率的影响，并从工艺参数上严格控制稀释率。一般选择堆焊工艺时，稀释率应低于20%。

（二）相容性

在堆焊过程中，堆焊层材料和基体材料的相容性非常重要，由于堆焊层材料与基体材料成分不同，在堆焊时必然会产生一层组织和性能与基体和堆焊层都不相同的过渡层，该过渡层如果是脆性的，将恶化堆焊层的性能。

堆焊层材料和基体材料在冶金学上是否相容取决于它们液态和固态时的互溶性，以及在堆焊过程中是否产生金属间化合物。堆焊层材料和基体材料的物理相容性也很重要，即两者之间的熔化温度、热胀系数、热导率等物理性能差异应尽可能小，因为这些差异将影响堆焊的热循环过程和结晶条件，增加焊接应力，降低结合质量。

（三）热循环的影响

堆焊层经受的热循环比一般焊缝复杂得多，这使堆焊层的化学成分和金相组织很不均匀。在堆焊生产过程中，为了防止堆焊层开裂和剥离，主要采用预热、层间保温和焊后缓冷等措施。有些焊件在焊后需进行去应力退火。

（四）内应力

堆焊应用得成功与否有时取决于内应力的大小。由于堆焊操作而产生的残余应力会与使用过程中产生的应力叠加或抵消，因而会加大或减少堆焊层开裂的倾向。

为减小残余应力，除了采取必要的预热、缓冷等工艺措施，还可通过减少堆焊金属与基材的热胀系数差、增设过渡层、改进堆焊金属的塑性来控制。

四、堆焊的应用现状及前景

①模具制造方面。用于塑料模表面的打毛，会增加美感和使用寿命；头盔塑料模具分型面堆焊修复；铝合金压铸模具分流锥表面强化；模具腔超差、磨损、划伤等修复与强化。

②塑料橡胶方面。用于机械零部件修复，橡胶、塑料件用的模具超差、磨损与修补。

③航空航天方面。用于飞机发动机零部件、涡轮、涡轮轴修复或修补，火箭喷嘴表面强化修理，飞机外板部件修复，人造卫星外壳强化或修复，钛合金件的局部渗碳强化，铁基高温合金件的局部渗碳强化，镁合金的表面渗铝等防腐蚀涂层，镁合金件局部缺陷堆焊修补，镍基/钴基高温合金叶片工件局部堆焊修复。

④制造维修方面。汽车制造和维修工业中，用于凸轮、曲轴、活塞、气缸、制动盘，叶轮、轮毂、离合器、摩擦片、排气阀等的补差和修复，汽车体的

表面焊道缺陷补平修正。

⑤船舶电力方面。曲轴、轴套、轴瓦、电气元件、电阻器等的修复，电气铁路机车轮与底线轨道连接片的焊接，电镀厂导电辊、金属氧化处理铜铝电极的制作焊接。

⑥机械工业方面。修正超差工件和修复机床导轨、各种轴、凸轮、水压机、油压机柱塞、气缸壁、轴颈、轧辊、齿轮、带轮、弹簧成形用的心轴、塞规、环规、各类辊、杆、柱、锁、轴承等。

⑦铸造工业方面。铁、铜、铝铸件砂眼气孔等缺陷的修补，铝模型磨损修复。

零件的表面堆焊除了可修旧复新外，还可延长部分零件的使用寿命，通常寿命可延长 30% ~ 300%，成本降低 25% ~ 75%。但是，要充分发挥堆焊技术的优势必须解决好两方面的问题：一是必须正确选用堆焊合金，其中包括堆焊合金的成分和堆焊材料的形状，而堆焊合金的成分又取决于对堆焊合金使用性能的要求；二是选定合适的堆焊方法，制订相应的堆焊工艺。

第二节　堆焊材料的类型和选择

一、堆焊材料的种类

在实施堆焊前，有两个问题需要解决：一是堆焊材料的选择；二是堆焊工艺的制订。堆焊材料是堆焊时形成或参与形成堆焊合金层的材料，例如所用的焊条、焊丝、焊剂和气体等。

每一种材料只有在特定的工作环境下，针对特定的焊接工艺才表现出较高的使用性能，了解和正确选用堆焊材料对于能否达到堆焊的预期效果有着极其重要的意义。

①根据堆焊合金层的使用目的分类根据堆焊合金层的使用目的可分为耐蚀堆焊、耐磨堆焊和隔离层堆焊。

a. 耐蚀堆焊。耐蚀堆焊又称包层堆焊，是为了防止工件在运行过程中发生腐蚀而在其表面上熔覆一层具有一定厚度和耐蚀性的合金层的堆焊方法。

b. 耐磨堆焊。耐磨堆焊是指为了防止工件在运行过程中表面产生磨损，使工件表面获得具有特殊性能的合金层，延长工件使用寿命的堆焊。

c. 隔离层堆焊。焊接异种材料时，为了防止母材成分对焊缝金属化学成分生产不利的影响，以保证接头性能和质量，而预先在母材表面（或接头的坡口表面）熔敷一层含有一定成分的金属层（称隔离层）。熔敷隔离层的工艺过程，称为隔离层堆焊。

②根据堆焊合金的形状分类堆焊合金按其形状分为丝状、带状、铸条状、粉粒状和块状等。

a. 丝状和带状堆焊合金。此合金由可轧制和拉拔的堆焊材料制成，可做成实心和药芯堆焊材料，有利于实现堆焊的机械化和自动化。丝状堆焊合金可用于气焊、埋弧堆焊、气体保护堆焊和电渣堆焊等；带状堆焊合金尺寸较大，主要用于埋弧堆焊等，熔敷效率高。

b. 铸条状堆焊合金。当材料的轧制和拉拔加工性较差时，如钴基、镍基和合金铸铁等，一般做成铸条状，可直接供气焊、气体保护堆焊和等离子弧堆焊时用作熔敷金属材料。铸条、光焊丝和药芯焊丝等外涂药皮可制成堆焊焊条，供焊条电弧堆焊使用。这种堆焊焊条适应性强、灵活方便，可以全位置施焊，应用较为广泛。

c. 粉粒状堆焊合金。将堆焊材料中所需的各种合金制成粉末，按一定配比混合成合金粉末，供等离子弧或氧乙炔火焰堆焊和喷熔使用。其最大的优点是可以方便地对堆焊层成分进行调整，拓宽了堆焊材料的使用范围。

d. 块状堆焊合金。一般由粉料加黏结剂压制而成，可用于碳弧或其他热源进行熔化堆焊，堆焊层成分调整也比较方便。

③根据堆焊合金的主要成分分类根据堆焊合金的主要成分可分为铁基堆焊合金、碳化钨堆焊合金、铜基堆焊合金、镍基堆焊合金和钴基堆焊合金。

a. 铁基堆焊合金。铁基堆焊合金的性能变化范围广，韧性和耐磨性配合好，并且成本低，品种也多，所以使用十分广泛。铁基堆焊由于碳、合金元素的含量和冷却速度不同，堆焊层的金相组织可以是珠光体、奥氏体、马氏体和合金铸铁组织等几种基本类型。每一种材料对具体的磨损因素可能表现出不同的耐磨性或经济性，也可能具有同时抗两种以上磨损的性能。

碳是铁基堆焊合金中最重要的合金元素。Cr、Mo、W、Mn、V、Ni、Ti、B 等作为合金化元素，不但影响堆焊层中硬质相的形成，对基体组织的性能也有影响。合金元素 Cr、Mo、W、V 可以使堆焊层有较好的高温强度，在 480 ~ 650℃时发生二次硬化。Cr 还使堆焊层具有较好的抗氧化性，在 1090℃ ω_{Cr} 在 25% 时能提供很好的保护作用。

b. 铜基堆焊合金。堆焊用的铜基合金主要有青铜、纯铜、黄铜、白铜四大类。其中应用得比较多的是铝青铜和锡青铜。铝青铜强度高、耐腐蚀、耐金属间磨损，常用于堆焊轴承、齿轮、蜗轮及耐海水腐蚀工件，如水泵、阀门、船舶螺旋桨等。锡青铜有一定的强度，塑性好，能承受较大的冲击载荷，减摩性优良，常用于堆焊轴承、轴瓦、蜗轮、低压阀门及船舶螺旋桨等。

c. 镍基堆焊合金。镍基堆焊合金分为含硼化物合金、含碳化物合金和含金属间化合物合金三大类。这类堆焊合金的耐金属间摩擦磨损性能最好，并具有很高的抗氧化性、耐蚀性和耐热性。此外，由于镍基合金易于熔化，有较好的工艺性能，所以尽管价格比较高，但应用仍广泛，常用于高温高压蒸汽阀门、化工阀门、泵柱塞的堆焊。

d. 钴基堆焊合金。钴基堆焊合金又称司太立（Stellite）合金，以 Co 为主要成分，加入 Cr、W、C 等元素，堆焊层的金相组织是奥氏体 + 共晶组织。碳质量分数低时，堆焊层由呈树枝状晶的 Co-Cr-W 固溶体（奥氏体）和共晶体组成，随着碳质量分数的增加，奥氏体数量减少，共晶体增多，因此，改变碳和钨的含量可改变堆焊合金的硬度和韧性。

C、W 质量分数较低的钴基合金，主要用于受冲击、高温腐蚀和磨料磨损的零件堆焊，如高温高压阀门、热锻模等。C、W 质量分数较高的钴基合金，硬度高、耐磨性好，但抗冲击性能低，且不易加工，主要用于受冲击较小、承受强烈的磨料磨损、高温及腐蚀介质下工作的零部件。

钴基堆焊合金具有良好的耐各类磨损的性能，在各类堆焊合金中，钴基合金的综合性能最好，有很高的热硬性，抗磨料磨损、耐腐蚀、抗冲击、抗热疲劳、抗氧化和抗金属间磨损性能都很好。这类合金易形成冷裂纹或结晶裂纹。在电弧焊和气焊时应预热至 200 ~ 500℃，对含碳较多的合金选择较高的预热温度。等离子弧堆焊钴基合金时，一般不预热，尽管钴基堆焊合金价格很贵，但仍得到了广泛的应用。

二、堆焊材料的选择

正确地选择堆焊合金是一项很复杂的工作。首先，要满足工件的工作条件和要求；其次，还要考虑经济性、母材的成分、工件的批量以及拟采用的堆焊方法但在满足工作要求与堆焊合金性能之间并不存在简单的关系，如堆焊合金的硬度并不能直接反映堆焊金属的耐磨性，所以堆焊合金的选择在很大程度上要靠经验和试验来决定对一般金属间磨损件表面强化与修复，可遵循等硬度原则来选择堆焊合金；对承受冲击负荷的磨损表面，应综合分析确定堆焊合金；对腐蚀磨损、高温磨损件表面强化或修复，应根据其工作条件与失效特点确定合适的堆焊合金。

三、常用的堆焊材料

（一）堆焊焊条

①堆焊焊条分类和牌号的表示方法。堆焊焊条大部分采用 H08A 冷拔焊芯，药皮加合金的形式，也有采用管状芯、铸芯或合金冷拔焊芯的。我国堆焊焊条的牌号由字母 D+ 三位数字组成，其中“D”为“堆”字汉语拼音第一个字母，表示堆焊焊条；牌号中的第一位数字，表示该焊条的用途、组织或熔敷金属主要成分；牌号中的第二个数字，表示同一用途、组织或熔敷金属主要成分中的不同编号，按 0、1、2、3、4、……、9 的顺序编号；牌号中的第三位数字，表示药皮类型和焊接电流的种类，例如 2 为钛钙型，6 为低氢型，7 为低氢型、直流反接，8 为石墨型。如 D256 表示：

②堆焊焊条型号的编制方法。堆焊焊条型号按熔敷金属化学成分及药皮类型划分。其编制方法如下：

a. 型号最前列为英文字母“E”，表示焊条。

b. 型号第二个字母“D”表示用于堆焊焊条。

c. 字母“D”后面用一个或两个字母、元素符号表示焊条熔敷金属化学成分分类代号，还可附加一些主要成分的元素符号；在基本型号内可用数字、字母进行细分类，细分类代号也可用短划“·”与前面分开。

d. 型号中最后两位数字表示药皮类型和焊接电流种类，用短划与前面分开。

（二）堆焊焊丝

根据焊丝的结构形状，堆焊焊丝可分为实心焊丝和药芯焊丝，药芯焊丝又可分为有缝焊丝和无缝焊丝两种。

根据堆焊工艺方法分为气体保护焊焊丝、埋弧焊焊丝、火焰堆焊焊丝、等离子弧堆焊焊丝。

根据化学成分分为铁基堆焊用焊丝（马氏体堆焊焊丝、奥氏体堆焊焊丝、高铬合金铸铁堆焊焊丝、碳化钨类堆焊焊丝）和非铁基堆焊焊丝（钴基合金堆焊焊丝、镍基合金堆焊焊丝）。

碳素钢、低合金钢、不锈钢实心焊丝牌号与一般焊接用焊丝基本相同。如 HO8Mn2SiA，非铁金属及铸铁焊丝牌号由“HS+ 三位数字”组成，如 HS221。

药芯焊丝牌号由“Y+ 字母 + 数字”表示，字母表示药芯焊丝。第二个字母及其后面的第一、第二、第三位数字与焊条编制方法相同，牌号中后面的数字表示焊接时的保护方法。药芯焊丝有特殊性能和用途时，在牌号后面加注其主要作用的元素或主要用途的字母（一般不超过两个）。

（三）焊剂

焊剂在堆焊过程中起到隔离空气、保护堆焊层合金不受空气侵害和参与堆焊层合金冶金反应的作用。按制造方法可以分为熔炼焊剂和说结焊剂两大类。

1. 熔炼焊剂

熔炼焊剂多用于埋弧堆焊低碳钢和低合金钢，对熔化金属只起到保护作用，不能进行合金过渡。牌号前“HJ”表示埋弧焊及电渣焊用熔炼焊剂。牌号第一位数字表示焊剂中氧化锰的含量，牌号第二位数字表示焊剂中二氧化硅、氟化钙的含量，牌号第三位数字表示同一类型焊剂的不同牌号，按 0、1、2、…、9 顺序排列。对同一牌号生产两种颗粒度时，在细颗粒焊剂牌号后面加“X”字。

2. 烧结焊剂

把各种粉料按配方混合后加入黏结剂，制成一定尺寸的小颗粒，经烘熔或烧结后得到的焊剂，称为烧结焊剂。制造烧结焊剂所采用的原材料与制造焊条所采用的原材料基本相同，对颗粒大小有严格要求。按照给定配比配料，混合均匀后加入黏结剂（水玻璃）进行湿混合，然后送入造粒机造粒。造粒之后将颗粒状的焊剂送入干燥炉内固化、烘干、去除水分，加热温度一般为 150 ~ 200℃，最后送入烧结炉内烧结。根据烘焙温度不同，烧结焊剂可分为黏结焊剂和烧结焊剂。

①黏结焊剂又称陶质焊剂或低温烧结焊剂，通常以水玻璃作为黏结剂，经 400 ~ 500℃低温烘焙或烧结得到。

②烧结焊剂要在较高的温度（600 ~ 1000℃）烧结。经高温烧结后，焊剂的颗粒强度明显提高，吸潮性大大降低。

烧结焊剂的碱度可以在较大范围内调节而仍能保持良好的工艺性能，可以根据需要过渡合金元素；而且，烧结焊剂适应性强，制造简便，故近年来发展很快。

牌号前“SJ”表示埋弧焊用烧结焊剂。牌号第一位数字表示焊剂熔渣的渣系，牌号第二位、第三位数字表示同一渣系类型焊剂中的不同牌号的焊剂。

第三节　堆焊方法

一、焊条电弧堆焊

焊条电弧堆焊是目前应用最广泛的堆焊方法，它使用的设备简单，成本低，对形状不规则的工件表面及狭窄部位进行堆焊的适应性好，方便灵活。

焊条电弧堆焊在我国有一定的应用基础，我国生产的堆焊焊条有完整的产品系列，仅标准定型产品就有近百个品种，还有很多专用及非标准的堆焊焊条产品。

焊条电弧堆焊在冶金机械、矿山机械、石油化工、交通运输、模具及金属构件的制造和维修中得到了广泛的应用。

（一）焊条电弧堆焊的原理

焊条电弧堆焊是将焊条和工件分别接在电源的两极，通过电弧使焊条和工件表面熔化形成熔池，冷却后形成堆焊层的一种堆焊方法。

（二）焊条电弧堆焊的特点

焊条电弧堆焊与一般焊条电弧焊的特点基本相同，设备简单、实用可靠、操作方便灵活、成本低，适于现场堆焊，可以在任何位置焊接，特别是能通过堆焊焊条获得满意的堆焊合金。因此，焊条电弧堆焊是目前主要采用的堆焊方法之一。

焊条电弧堆焊的缺点是生产效率低、劳动条件差、稀释率高。当工艺参数不稳定时，易造成堆焊层合金的化学成分和性能发生波动，同时不易获得薄而均匀的堆焊层。焊条电弧堆焊主要用于堆焊形状不规则或机械化堆焊可达性差的工件。

由于焊条电弧堆焊成本低、灵活性强，就其堆焊基体的材料种类而言，焊条电弧堆焊既可以在碳素钢工件上进行，又可以在低合金钢、不锈钢、铸铁、镍及镍合金、铜及铜合金等工件上进行。

（三）焊条电弧堆焊的设备

焊条电弧堆焊的设备和工具有：弧焊电源、焊钳、面罩、焊条保温筒，此外还有敲渣锤、钢丝刷等焊条及焊缝检验尺等辅助器具。弧焊电源即通常所说的电焊机是最重要的设备。

①对弧焊电源的要求在其他参数不变的情况下，弧焊电源输出电压与电流之间的关系，称为弧焊电源的外特性。弧焊电源的外特性可用曲线来表示，称为弧焊电源的外特性曲线。弧焊电源的外特性基本上有下降外特性、平外特和上升外特性三种类型。

由于焊条电弧焊电弧静特性曲线的工作段在平特性区，所以只有下降外特性曲线才与其有交点。因此，下降外特性曲线电源能满足焊条电弧焊的要求。

②对弧焊电源空载电压的要求弧焊电源接通电网而焊接回路为开路时，弧焊电源输出端电压称为空载电压。为便于引弧，需要较高的空载电压，但空载电压过高，对焊工人身安全不利，制造成本也较高。一般交流弧焊电源空载电压为 55 ~ 70V，直流弧焊电源空载电压为 45 ~ 85V。

③对弧焊电源稳态短路电流的要求弧焊电源稳态短路电流是弧焊电源所能稳定提供的最大电流，即输出端短路时的电流。稳态短路电流太大，焊条过热，易引起药皮脱落，

并增加熔滴过渡时的飞溅；稳态短路电流太小，则会使引弧和焊条熔滴过渡困难。因此，对于下降外特性的弧焊电源，一般要求稳态短路电流为焊接电流的 1.25 ~ 2.0 倍。

④对弧焊电源调节特性的要求在焊接中，根据焊接材料的性质、厚度、焊接接头的形式、位置及焊条直径等不同，需要选择不同的焊接电流，这就要求弧焊电源能在一定范围内，对焊接电流作均匀、灵活的调节，以便于保证焊接接头的质量。焊条电弧焊焊接电流的调节，实质上是调节电源外特性。

⑤对弧焊电源动特性的要求弧焊电源的动特性是指弧焊电源对焊接电弧的动态负载所输出的电流、电压对时间的关系，它表示弧焊电源对动态负载瞬间变化的反应能力。动特性合适时，引弧容易、电弧稳定、飞溅小、焊缝成形良好。弧焊电源动特性是衡量弧焊电源质量的一个重要指标。

（四）焊条电弧堆焊工艺

焊条电弧堆焊的堆焊规范对堆焊质量和生产率有重要影响，其中包括堆焊前工件表面是否需要清理及清理程度；焊条的选择及烘干；堆焊工艺参数的选择及必要的预热保温和层间温度的控制等。

①焊前准备堆焊前工件表面进行粗车加工，并留出加工余量，以保证堆焊层加工后有 3mm 以上的高度。工件上待修复部位表面上的铁锈、水分、油污、氧化皮等，堆焊修复时容易引起气孔、夹杂等缺陷，所以在焊接前必须清理干净。堆焊工件表面不得有气孔、夹渣、包砂、裂纹等缺陷，如有上述缺陷须经补焊清除，再粗车后方可堆焊。多层焊接修复时，必须使用钢丝刷等工具把每一层修复熔敷金属的焊渣清理干净。如果待修复部位表面有油和水分，可用气焊焊炬进行烘烤，并用钢丝刷清除。

②焊条选择及烘干根据对工件的技术要求，如工作温度、压力等级、工件介质以及对堆焊层的使用要求，选择合适的焊条。有些焊条虽不属于堆焊焊条，但有时也可用作堆焊焊条，如碳钢焊条、低合金焊条、不锈钢焊条和铜合金焊条等。

为确保焊条电弧堆焊的质量，所用焊条在堆焊前应进行烘干，去除焊条药皮吸附的水分。焊条烘干一般不能超过 3 次，以免药皮变质或开裂影响堆焊质量。

③焊条直径和焊接电流为提高生产率，希望采用较大直径的焊条和焊接电流。但是由于堆焊层厚度和堆焊质量的限制，必须把焊条直径和焊接电流控制在一定范围内。

堆焊焊条的直径主要取决于工件的尺寸和堆焊层的厚度。增大焊接电流可提高生产率，但电流过大，稀释率增大，易造成堆焊合金成分偏析和堆焊过程中液态金属流失等缺陷 - 而焊接电流过小，容易产生未焊透、夹渣等缺陷，且电弧的稳定性差、生产率低。一般来说，在保证堆焊合金成分合格的条件下，尽量选用大的焊接电流，但不应在焊接过程中由于电流过大而使焊条发红、药皮开裂、脱落。

④堆焊层数：堆焊层数是以保证堆焊层厚度、满足设计要求为前提。对于较大构件需要堆焊多层。堆焊第一层时，为减小熔深，一般采用小电流；或者堆焊电流不变，

提高堆焊速度，同样可以达到减少熔深的目的。

⑤堆焊预热和缓冷堆焊中最常碰到的问题是开裂，为了防止堆焊层和热影响区产生裂纹，减少零件变形，通常要对堆焊区域进行预热和焊后缓冷。

预热是焊接修复开始前对被堆焊部位局部进行适当加热的工艺措施，一般只对刚性大或焊接性差、容易开裂的结构件采用。预热可以减小修复后的冷却速度，避免产生淬硬组织，减小焊接应力及变形，防止产生裂纹。工件堆焊前的预热温度可视工件材料的碳当量而定。当某些大型工件不便在设备中预热时，可用氧乙炔火焰在修复部位预热；高锰钢及奥氏体不锈钢，可不预热；高合金钢预热温度大于 400℃。

二、氧乙炔火焰堆焊

氧乙炔火焰堆焊是用氧气和乙炔混合燃烧产生的火焰作热源的堆焊方法。

（一）氧乙炔火焰堆焊的特点

①氧乙炔火焰是一种多用途的堆焊热源，火焰温度较低（3050 ~ 3100℃），而且可调整火焰能率，能获得非常小的稀释率（1% ~ 10%）。

②堆焊时熔深浅、母材熔化量少。

③获得的堆焊层薄，表面平滑美观、质量良好。

④氧乙炔火焰堆焊所用的设备简单，可随时移动，操作工艺简便、灵活、成本低，所以得到较为广泛的应用，尤其是堆焊需要较少热容量的中、小零件时，具有明显的优越性。

（二）氧乙炔火焰堆焊的设备和材料

氧乙炔火焰堆焊所用的装置主要有焊炬、氧气瓶、乙炔气瓶或乙炔发生器、减压器、回火防止器、胶管等，与普通氧乙炔火焰焊接基本相同。

氧乙炔火焰堆焊一般采用实心焊丝，几乎所有的堆焊材料都可使用，如硬质合金焊丝、铜及铜合金焊丝及合金粉末（也称氧乙炔火焰粉末喷焊）。

堆焊焊剂是氧乙炔火焰堆焊时的助熔剂，目的在于去除堆焊中的氧化物，改善润湿性能，促使工件表面获得致密的堆焊组织。

（三）氧乙炔火焰堆焊工艺

①焊前准备：为保证堆焊层质量，堆焊前应将焊丝及工件表面的氧化物、铁锈、油污等脏物清除干净，以免堆焊层产生夹杂渣、气孔等缺陷。

为防止堆焊合金或基体金属产生裂纹和减小变形，工件焊前还需要预热，具体的预热温度根据被焊基体材料和工件大小而定。

②氧乙炔火焰堆焊焊接参数：合理选择氧乙炔堆焊焊接参数是保证堆焊质量的重要条件。氧乙炔火焰堆焊焊接参数主要包括：火焰的性质、焊丝直径、火焰能率、焊接速度、焊嘴与工件间的倾斜角度。

a. 火焰的性质。根据氧和乙炔混合比例的不同，氧乙炔火焰可分为中性焰、碳化焰和氧化焰三种。

b. 焊丝直径。焊丝直径主要依据焊件的厚度以及堆焊面积选择，过细过粗都不好。焊丝过细时，熔化较快，熔滴滴到焊缝上容易造成熔合不良和表面焊层高低不平，降低焊缝质量。焊丝过粗时，加热时间长，增加受热面积，容易造成过热组织，且会出现未焊透现象。

c. 火焰能率。火焰能率是以每小时混合气体的消耗量来表示的，单位为 L/h，与工件厚度、熔点有关。火焰能率由焊嘴来决定，焊嘴的孔径越大，火焰能率越大；焊嘴的孔径越小，火焰能率越小。

d. 堆焊速度。堆焊速度太快，容易产生未熔合等缺陷；速度过慢，则容易过烧穿。

e. 焊嘴的倾斜角度。焊嘴的倾斜角度根据焊件的厚度、焊嘴大小和金属材料的熔点或导热性、空间位置等因素来决定。堆焊厚度较大、熔点较高、导热性较好的焊件时，倾斜角度应大一些。在堆焊时，喷嘴的倾斜角并非是不变的，而是应根据情况随时调整。

三、埋弧堆焊

（一）埋弧堆焊的原理

用埋弧焊的方法在零件表面堆敷一层具有特殊性能的金属材料的工艺过程称为埋弧堆焊。

（二）埋弧堆焊的特点

①由于熔渣层对电弧空间的保护，减少了堆焊层的氮、氢、氧含量；同时由于熔渣层的保温作用，熔化金属与熔渣、气体的冶金反应比较充分，使堆焊层的化学成分和性能比较均匀，堆焊层表面光洁平整。由于焊剂中的合金元素对堆焊金属的过渡作用，则能够根据工件的工作条件的需要，选用相应的焊丝和焊剂，获得满意的堆焊层。

②埋弧堆焊在熔渣层下面进行，减少了金属飞溅，消除了弧光对工人的伤害，产生的有害气体少，从而改善了劳动条件。

③埋弧堆焊层存在残余压应力，有利于提高修复零件的疲劳强度。

④埋弧堆焊都是机械化、自动化生产，可采用比焊条电弧堆焊高得多的电流，因而生产率高，比焊条电弧焊或氧乙炔火焰堆焊的效率高 3 ~ 6 倍，特别是针对较大尺寸的工件，埋弧堆焊的优越性更加明显。

（三）埋弧堆焊的分类

为了降低稀释率，提高熔敷速度，埋弧堆焊有多种形式，具体有单丝埋弧堆焊、多丝埋弧堆焊、带极埋弧堆焊、串联电弧埋弧堆焊和粉末埋弧堆焊等。

①单丝埋弧堆焊该方法适用于堆焊面积小或者需要对工件限制热输入的场合。减小焊缝稀释率的措施有：采用下坡焊、增大焊丝伸出长度、增大焊丝直径、焊丝前倾、减小焊道间距以及摆动焊丝等。

②多丝埋弧堆焊该方法一般采用横列双丝并联埋弧焊和横列双丝串联埋弧焊工艺。该方法能够获得比较低的稀释率和浅的熔深。

③带极埋弧堆焊该方法采用厚0.4 ~ 0.8mm.宽25 ~ 80mm的钢带作电极进行堆焊。带极埋弧堆焊具有熔敷率高、熔敷面积大、稀释率低、焊道平整、成形美观以及焊剂消耗少等优点，因此是当前大面积堆焊中应用最广的堆焊方法。

（四）埋弧堆焊的焊接参数

埋弧堆焊最主要的焊接参数是电源性质和极性、焊接电流、电弧电压、堆焊速度和焊丝直径，其次是焊丝伸出长度、焊剂粒度和焊剂层厚度等。

①电源性质和极性：埋弧堆焊时可用直流电源，也可采用交流电源。采用直流正接时，形成熔深大、熔宽较小的焊缝；直流反接时，形成扁平的焊缝，而且熔深小。从堆焊过程的稳定性和提高生产率考虑，多采用“直流反接”。

②焊丝直径和焊接电流：焊丝直径主要影响熔深，直径较细，焊丝的电流密度较大，电弧的吹力大，熔深大，易于引弧。焊丝越粗，允许采用的焊接电流就越大，生产率也越高。焊丝直径的选择应取决于焊件厚度和焊接电流值。

对于同一直径的焊丝来说，熔深与工作电流成正比，工作电流对熔池宽度的影响较小。若电流过大，容易产生咬边和成形不良，使热影响区增大，甚至造成烧穿；若电流过小，使熔深减小，容易产生未焊透，而且电弧的稳定性也差。

埋弧堆焊的工作电流与焊丝直径的关系如下：

$$I=(85\sim110)d$$

式中，I为工作电流（A）；d为焊丝直径（mm）。

③电弧电压：工作电压过低，引弧困难，堆焊中易熄弧，堆焊层结合强度不高；工作电压过高，引弧容易，但易出现堆焊层高低不平，脱渣困难，影响堆焊层质量。随着焊接电流的增加，电弧电压也要适当增加，二者之间存在一定的配合关系，以得到比较满意的堆焊焊缝形状。

④焊剂粒度和堆高：堆高就是焊剂的堆积高度。堆高要合适，堆高过大，电弧受到焊剂层压迫，透气性变差，使焊缝表面变得粗糙，成形不良。一般工件厚度较薄、焊接电流较小时，可采用颗粒度较小的焊剂。

⑤堆焊速度：堆焊速度一般为 0.4 ~ 0.6m/min。堆焊轴类零件时，工件转速与工件直径之间的关系可按下式计算：

$$n=(400\sim600)/\pi D$$

式中，n 为工件转速（r/min）；D 为工件直径（mm）。

⑥送丝速度：埋弧堆焊的工作电流是由送丝速度来控制的，所以工作电流确定后，送丝速度就确定了。通常，送丝速度以调节到使堆焊时的工作电流达到预定值为宜。当焊丝直径为 1.6 ~ 2.2mm 时，送丝速度为 1 ~ 3m/min。

⑦焊丝伸出长度：焊丝伸出焊嘴的长度称为焊丝伸出长度，影响熔深和成形。焊丝伸出过长，其电阻热增大，熔化速度快，使熔深减小。焊丝伸出长度大，焊丝易发生抖动，堆焊成形差。若焊丝伸出太短，焊嘴离工件太近，会干扰焊剂的埋弧，且易烧坏焊嘴。根据经验，焊丝伸出长度约为焊丝直径的 8 倍，一般为 10 ~ 18mm。

⑧预热温度：预热的主要目的是降低堆焊过程中堆焊金属及热影响区的冷却速度，降低淬硬倾向并减少焊接应力，防止母材和堆焊金属在堆焊过程中发生相变导致裂纹产生。预热温度的确定需依据母材以及堆焊材料的碳质量分数和合金含量而定，碳和合金元素的质量分数越高，预热温度应越高。

四、CO_2气体保护堆焊

（一）CO_2气体保护堆焊的原理

CO_2 气体保护堆焊是以 CO_2 气体作为保护气体，依靠焊丝与焊件之间产生的电弧熔化金属形成堆焊层。

在堆焊过程中 CO_2 气体从喷嘴中吹向电弧区，把电弧、熔池与空气隔开形成一个气体保护层，防止空气对熔化金属的有害作用，从而获得高质量的堆焊层。

（二）CO_2气体保护堆焊的特点

CO_2 气体保护堆焊的优点是堆焊层质量好、耐腐蚀、抗裂性能强、堆焊层变形小、堆焊层硬度均匀、生产效率高、成本低；其缺点是不便于调整堆焊层成分、稀释率高、飞溅大。

（三）CO_2气体保护堆焊的焊接参数

CO_2 气体保护堆焊的焊接参数有电源极性、焊丝及焊丝直径、焊接电流、电弧电压、堆焊螺距、电感、CO_2 气体流量以及焊丝伸出长度等。

①电源极性：CO_2 气体保护堆焊一般采用直流反接，电弧稳定，飞溅小，熔深大。堆焊比较特殊，可采用直流正接，电弧热量比较高，焊丝熔化速度快，生产效率高，

熔深浅，焊道高度大。

②焊丝与电流：CO_2 气体保护堆焊常用焊丝有 H2OMnSi、$H0_8Mn_2Si$、$H0_4MnSiA$ 等。目前堆焊使用的焊丝直径有 ϕ1.6mm、ϕ1.2mm、ϕ2.0mm 等。生产实践表明，使用 ϕ1.6mm 焊丝时，堆焊电流为 140 ~ 180A，适宜的电压为 20V；使用 ϕ2.0mm 焊丝时，堆焊电流为 190 ~ 210A，适宜的电压为 21V。

③堆焊速度：堆焊速度影响焊道宽度及堆焊层的形成，对焊道高度影响不大速度越快焊道越窄，相邻焊道之间的实际厚度越小。因此，选择堆焊速度时，要消除焊道间的明显沟纹。

④堆焊螺距：堆焊螺距增大，相邻焊道间距离增加，相互搭接部分尺寸减小，焊道间沟纹明显，焊后机械加工量大堆焊螺距太小，会使母材熔深变小，焊层与母材结合不牢，甚至出现虚焊现象。

⑤电感：电感影响堆焊过程的稳定性和飞溅。电感过大，短路电流增长速度慢，短路次数少，出现大颗粒的飞溅和熄弧，并使引弧困难，易产生焊丝成段炸断。反之，电感太小，短路电流增长速度太快，会造成很细的颗粒飞溅，焊缝边缘不齐，成形不良。

五、电渣堆焊

（一）电渣堆焊的原理

电渣堆焊是利用电流通过液态熔渣产生的电阻热作为热源，将电极和焊件表面熔化，冷却后形成堆焊层的工艺方法。

（二）电渣堆焊的特点

电渣堆焊的特点是熔敷率很高，稀释率低，质量好；堆焊层和热影响区过热，堆焊后需要进行正火处理电渣堆焊主要用于需要堆焊较厚堆焊层、堆焊表面形状简单的焊件。

（三）电渣堆焊的参数

①焊接电压：精确控制焊接电压对带极电渣堆焊具有重要意义，电压太低时，有带极粘连母材的倾向；电压太高时，电弧现象明显增加，熔池不稳定，飞溅也增大，推荐的焊接电压可在 20 ~ 30V 之间优选。

②焊接电流：焊接电流对带极电渣堆焊质量影响也较大焊接电流增加，焊道的熔深、熔宽、堆高均随之增加，而稀释率略有下降，但电流过大，飞溅会增加：不同宽度的带极应选择不同的焊接电流，如对 ϕ75mm × 0.4mm 的带极，电流可在 1000 ~ 1300A 之间优选。

③焊接速度，随着焊接速度的增加，焊道的熔宽和堆高减小，熔深和稀释率增加，焊速过高，会使电弧发生率增加，为控制一定的稀释率，保证堆焊层性能，焊接速度一般控制在 15 ~ 425mm/min。

六、等离子弧堆焊

（一）等离子弧堆焊的原理

等离子弧堆焊是利用联合型或转移型等离子弧为热源，将焊丝或合金粉末送入等离子弧区进行堆焊的工艺方法。

（二）等离子弧堆焊的特点

与其他堆焊热源相比，等离子弧温度高，能量集中，燃烧稳定，能迅速而顺利地堆焊难熔材料，生产效率高；熔深可以自由调节，稀释率很低，堆焊层的强度和质量高；是一种低稀释率和高熔敷率的堆焊方法。等离子弧堆焊的主要缺点是：设备复杂、堆焊成本高，堆焊时有噪声、辐射和臭氧污染等。

（三）等离子弧堆焊的工艺

等离子弧堆焊按堆焊材料的形状，可分为填丝等离子弧堆焊和粉末等离子弧堆焊两种。

1. 填丝等离子弧堆焊

填丝等离子弧堆焊又分为冷丝、热丝、单丝、双丝等离子弧堆焊。

①冷丝等离子弧堆焊。以等离子弧作为热源，填充丝直接被送入焊接区进行堆焊。拔制的焊丝借机械送入，铸造的填充棒用手工送入。这种方法比较简单，堆焊层质量也较稳定，但效率较低，目前已很少使用。

②热丝等离子弧堆焊。采用单独预热电源，利用电流通过焊丝产生的电阻热预热焊时，再将其送入等离子弧区进行堆焊。焊丝利用机械送入，既可以是单热丝，也可以是双热丝。

由于填充丝预热，使熔敷率大大提高，而稀释率则降低很多，且可除去填充丝中的氢，大大减少了堆焊层中的气孔。

2. 粉末等离子弧堆焊

粉末等离子弧堆焊是将合金粉末自动送入等离子弧区实现堆焊的方法，也称为喷焊。粉末等离子弧堆焊采用 Ar 气作为电离气体，通过调节各种焊接参数，控制过渡到工件的热量，可获得熔深浅、稀释率低、成形平整光滑的优质涂层。

等离子弧堆焊一般采用两台具有陡降外特性的直流弧焊机作为电源，将两台焊机的负极并联在一起接至高频振荡器，再由电缆接至喷枪的铀钨极，其中一台焊机的正极接喷枪的喷嘴，用于产生非转移弧，另一台焊机的正极接工件，用于产生转移弧，Ar 作离子气，通过电磁阀和转子流量计进入喷焊枪。接通电源后，借助高频火花引燃非转移弧，进而利用非转移弧射流在电极与工件间造成的导电通道，引燃转移弧。在建立转移弧的同时或之前，由送粉器向喷枪供粉，吹入电弧中，并喷射到工件上。转移弧一旦建立，就在工件上形成合金熔池，使合金粉末在工件上“熔融”，随着喷枪或工件的移动，液态合金逐渐凝固，最终形成合金堆焊层。

等离子弧粉末堆焊的特点是稀释率低，一般控制在 5% ~ 15%，有利于充分保证合金材料的性能，如焊条电弧堆焊需要堆焊 5mm，而等离子弧堆焊则只需堆焊 2mm。等离子弧温度高，且能量集中，工艺稳定性好，指向性强，外界因素的干扰小，合金粉末熔化充分，飞溅少，熔池中熔渣和气体易于排除，从而使获得的熔敷层质量优异，熔敷层平整光滑，尺寸范围宽，且可精确控制，一次堆焊层宽度可控制在 1 ~ 150mm，厚度为 0.25 ~ 8mm，这是其他堆焊方法难以达到的此外，等离子弧粉末堆焊生产率高，易于实现机械化和自动化操作，能减轻劳动强度。

等离子弧粉末堆焊主要用于阀门密封面、模具刃口、轴承、涡轮叶片等耐磨零部件的表面堆焊，以提高这些零件或工件的表面强度和耐磨性，是目前广泛应用的一种等离子弧堆焊方法。

我国是煤炭大国，采煤机截齿是落煤及碎煤的主要工具，也是采煤及巷道掘进机械中的易损件之一。为了解决截齿在采煤过程中的快速磨损失效问题，采用等离子弧自动堆焊方式在 20CrMnTi 或 20CrMnMo 钢截齿锥顶（硬质合金刀头）以下齿体部位沿圆周方向堆焊一个宽度 20 ~ 30mm、厚 2 ~ 3mm 的环形 Cr-Mo-V-Ti 耐磨堆焊层。

采用等离子弧自动堆焊后进行刀头钎焊工艺，利用钎焊热循环对等离子堆焊层进行二次硬化处理，彻底解决钎焊过程对齿头造成的退火软化难题，延长硬质合金刀头的服役期。

七、振动电弧堆焊

（一）振动电弧堆焊的原理

振动电弧堆焊的工作原理是焊丝在送进的同时按一定频率振动，造成焊丝与工件周期性的短路、放电，使焊丝在 12 ~ 22V 较低电压下熔化，并稳定地堆焊到工件表面。

（二）振动电弧堆焊的特点

振动电弧堆焊的优点是熔池浅、热影响区小、堆焊层薄而均匀、工件变形较小、生产率较高、劳动条件较好。其缺点是振动电弧堆焊时焊剂的保护作用差，氢、氧、氮易浸入电弧区和熔池,在堆焊层与基体的结合处易产生针眼状气孔;堆焊层氢含量高,易产生裂纹;堆焊层受热和冷却不均匀,易造成组织和硬度不均匀。为了防止焊丝和焊嘴熔化粘连或在焊嘴上结渣,需向焊嘴供给少量冷却液。

(三)振动电弧堆焊的设备

振动电弧堆焊的设备主要有以下几部分组成:

①堆焊机床。

②堆焊机头。堆焊机头用以使焊丝按一定频率和振幅振动,并以一定速度送入堆焊处。按产生振动的方式不同可分为电磁式和机械式。

③电源。一般采用直流电源。

④电气控制柜和冷却液供给装置。

第十章　金属表面性能检测技术

第一节　外观检测

外观是涂层（膜）性能的最直观反映。

外观检验时，通常在光线充足的环境条件下，用肉眼进行观察。

其方法是：在天然散射光或无反射光的白色透明光线下，用目力直接观察。光的照度应不低于300lx（也即相当于零部件放在40W日光灯下距离50cm处的光照度）。

一、钢铁件氧化膜外观

钢铁氧化膜的外观检查的总要求：

①碳钢或低合金钢氧化膜为黑色或蓝黑色，合金钢的氧化膜为浅蓝色、深棕色或黑色，铁硅合金的氧化膜为金黄色或浅棕色。

②钢铁氧化膜应为连续均匀。

钢铁氧化膜外观检查时，具有下列情况或其中之一时，均为允许缺陷：

①焊接件的氧化膜不均匀。

②氧化前钢铁表面粗糙度不一致。

③氧化膜有轻度的水印。

钢铁氧化膜外观检查时，具有下列情况或其中之一时，均为不允许缺陷：

①局部无氧化膜。

②表面有挂灰和赤褐色或红色的斑点。

③有残留的碱液（用酚酞液检查时变红色）。

④氧化膜有划伤等裂痕。

二、钢铁件磷化膜外观

磷化膜的外观检验，通常在自然光照度不小于100lx下，进行目测或用6倍放大镜下观测，与检查其他膜的方法类似。

总要求：磷化膜结晶应致密、连续、均匀，无白点、锈斑、鳞片状磷化膜，无手印等。

整个金属表面应全部被磷化膜所覆盖，且磷化膜的厚度应足以完全保护金属表面。检查时，将磷化后的金属材料浸入清水中，磷化膜未覆盖的地方会露出金属光泽。根据零件材料的材质不同和磷化液的类型不同，磷化膜的颜色由浅灰色、深灰色到黑灰色或彩色。含铬、锰、硅元素的合金钢制材料，磷化层显红褐色。

磷化膜外观检查时，具有下列情况或其中之一时，均为允许缺陷：

①轻微水迹、擦白及轻微挂灰现象。

②由于局部热处理、焊接以及加工状态的不同而造成颜色和结晶不均匀。

③焊缝处无磷化膜。

④除去锈蚀处与整体色泽不一致。

磷化膜有下列情况之一时，为不允许缺陷：

①疏松的磷化膜层。

②锈蚀未除净，或重新出现锈蚀或绿斑。

③局部无磷化膜（焊缝处除外）。

④表面出现手指轻抹可抹掉的挂灰。

三、铝及铝合金阳极氧化膜外观

铝及铝合金阳极氧化膜外观检验的总要求：

①铝及铝合金硫酸阳极氧化膜层钝化前的颜色为乳白色或灰白色。

②钝化后为黄绿色至浅黄色。铬酸阳极氧化为浅灰色至乳白色。

铝及铝合金阳极氧化膜外观检查时，具有下列情况或其中之一时，均为允许缺陷：

①同一零件上有不同颜色的阴影。

②有轻微的水印。

③有夹具印。

铝及铝合金阳极氧化膜外观检查时，具有下列情况或其中之一时，均为不允许缺陷：

①用手指能擦掉的疏松膜层和钝化着色的挂灰。

②存在条纹、烧焦、过腐蚀、斑点和划伤。

③存在裸铝零件阳极氧化后，出现黑点和黑斑。

④存在未洗净的盐类痕迹。

四、铝及铝合金硬质阳极氧化膜外观

铝及铝合金硬质阳极氧化膜外观检验的总要求：

①硬质阳极氧化膜层颜色应为暗灰色至黑色。

②膜层应为连续的、均匀的。

铝及铝合金阳极氧化膜外观检查时，具有下列情况或其中之一时，均为允许缺陷：

①局部无膜层（工艺规定除外）。

②有过腐蚀现象。

③有疏松和易擦掉的氧化膜。

④膜层表面上有光亮的白斑点。

⑤同一零件有不同颜色及光泽。

⑥存在轻微的水印。

⑦存在由于铸造所引起的缺陷。

⑧夹具处无膜层。

⑨变形板材有条纹。

五、铝及铝合金铝酸化学氧化膜的外观

铝及铝合金铬酸化学氧化膜外观检验的总要求：

①铝及铝合金铬酸化学氧化膜层颜色为金黄色或黄色并略带绿色与红色的彩虹色，铸件的膜为深灰色。

②膜层应为连续、均匀。

铝及铝合金铬酸化学氧化膜外观检查时，具有下列情况或其中之一时，均为允许缺陷：

①铸造砂眼处的膜层颜色比其他地方浅。

②厚度小于 0.8mm 的板材零件其氧化膜层上有氧化色。

铝及铝合金铬酸化学氧化膜外观检查时，具有下列情况或其中之一时，均为不允许缺陷：

①局部无氧化膜。

②擦伤、划伤及过腐蚀。

③由于水洗不干净而残留的铬酸盐堆积。

④零件氧化后在室温下放置 24h 后，用手指施以中等压力擦氧化膜时，膜层变色脱落。

六、镁及镁合金氧化膜的外观

镁及镁合金氧化膜外观检验的总要求：

①镁及镁合金氧化膜为草黄色至金黄色或黄褐色至浅黑色（取决于不同的工艺条件）。

②膜层应连续均匀。

镁及镁合金氧化膜外观检查时，具有下列情况或其中之一时，均为允许缺陷：

①同一零件上有轻微的不同颜色。

②由旧氧化膜引起的斑点，零件过热引起的黑斑，焊缝处有黑色部位及铝的反偏析。

镁及镁合金氧化膜外观检查时，具有下列情况或其中之一时，均为不允许缺陷：

①氧化膜表面出现白点和黑点。

②有过腐蚀。

③有用手可擦去的疏松氧化膜。

④有未清洗干净的盐类痕迹。

七、铜及铜合金氧化膜的外观

铜及铜合金氧化膜外观检验的总要求如下：

①铜及铜合金氧化膜为黑色。

②氧化膜应为连续均匀的。

铜及铜合金氧化膜外观检查时，若同一零件上有不均匀的颜色，视为允许缺陷。铜及铜合金氧化膜外观检查时，具有下列情况或其中之一时，均为不允许缺陷：

①局部表面无氧化膜。

②有疏松的氧化膜。

③过腐蚀。

④有未洗干净的盐类痕迹。

八、铜及铜合金钝化膜的外观

铜及铜合金钝化膜外观检查的总要求如下：

①铜零件钝化膜的颜色应呈金属本色，用重铬酸钠钝化的膜层应为金黄色至彩虹色。

②膜层应该是连续均匀的。

铜及铜合金钝化膜外观检查时，同一零件上有不均匀的颜色和无光泽暗色，视为允许缺陷。

铜及铜合金钝化膜外观检查时，具有下列情况或其中之一时，均为不允许缺陷：

①局部无钝化膜或可擦去的钝化膜。

②未除尽的黑点、斑点、锈蚀点和残留氧化物。

③有过腐蚀。

④有未清洗干净的盐类痕迹。

九、表面涂膜外观检测方法

工件表面涂膜外观检测的方法及要点详见表 10-1。

表 10-1　涂膜外观检测

检测方法	要点
涂膜表面状态	肉眼观察，涂膜外观应无颗粒、缩孔、针孔、斑痕、橘皮状，用手触摸应平整光滑，无粗糙感
光泽度	用于光泽测定的试板，不得有波纹、弯曲、表面扭曲，否则严重影响测试结果。 （1）按标准制备试板。 （2）测量漆膜厚度，挑选膜厚 20 μ m 左右的试板。 （3）按仪器说明书预热检验仪器，在试板 3 个不同位置进行测量（读数精确到 0.01），测试两块试板
接触角	将液滴视为球形的一部分，液滴很小时，重力的影响忽略不计，测量液滴在涂膜平面上的高度 h 和宽度 $2r$，根据 $sin\theta=\frac{2hr}{h2+r2}$) 或或 $tan\frac{\theta}{2}=\frac{h}{r}$，可得到接触角 θ，利用 Zisnman、*O/W* 等方法计算出涂膜表面的临界表面张力、表面自由能
鲜映性	利用标准数字板通过涂膜表面反射到目视镜，观察者通过看得清的数字确定鲜映性数值（D01 值），与标准镜片作比较，观察者在标准试片上应能清晰读出 D01 值为 1.0 时所对应的数列
灰尘抵抗性	吹附粉末试料（灰尘涂料）到规定试料（基层涂料）的情况和吹附设定的试料灰尘（灰尘涂料）到试料（基层涂料）的情况下，检测有无缩孔、凹下、颗粒、突出等现象
色差	目视调查试片和标准板的色差，将色差以色相、明度、彩度的程度表示出来；或通过仪器测试的方法，用 17 个方向表示出和目视色差的相关值，测定值有偏差，测定取平均值
耐过烘烤性	在脱脂棉或纱布上蘸丙酮（或甲基乙基酮、甲基异丁基酮），在漆膜上用刀（约 1kg）往复摩擦 10 次，观察漆膜表面状态及纱布上是否黏有漆膜。漆膜表面不变色，不失光，脱脂棉或纱布上不黏色为合格。烘烤温度过高，烘干时间过长，产生过度烘干，轻时影响中涂或面漆在电泳底层的附着力，严重时涂膜变脆，甚至脱落

第二节 耐腐蚀性与耐磨性

一、耐腐蚀性

（一）大气腐蚀试验

为了测试金属涂漆层及转化膜在各种自然大气环境中的耐大气腐蚀性能，通常是将这些材料或组件（如金属、合金材料，或已覆盖各种膜层或镀层的试验样品）搁放在大气腐蚀试验场内，任由其风吹、日晒、雨淋。经过一段时间后，仔细观察其表面的锈蚀情况进行记录，或对其增、减重情况进行腐蚀速度的计算，最终得到这些材料在某段时间内的大气腐蚀结果报告，供科学研究或生产时参考。这种做法所得到的结果真实可靠，特别是试验时间越长，结果的可靠程度越高，也越有参考价值。但是，由于大多数金属在大气中的腐蚀速度都比较小，要准确地测量结果，则需要较长的试验时间，一般都是以年计算，较短的要 3 ~ 5 年，较长的要 5 ~ 15 年。因此作为指导生产或作为科研技术的判断，试验时间太长是不可行的。

1. 大气条件分类

按暴露场地所处地区的环境条件，可将大气条件分为工业性大气、海洋性大气、农村大气、城郊大气四类。

①工业性大气。暴露场在工厂集中的工业区内，具有被工业性介质（如 SO_2、H_2S、NH_3、煤灰等）污染较严重的大气条件。

②海洋性大气。暴露场在靠近海边 200m 以内，容易受到海洋性盐雾污染的大气条件。

③农村大气。暴露场在远离城市的乡村，空气洁净，基本上没有受工业性介质或海洋性盐雾污染的大气条件。

④城郊大气。暴露场在城市边沿地区，有被工业性介质轻微污染的大气条件。

2. 暴露方式

根据产品测试的目的和要求，大气暴露试验的方式主要有以下几种：

①敞开暴露。敞开暴露的试样直接放在室外的框架上。框架采用能够经受腐蚀的材料制成，试样在框架上面向南方，框架附近的植物高度不应大于 0.2m。

②遮挡暴露。遮挡暴露的试样在高度不小于 3m 的遮挡棚内放置。遮挡棚呈伞形棚顶，严格防止雨水渗漏，且能完全或部分遮蔽阳光直接照射在试样上。

③封闭暴露。封闭暴露的试样置于百叶箱内，百叶箱要求防止大气沉降、阳光辐

射和强风直吹，但应与来自箱外的空气保持流通。箱顶不允许渗漏，且有适当倾斜，有檐和雨水沟槽。百叶箱四周做成活动式，保证箱内外大气交换，但雨、雪不会进入箱内，百叶箱尺寸根据试样大小和数量而定，置于试验场的空地上，两百叶箱的间距应大于百叶箱高度的两倍。

3. 大气暴露场的选择和要求

按各类不同的大气条件，分为室外大气暴露场和室内大气暴露场两种，在选址时均有严格的要求，否则会影响评定结果。

（1）室外大气暴露场的选择和要求

①暴露场应设在完全敞开的地方，能充分受到大气（空气、日光、雨、露、雾、霜、雪等）的侵袭，周围的建筑物、树木和试样架应有一定的间隔距离，保证周围建筑物和树木等的阴影在任何时刻都不会投射到被测试样上。

②除工业大气暴露场外，其他的大气暴露场附近不允许有烟囱、通风口以及产生大量 CO_2、SO_2 等气体和煤灰等污染源的建筑物。未符合规定的项目，应在试验记录上加以注明。

③放置试样的金属架应涂覆防锈漆（环氧铁红底漆两层，醇酸铝粉漆两层），架子应离地面 0.8 ~ 1.0m，面向南方，架面与水平方向成 45° 角。搁置试样用磁绝缘子。

④设置在沿海地区的暴露场，为了防止台风吹倒试样架，对试样和试样架应采取有效的固定装置。

⑤试样在大气暴露时，应收集或测定暴露场的各种气象资料，以便进行试验结果分析。内容包括：地区累年极限温度，温度出现频率统计表；月、日最高、最低、平均温度和相对湿度；雨量及雨日数、晴日数、露日数、雾日数和日照数。

⑥大气暴露过程中，应根据暴露大气的类型，定期分析相应的大气中的有害介质。

（2）室内大气暴露场的选择和要求

室内暴露场一般分两种：通风良好的和阴暗潮湿的。

①通风良好的条件。温度、湿度条件和室外阴、晴天相接近。但要保证室内每件试样均不受日晒、雨淋。这种暴露场的房屋结构应仿照放置气象仪器的百叶箱的形式和原理，即两边墙壁上多开百叶窗，同时，它的位置应与室外暴露场相邻。

②阴暗、潮湿的条件。这种室内暴露场主要是考验涂层在地下室或山洞内的防护性能，因此该暴露场也应设在地下室或山洞内。由于地下室或山洞内的温度和湿度与室外的有差别，因而必须具有自动记录温度和湿度的气象仪器，定期统计记录数据。

对于试样在室内暴露场中的悬挂方式无特殊要求，片状试样可垂直悬挂，外形奇特的试样可按次序放置在木制的试样架上。

4. 试样的要求和暴露方法

大气暴露试验用的试样，片状试样以规格为 50mm × 100mm ×（1 ~ 2）mm 的钢板（或其他金属板）作为基体，成品试样规格不限，但暴露时应将主要表面向上放置，并朝向南方，每件试样均应有不易消失的编号，可打上钢印或挂上字牌等。

试样的暴露方法应满足以下要求：

①试样一年四季均可进行暴露，但若同一批试样分别在不同地区的暴露场试验，则其投试时间应相同。

②试验前应用专用记录卡片记录试样的编号、涂层结构、厚度、外观色泽等，编写试验纲要（包括试验目的、要求、检查周期等）。每种试样需留出 1 ~ 3 件，保存于干燥器中，供试验过程中的比较观察。

③试样在暴露头 3 个月中，检查次数应频繁，如每月 2 ~ 3 次，应注意观察开始出现腐蚀点的时间，并记录在卡片上。3 个月以后，检查次数可以适当减少，但是也应每月一次。一年后可以每 3 个月检查一次。

④冬季暴露的试样，遇到下雪时，应及时除去试样表面的雪。

⑤取试样时不得用手直接接触试样测试表面（片状试样可以接触边缘，外形不规则的试样只能接触其非主要表面），两件试样不得相互重叠、摩擦，以免造成机械损伤影响测试结果。

5. 试验结果的定性评定

试验结果的定性评定可用肉眼或放大镜（3 ~ 5 倍）观察，也可使用一些简单的工具和设备。

各种涂层或转化膜在大气中的腐蚀结果，均具有其独特的表现（如颜色、形状等），从这些腐蚀的产物及其变化发展，可判断涂层、转化膜及基体金属的腐蚀程度，从而确定其防护性能。

涂层的定性检查和记录主要有以下 5 个方面。

①涂层和基体金属腐蚀产物的颜色和形状见表 10-2。

表 10-2 腐蚀产物的颜色和形状

涂层或基体金属	腐蚀产物	颜色	形状
钢铁（基体金属）	$FeO \cdot Fe_2O_3 \cdot H_2O$	棕色	点状
铜和铜合金（基体金属）	$CuCO_3 \cdot Cu(OH)_2 \cdot H_2O$	蓝绿色	点状
镀锌层	$Zn(OH)_2$、ZnO、$ZnCO_3$、$2ZnO \cdot 3H_2O$等	白色、灰白色	膜状：灰色 点状：白色
铝及铝合金	$Al_2O_3 \cdot nH_2O$	白色、灰白色	点状

②光泽。经大气暴露后涂层的光泽是指涂层呈膜状腐蚀时被氧化的程度。检查和评定时应与保存的同一原始试样相比较，按涂层光泽消失程度的不同分为：

a. 良好 —— 无变化或变化不明显。

b. 微暗 —— 光泽略有变化，但仍留有光泽。

c. 暗淡 —— 颜色深暗，无光泽。

③腐蚀率。腐蚀率是指涂层被穿透、直达基体金属的腐蚀点的比率，是评定阴极性涂层防护性能的主要内容，可按下列方式观察计算。

用一透明的带方格（5mm × 5mm）的有机玻璃板，覆盖在被测涂层（膜层）试样表面，数出涂层（膜层）表面的总方格数，以 N 表示，再数出有腐蚀点出现的方格数，以口表示，则腐蚀率为：

$$腐蚀率 = \frac{n}{N} \times 100\%$$

④开裂。计算开裂面积的百分比，与腐蚀率面积百分比的计算方法相同。

⑤从定性评定结果确定腐蚀等级。以定性评定结果确定涂层腐蚀等级，一般分为 5 个等级。

a.1 级：涂层（膜层）表面无变化，或仅光泽微暗者。

b.2 级：涂层（膜层）出现腐蚀点或膜状氧化物，或光泽暗淡，但无基体金属腐蚀点者。

c.3 级：出现基体金属腐蚀点，但少于总面积的 10%。

d.4 级：基体金属腐蚀点面积小于总面积的 30%，或涂层开裂面积达到同样程度者。

e.5 级：基体金属腐蚀点面积超过表面积的 30%，或涂层开裂程度达到同样程度者。达到 5 级的涂层，已被严重腐蚀，可以终止试验。

6. 试验结果的定量评定

大气暴露试验的定量评定，主要采用称重法，即测量单位时间内的涂层腐蚀失重，并求出其腐蚀速度。

定量评定的试样，在试验前应按要求称得其质量，经一段时间暴露试验后取下试样，采用表 10-3 规定的溶液浸渍，除去腐蚀产物，然后干燥称重，根据两次称得的质量，按下式计算失重。

表 10-3　几种金属或涂层上腐蚀产物去除方法

金属或涂层	腐蚀产物去除方法
钢铁	常温下，浸在饱和氯化铵溶液中直至除去
铝及铝合金	常温下，浸在 5%（质量分数）的硝酸溶液中直至除去
铜及合金	常温下，浸在 5%（质量分数）的硫酸溶液中直至除去
锌及合金	80℃下，浸在饱和氯化铵溶液中直至除去

$$G = \frac{m_0 - m_1}{St}$$

式中 G—— 单位表面积的涂层在单位时间内的失重，g/（$m^2 \cdot a$）；

m_0—— 试验前试样的质量，g；

m_1—— 试样除去腐蚀产物后的质量，g；

S—— 试样表面积，m^2；

t—— 测试时间，a。

（二）人工加速腐蚀试验

为解决大气腐蚀试验周期太长的问题，在一定程度上可以采用人工加速试验的方法。该方法早已被国内外广泛地应用。用人工加速试验的方法可以模拟各种环境介质的条件，通过几天的加速试验，就可以得到相当于几年的天然大气腐蚀试验的结果。这样可以在短时间内对材料或样品的耐大气腐蚀性能作出判断，促进了科学研究的发展及生产应用的推广。

在采用人工加速腐蚀试验方法的同时，也并非全部弃用天然腐蚀试验法，而是同时使用，互相承认，互相验证，相辅相成，使人工加速腐蚀试验法更贴近自然大气腐蚀的结果，使它更可靠、更准确，可信度更高。因此，有许多从事腐蚀研究的单位在拥有人工加速腐蚀试验设备的情况下，还是保留有天然腐蚀环境试验场，供试验使用或协助需要的单位进行试验。

人工加速腐蚀试验的目的主要有两个方面：

一是已经了解某种金属材料的保护膜在某些大气环境中的使用寿命，而用人工加速腐蚀试验来检验生产单位在制造这种材料保护膜（包括转化膜、各种镀膜、漆膜等）时，其制造工程质量是否已达到要求。对于这种情况，在试验后必须有一个质量检验标准等级，做统一的评定标准，以保证其科学性及公正性。

二是要通过人工加速腐蚀试验来判断某种新材料及其保护膜在相应的大气环境中的耐蚀性能及防护效果。对于这种情况，必须有一个人工加速腐蚀速度与自然腐蚀速度的变换系数计算方法，以便进行合理的判断。例如一天的人工加速腐蚀试验的腐蚀速度约等于多少时间的自然腐蚀试验的腐蚀速度。而且这种变换系数的计算必须准确可靠，经得起实际试验结果的考验及对比。

常用的人工加速腐蚀试验方法主要有：盐雾试验、湿热试验、二氧化硫腐蚀试验、周期浸润腐蚀试验、电解腐蚀试验、硫化氢试验。

盐雾试验（盐水喷雾试验）是检验涂层耐腐蚀性的人工加速腐蚀试验的主要方法之一。它模拟沿海环境大气条件对涂层进行快速腐蚀试验，主要是评定涂层质量，如孔隙率、厚度是否达到要求，涂层表面是否有缺陷以及涂装前处理或涂装后处理的质量等，同时也用来比较不同涂层抗大气腐蚀的性能。

根据试验所采用的溶液成分和条件的不同，盐雾试验又分为：中性盐雾试验（NSS）、醋酸盐雾试验（ASS）和铜盐加速醋酸盐雾试验（CASS）3 种方法。

湿热试验是在湿热试验箱内进行的，模拟受涂产品在温度和湿度恒定或经常交变而引起凝露的环境条件，对涂层进行人工加速腐蚀试验的方法。湿热试验主要是对各种膜层、镀层、涂层的防护性能进行检验。由于人为造成的洁净的高温、高湿条件对涂层的腐蚀作用不很明显，所以一般不单独作为涂层质量检验项目。

二氧化硫工业气体腐蚀试验是涂层耐工业大气腐蚀的一种人工加速腐蚀试验方法，主要用于各种金属膜层、镀层、漆膜等的抗大气腐蚀性能的评定。该方法采用一定浓度的二氧化硫气体，在一定温度和相对湿度下对涂层进行腐蚀，其测试结果与涂层在工业性大气环境中的实际腐蚀极为接近。

周期浸润腐蚀试验（简称周浸试验）是模拟半工业海洋性大气对涂层进行人工快速腐蚀的试验方法，其结果在加速性、模拟性、重现性等方面，均优于中性盐雾试验。

电解腐蚀试验（EC 试验）是适用于钢铁件或锌压铸件上的阴极性镀层进行人工快速腐蚀的试验方法。

硫化氢试验通常也在试验箱内进行，是人为制造一个含硫化氢的空气介质，对涂层进行腐蚀试验的方法。仅用于镀银层或带有保护层的银镀层在含硫化氢的大气介质中的腐蚀试验。

下面重点对中性盐雾试验和湿热试验进行详细说明。

1. 中性盐雾试验

中性盐雾试验又称为中性盐水喷雾试验。它是目前应用得最多、最广的一种人工加速腐蚀试验方法，主要用于各种耐蚀材料、防护性膜层及装饰性膜层的质量及耐蚀性能评定。这种试验方法是在有自动控制喷雾时间、自动控制温度的腐蚀试验箱（或设备装置）内完成的。试验结束后，即可将试验样品取出，进行效果评定。

中性盐水喷雾试验是模拟沿海大气环境中，温暖的海面向寒冷的空气蒸发和海浪冲击下泼向空间的含氯离子微小液滴，形成细雾对金属的腐蚀条件，采用一定浓度的氯化钠溶液，在加压下以细雾状喷射，由于雾粒均匀地落在试样表面，并不断维持液膜更新，因而对涂层的腐蚀符合大气腐蚀基本原理，实现测定涂层的加速腐蚀作用。

（1）设备

盐雾试验的测试设备有盐雾箱或盐雾室两类。

测试设备的基本要求如下：

①设备的内部结构均应用耐腐蚀和不影响盐雾试验的材料包括箱体内衬、试样架以及接触试液的各种部件。箱体应有良好的保温措施。

②在空气供给系统中，应设有空气除油、除尘装置及湿润空气的饱和塔。饱和塔中水的温度，根据所采用的压力和喷嘴类型决定，一般应高于试验温度，饱和塔中的水位应保持一定的高度。

③箱内应设有挡板等设施，防止盐雾直接喷到试样表面上并可通过挡板角度调节

降雾均匀度。

④箱盖或雾室顶部凝聚的盐水溶液不得滴在试样上，从试样落下的液滴不得再作喷淋使用。

⑤喷雾时的温度、压力、盐水补给等均应有良好的控制，保证试验条件稳定。

⑥在符合上述要求的前提下，设备的尺寸和构造不受限制。

（2）设备的结构原理

整套设备由箱体、电气控制台、压缩机三部分构成。

箱体为夹层式，外壳内壁填以泡沫塑料等保温材料。夹层和工作室之间为加热风道，下部装有加热器，使工作室升温。箱盖和箱体采用水封式结合以保证气密性良好。由空气压缩机产生的压缩空气，经过油水分离器和调压阀进行空气净化，净化后的压缩空气经预热后通过喷气管进入喷嘴。

盐水箱内的盐水，经盐水自动补给器进入盐水预热器，经预热后的盐水通过吸水管进入喷嘴，在压缩空气的作用下成为盐雾喷入工作室。在喷雾过程中，废气由排气管排出，作用后的盐水回收管进入回收箱排除，以保证箱内连续正常喷雾。

盐雾试验中的温度、压力等均由电气控制箱控制。

（3）测试溶液

中性盐雾试验的测试溶液可采用质量分数为3%、5%、20%的NaCl溶液，也可以采用模拟人造海水溶液（成分为：NaCl：27g/L，$MgCl_2$：6g/L，$CaCl_2$：lg/L，KC1：lg/L）。

上述测试溶液中，最常用的是质量分数为5%的NaCl溶液。

试液配制时均采用化学纯试剂和蒸馏水，配制后的溶液，用化学纯的HC1或NaOH调整，pH值为7.0±0.2。

（4）测试条件

中性盐雾试验的测试条件如下：

①温度：35℃ ±2℃。

②相对湿度：大于95%（达不到此要求时，可在箱底适当加水，以补充箱内空间水分）。

③降雾量：1～2mL/（h·80cm^2）。降雾量的测定方法：将4个集雾器（可用直径为10cm、截面积为80cm^2的玻璃漏斗，通过塞子插入量筒内）放置在盐雾箱内的不同部位，其中一个靠近喷嘴。开动盐雾箱连续喷雾8h，计算80cm^2集雾器每小时平均降雾的体积（mL）。

④雾粒直径：1～5μm的占85%以上。

雾粒直径的测量方法：取一块20mm×50mm的薄玻璃片，涂上一层均匀的凡士林或石蜡，用显微镜检查玻璃片表面，其上不得有气泡和污物，然后将此玻璃片放在培养皿中加上盖子，让盐雾在玻璃片上沉降30s，再加上盖子，取出玻璃片在放大300～1000倍的显微镜下，测量玻璃片上固定圆圈区内盐雾粒子直径，并统计其百分率。

⑤喷嘴压力：80 ~ 140kPa。

⑥喷雾时间：

a.每天连续喷雾8h，停止喷雾16h，24h为1周期。停喷期间不加热，关闭盐雾箱，自然冷却。

b.间断喷雾8h（每小时喷雾15min，停喷45min），停止喷雾16h，24h为1周期。停喷期间不加热，关闭盐雾箱，自然冷却。

（5）试样准备和处理

试样准备和处理具体要求如下：

①取样要求按检验标准规定进行。

②试样数量按测试具体规定选取，一般情况下每批取3 ~ 5件。

③试样进箱前必须进行预处理，以除去表面油污、污物。处理时可用1 ：4的二甲苯－酒精溶液擦拭试样表面，但不应损伤涂层或表面钝化膜。

④试样进箱时可垂直悬挂在箱内（注意必须用塑料丝、尼龙丝悬挂），或以15° ~ 30° 角放置于试样架上，试样表面应与盐雾在箱内流动主要方向平行。外形复杂的试样放置角度较难规定，但要求重复测试时放置一致。试样的间距一般不小于100mm，试样上下层必须交叉放置。

⑤试样在试验结束后，应小心地用冷水洗净表面盐沉积物，经干燥后作外观检查和评级。

（6）测试步骤

①试验箱应放置平稳，开箱后应用清水洗净工作室，并检查设备管路和电路是否符合要求。

②所有加水部位都应按要求加水。

③检查工作室内喷雾嘴，调节好喷雾量大小。然后按要求将准备好的试样放入工作室内试样架上。

④空压机压力调节在0.2 ~ 0.6MPa，检查自控是否正常，然后通过调压阀控制空气饱和器压力在0.2MPa左右。

⑤工作室温度控制在352，盐水预热温度控制在35℃，空气饱和器温度控制在60℃左右，检查温度自控是否正常，盖好箱盖，检查水封是否密闭。

⑥开启“启动”按钮，指示灯亮，表示电源接通，同时电压表有指示。再把控温仪拨到“开”位置，绿灯亮表示开始加温，达到控制温度后绿灯灭，红灯亮。喷雾前升温时，必须先开启压缩机，并打开盐水箱阀门，盐水经预热至规定温度后即可开始喷雾。

⑦试验结束后，应将饱和器内存气放尽，防止饱和器内水倒流。

⑧试验停止5d以上时，必须把盐溶液放尽，并把工作室和喷嘴等部件用水彻底清洗干净，保持内外清洁。

2. 湿热试验

湿热试验是在湿热试验箱内进行的，主要是模拟受涂产品在温度和湿度恒定或经常交变而引起凝露的环境条件，对各种膜层、涂层、镀层进行人工加速腐蚀试验的方法，来检验其防护性能。由于人为造成的洁净的高温、高湿条件对涂层的腐蚀作用不很明显，所以一般不单独作为涂层质量检验项目，而只对其综合性能进行测试。

（1）测试设备

湿热试验可采用各种型号的恒温恒湿试验箱。

（2）测试方法

湿热试验的常用测试方法有以下 3 种。

①恒温恒湿试验。将试样按规定进行表面净化后，置于湿热试验箱内，控制试验温度为（40±2）℃，相对湿度在 95% 以上时，模仿一般高温、高湿下的大气环境条件。

②温湿交变试验。将试样按规定进行表面净化后，置于湿热试验箱内，作如下温湿度交变：

a. 从 30℃升温到 40℃，相对湿度不小于 85%，时间 1.5 ~ 2h。

b. 高温、高湿，温度（40±2）℃，相对湿度 95%，时间 14 ~ 14.5h。

c. 降温，从（40±2）℃降为 30℃，相对湿度不小于 85%，时间 2 ~ 3h。

d. 低温、高湿，温度（30±2）℃，相对湿度 95%，时间 5 ~ 6h。

以此来模仿温度、湿度经常交变所引发的凝露大气环境条件（如山谷、山洞的大气环境）。

③高温、高湿试验。将试样按规定进行表面净化后，置于湿热试验箱内，控制试验温度为（55±2）℃，相对湿度大于 95%。有凝露时保持 16h。关闭热源使空气循环，降温至 30℃，再保温 5h 为 1 个周期，每个周期后检查试样。

（三）点滴试验

金属表面上化学保护膜的耐蚀性试验，除了采用盐雾试验、湿热试验外，还可以采用点滴试验或浸渍试验的方式。

点滴试验就是在洁净的试样膜层上滴一滴腐蚀溶液，从滴上溶液到出现腐蚀变化所需要的时间作为耐蚀性能的判断及考核标准。

1. 钢铁氧化膜点滴试验

硫酸铜溶液点滴法一：

①试验液：用氧化铜中和过的 2% 硫酸铜溶液；

②试验标准：30s 试样表面无变化（允许在 $1cm^2$ 内有 2 ~ 3 个接触析出的红点）。

硫酸铜溶液点滴法二：

①试验液：用氧化铜中和过的 3% 硫酸铜溶液；

②试验标准：20s 试样表面无变化（允许在 1cm² 内有 2 ~ 3 个接触析出的红点）。

草酸溶液点滴法：

①试验液：5% 草酸溶液；

②试验标准：试样在 1min 内表面无明显变化为合格；1.5min 内试样表面无明显变化为良好。

2. 铝及铝合金阳极氧化膜点滴试验

试验方法具体如下：

①试验液：盐酸（1.19g/mL）25mL，重铬酸钾 3g，蒸馏水 75mL；

②终点颜色：液滴变成绿色（氧化封闭处理后 3h 内进行试验）；

③试验标准：见表 10-4。

表 10-4　铝及铝合金膜层点滴试验时间标准

阳极氧化方法	材料	不同温度下点滴试验时间标准 /min				
		11 ～ 13℃	14 ～ 17℃	8 ～ 21℃	22 ～ 26℃	27 ～ 32℃
硫酸法	包铝膜厚 ＞ 10 μ m	30	25	20	17	14
	裸铝膜厚 5 ～ 8 μ m	11	8	6	5	4
铬酸法	包铝	—	—	12	8	6
	裸铝	—	—	4	3	2

3. 磷化膜点滴试验

硫酸铜、氯化钠溶液点滴法：

①试验液：0.25mol/L 硫酸铜溶液 40mL，10% 氯化钠溶液 20mL；

②试验标准：3min 以上出现玫瑰红色斑点为合格；作为油漆底层的快速磷化、冷磷化，30s 以上为合格。

硫酸铜、盐酸液点滴法：

①试验液成分：硫酸铜 41g/L，氯化钠 35g/L，1mol/L 盐酸 13mL/L；

②溶液温度：15 ~ 25℃；

③试验标准：终点为出现淡红色，合格时间按工件使用环境定。

本方法适用于稳定生产中工序间磷化膜耐蚀性快速试验。

二、耐磨性

涂层（膜层）的耐磨性是其在使用环境中经受机械磨损的一个重要的物理性能，也是在实际使用过程当中应用最多且最能发挥作用的性能之一，它是磨损和揉搓两个过程的总和。涂层的耐磨性实质是涂层的硬度、附着力以及内聚力综合效应的体现。涂层耐磨性的好坏，与基体材料、表面处理、涂层类型和涂装过程的工艺条件有关。所以，涂层耐磨性的测定是涂层性能检验的重要内容之一，特别是当涂层的主要用途为耐磨损时，就更需要了解其耐磨损性能。

涂层的耐磨性检验，一般是模拟磨损工况，进行对比性的摩擦磨损试验，以设定检验涂层的耐磨性。实际应用中，磨损的类型很多，相应的磨损试验方法很多，主要有磨料磨损试验（包括橡胶轮磨料磨损试验和销盘式磨料磨损试验）、吹砂试验、落砂试验和摩擦磨损试验。

下面就吹砂试验、落砂试验、摩擦磨损试验进行详细说明。

（一）吹砂试验

吹砂试验主要考察涂件表面经受尖锐的硬质颗粒冲刷而引起的磨损程度（又称耐冲蚀磨损试验）。这些颗粒可以通过气体或液体携带，并以一定的速度冲击工件表面。

试验时，将试样置于喷砂室内，涂层向上，固定在电磁盘上，周围用橡胶板保护，然后采用吸射式喷砂枪进行吹砂。喷砂枪用夹具固定，以保持喷砂角度和距离不变，并保持一定的喷砂空气压力和供砂速率。磨料一般采用刚玉砂。吹砂过程中，磨料对涂层产生冲蚀磨损，吹砂时间一般定为1min。

试验结束后，测定试样的失重量，即涂层（或膜层）质量的减少量，用以评定涂层（或膜层）的耐冲蚀磨损性能。

（二）落砂试验

落砂专用试验仪是由一个直径为8 ~ 10mm、长为500mm的玻璃管以及上端装有一直径为5 ~ 6mm的漏斗和架体等组成的装置。

将试片（板）除油后，置于落砂试验仪上，试片（板）与玻璃管成45° 角，且到玻璃管的下端垂直距离为100mm。将粒度为0.5 ~ 0.7mm的石英砂100g（定期部分更换）放在漏斗中，砂子经内部直径为5 ~ 6mm、高500mm的玻璃管自由下落，冲击试片（板）表面。

石英砂落完后，用脱脂棉擦去试片上的灰尘，并在冲击部位滴一滴用氧化铜（CuO）中和过的0.5%硫酸铜（$CuSO_4 \cdot 5H_2O$）溶液，并同时启动秒表，目视观察液滴变为浅黄色或淡红色的时间。30s（含30s）以上为合格，否则为不合格。

（三）摩擦磨损试验

各种摩擦性相对运动即产生磨损。影响磨损的因素很多，如摩擦件的材质、表面形状、摩擦运动形式、工况及润滑方式等。因此，评价涂层的耐磨性比较困难，一般应尽可能通过模拟实际工况条件来检验涂层的耐磨性。

摩擦磨损试验一般采用磨损试验机。

将试样做成 ϕ40mm × 10mm 的环形，环面上预加工宽 9mm、深 0.5mm 的环槽，然后在环槽上制备涂层，并在磨床上将环面磨圆到试样尺寸，清理干净后进行试验。

试验后测定试样的失重质量，即涂层的减少量，据此评定涂层的耐磨性。

试验操作条件如下：

①润滑条件：干摩擦或 20 号机油润滑，5 ~ 6 滴 /min；

②摩擦速度：200r/min（0.42m/s）或 400r/min（0.85m/s）。

第三节　结合力与老化性能

一、结合力

涂层的结合力是指涂层与基体（或中间涂层）之间的结合强度，即单位表面积的涂层从基体（或中间涂层）上剥离下来所需要的力。结合力是涂层的重要力学性能之一，也是判断涂层是否能使用的基本因素之一。

涂层结合力不良表现的形式有鼓泡（局部非开裂状）、脱皮（较大面积呈开裂状）等。其原因多数是涂装前基体表面处理达不到要求所致。涂层成分和工艺规范不当、涂层与基体的线膨胀系数悬殊等因素，对涂层的结合力也有影响。若涂层的结合力不合格，则无需进行其他性能的检验。

评定和检验涂层结合力的方法很多，可分为定性和定量两种检验方法。一般生产现场常用的大多数为定性或半定量检验方法，即以涂层与基体的物理 - 力学性能不同为基础，在试样经受不均匀变形、热应力或其他外力作用下，检验涂层结合力是否合格。涂层结合力的定量检验方法需要特定的设备和试样，且提供测量数据的方法既费时又复杂，故现场一般采用定性检验方法。

（一）定性检验方法

根据涂层的种类和工件的使用环境，涂层的定性检验可选择弯曲、缠绕、锉磨、划痕、冲击、加热骤冷、杯突等多种方法。

1. 弯曲试验法

在长方形基体上涂装，待涂层完全干燥后，在外力作用下弯曲试板，利用涂层与基体受力程度的不同产生分力。当分力大于结合力时，涂层即从基体上起皮开裂或剥落，最后以弯曲试验后涂层是否开裂、剥落来评定涂层结合力是否合格。此法适合于薄型零件、线材、弹簧等产品的涂层结合力的检验。

弯曲试验的具体条件和方法如下：

①将试板沿一直径等于试样厚度的轴，反复弯曲 180°，直至试板断裂，以涂层不脱落为合格。

②将试板沿一直径等于试板厚度的轴，反复弯曲 180°，然后用放大 4 倍的放大镜检查受弯曲部分，若涂层不起皮、脱落，即为合格。

③将试板固定在台钳上，用力反复弯曲试板直至断裂，若涂层不起皮、脱落，或用放大 4 倍的放大镜检查受弯曲部分，涂层与基体不分层，则视为合格。

④将试板两端置于支点上，在两支点中间加上载荷，使试板弯曲，观察弯曲后涂层开始发生龟裂的弯曲曲率和龟裂位置。或用工具以相同方法将龟裂处涂层刮去，比较涂层脱落的大小范围和程度。

2. 缠绕试验法

缠绕试验是将线状或带状试板沿一个中心轴缠绕。

直径 1mm 以下的线材，将其缠绕在直径为线材直径 3 倍的轴上；直径 1mm 以上的线材，将其缠绕在与线材直径相同的轴上。各绕成 10 ~ 15 个紧密靠近的线圈。

经缠绕后，若涂层不起皮、剥落，视为结合力合格，否则为不合格。

3. 锉磨试验法

锉磨试验法是用锉刀、磨轮、钢锯等对试板自基体向涂层方向进行锉、磨、锯，利用锂、磨、锯过程中涂层与基体受到不同机械作用力及线膨胀率的不同，使两者界面上产生分力，当分力大于结合力时，涂层剥落。

锉磨试验法适用于镍、倍等较硬金属涂层及不易弯曲、缠绕或使用中经受磨损的工件。

试验的具体条件及方法如下：

①将试板固定在台钳上，用锉刀自基体向涂层方向作单向锉削，锉刀与涂层表面约成 45° 角，经过一定次数的锉削后，以涂层不起皮或不剥落为合格。

②将试板用工具夹住，在高速旋转的砂轮上对试板边缘部分磨削，磨削的方向是从基体至涂层，经一定时间磨削后，以涂层不起皮或不剥落为合格。

③以钢锯代替砂轮，对试板边缘部分从基体至涂层方向进行锯切，以涂层不起皮或不剥落为合格。

4. 划痕试验法

用硬质钢针或刀片，在试板表面纵横交错地将涂层划穿成一定间距的平行线或方格，划痕的数量和间距不受限制。

划痕时使涂层在受力情况下与基体产生作用力，当作用力大于涂层结合力时，涂层将从基体上剥落。划痕后以涂层是否起皮或剥落来评定涂层的结合力是否合格。

划痕试验法适用于硬度中等、厚度较薄的涂层和塑料涂层、镀铬层等。

试验的具体方法如下：

①用锐利的硬质钢针或钢划刀，在被测试板表面划两条相距为 2mm 的平行线。划线时应施以足够的压力，使划刀一次划破涂层至基体。若两条划线之间的涂层无起皮或剥落，则为合格。

②在被测试板表面用钢针或钢刀划穿涂层，以 1 ~ 3mm 的间距和 45° ~ 90° 的交错角度，划成一定数量的方形或菱形小格，以格子内涂层无起皮或剥落为合格。

③按上述方法划出两条划痕后，进一步用锐边工具在划痕处挑撬涂层，以挑撬后涂层不脱落为合格。

④用一种黏合性高的胶带贴在划痕后的试板表面，待固化后撕去胶带，以涂层不脱落为合格。

5. 冲击试验法

冲击试验是用落球或锤对试板表面的涂层反复冲击，使试板局部表面受到冲形、震动、冲击、发热、材料疲劳，在涂层与基体界面上产生力的作用。当作用力大于涂层结合力时，涂层将从基体上剥落。

冲击试验法适合于在使用过程中受到冲击、震动的涂件。

冲击试验具体方法有以下两种：

①锤击试验法。将试板装在专用震动器中，使震动器上的扁平冲击锤以 500 ~ 1000 次 /min 的频率对试板表面涂层进行连续锤击，经一定时间后，若试板被锤击部位的涂层不分层或不剥落，则结合力即为合格。

②落球试验法。将试板置于专门的冲击试验机上，用一直径为 5 ~ 50mm 的钢球，从一定高度及一定的倾斜角，向试板表面冲击，反复冲击一定次数后，若试板被冲击部位的涂层不分层或不剥落，则视为合格。

6. 杯突试验法（球面凹坑试验）

与弯曲试验的原理类似，涂层杯突试验检测涂层随基体变形的能力，以涂层变形后发生开裂或剥离的情况评定涂层结合力是否合格。

试验采用杯突试验机。试验条件是：钢球直径为 20mm，杯口直径为 27.5mm，以 10mm/min 的速度由试板背面（无涂层面）将钢球向有涂层面方向压入，压入深度因基体和涂层不同而异，一般为 7mm。观察突出变形部分涂层的开裂情况，如果涂层随基体一样变形而无裂纹、起皮和剥落现象，则说明涂层结合力合格。

7. 加热骤冷试验法

加热骤冷试验法又称热震试验法，是将受检试板在一定温度下进行加热，然后骤冷，利用涂层与基体的线膨胀系数不同而发生变形，来评定涂层的结合力是否合格。

当涂层与基体间因温度变形产生的作用力大于其结合力时，涂层剥落。

本试验适用于电镀涂层与基体两者的膨胀系数有明显差别的情况。

具体试验方法为：将试板用恒温箱式电阻炉加热至预定温度，保温时间一般为0.5 ~ 1h。试板经加热及保温后，在空气中自然冷却，或直接投入冷水中骤冷。观察试板表面涂层，以不起皮、不脱落表示结合力合格。

（二）定量检验方法

涂层结合力的定量检验方法比较复杂、繁琐，且一般不能直接在涂件上进行。

定量检验可以提供一定的测量数据，对于检验和比较各种涂层的结合力，比定性检验更为准确，通常采用定量方法来检验涂层的结合力时，用涂层的结合强度来衡量。

涂层结合强度是涂层单位面积上的结合力，有拉伸强度、剪切强度和压缩强度，分别由拉伸试验、剪切试验和压缩试验来测定。

下面以剪切试验法详细说明。

涂层的剪切强度是指涂层承受切线方向（沿涂层表面）剪切应力的极限能力。测定涂层剪切强度的试验方法有多种，通常采用的方法是将试样做成圆柱形，在圆柱外表面中心部位制备涂层并磨削加工成所要求的尺寸，将试样置于与其滑配合的阴模中，在万能材料试验机上进行缓慢加载，直至涂层被剪切剥离，记下剥离时的载荷。由试样的直径和涂层的长度可计算出受剪涂层的面积，并由此可计算出涂层的剪切强度。

剪切强度按下式计算：

$$P_{\mathrm{j}}=\frac{F_{\mathrm{j}}}{\pi DL}$$

式中，P_j 为涂层剪切强度，MPa；F_j 为涂层剥离时的载荷，N；D 为试样涂前直径，mm；L 为试样上涂层的长度，mm。

二、老化性能

涂层的老化性能是指涂层在各种气候（如日光、风、雨、雪、雾、露、大气以及工业气体等）环境下，被老化而引起破坏的性能。因此，涂层老化性亦称耐候性，它在很大程度上反映受涂产品的使用价值，检验涂层的老化性能是涂层质量检验的重要内容之一。

涂层老化性能的检验方法主要有大气老化和人工加速老化试验两种，前者试验结果的准确性高，但检验周期较长，后者检验周期短，但试验结果与大气老化试验有一定差距。

（一）大气老化试验

涂层大气老化试验一般在大气暴露场进行，经大气暴露试验后，通过试样的外观检验来评定涂层的老化性能。

1. 试验条件

试验条件具体如下：

①大气的类型。大气分为工业性大气、海洋性大气、农村大气以及城郊大气 4 类，与涂层大气暴露试验相同。

②气候类型。根据我国地域划分，气候分为温热带气候、亚热带气候、温带气候和寒温带气候。

③季节。对于自干型涂层，季节对其影响很大，一般是：

春季曝晒时，由于涂层尚未完全结实，受到温差急剧变化，涂层容易引起变形；

夏季曝晒时，强烈的紫外光照射和大量雨水冲淋，涂层会进一步破坏；

秋季曝晒时，因气温平稳，紫外光强度日趋下降，涂层有一段坚硬过程；

冬季曝晒时，虽气温较低，但受霜、雪、雨水的侵蚀，涂层会受到一定程度的破坏。所以，大气暴露时，涂层破坏程度随春、夏、秋、冬各季由强趋弱。

④曝晒角度（方位）。长期曝晒的角度，一般可取当地纬度，而短期曝晒时，为快速获得大气暴露试验结果，曝晒角度应作如下调整：1 ~ 6 月，采用当地纬度减去 25° 曝晒；7 ~ 12 月，采用当地纬度的 0.893 倍加上 24° 曝晒。

⑤试样架倾角。为提高试样的曝晒效果，放置试样的试样架倾角一般为与水平方向成 45° 角。

⑥大气暴露场环境。涂层大气老化试验的场址选择，与大气暴露场要求相司。

2. 试样制备

按照标准要求，大气老化试验的试样制备应符合以下条件：

①材料与尺寸。普通低碳钢板，规格为 70mm × 150mm ×（0.8 ~ 1.5）mm；LY12 铝板，规格为 70mm × 150mm ×（1 ~ 2）mm。

②表面处理。钢板除油后，用砂纸手工除锈，再用溶剂擦净，晾干后涂装。铝板可采用常温阳板氧化法进行表面处理。

③试样要求。制备合格的试板应表面平整、光滑、无孔隙。

3. 试验方法

涂层大气老化试验的方法，基本上与大气暴露试验方法相同。

4. 结果评定

涂层大气老化试验后，对试样的结果进行评定。

评定内容包括：涂层的失光、变色、粉化、裂纹、起泡、锈蚀等方面，其评定分级标准除非另有规定外，一般可按以下标准评定：

①涂层失光。涂层老化试验后，采用目测法检查涂层表面的失光程度却失光百分率。

②涂层变色。涂层老化试验后，采用目测法检查涂层的变色程度及色差，必要时可用标准色板对比。

③涂层粉化。涂层老化试验后，采用粉化试验仪器或质量法、光泽法、手指法等方法，检查涂层的粉化程度。

④裂纹。涂层老化试验后，采用目测法检查涂层表面的裂纹深浅、密度和百分率。

⑤起泡。涂层老化试验后，采用目测法检查涂层表面的起泡大小、稠密度和分布面积。

⑥锈蚀。涂层老化试验后，采用目测法检查涂层表面的锈点多少和大小，取试样面积为 100 格，统计锈蚀的格数以百分率表示。

（二）人工加速老化试验

人工加速老化试验是采用人工加速耐候性试验箱模拟大气老化试验条件，对涂层进行老化试验的加速测试方法。

人工加速老化试验具有快速测定涂层老化性的特点，但由于人工光源与自然光源的差异，试验结果仍存在一定的偏差。

1. 人工耐候性加速老化试验

该法适用于漆膜加速老化试验。具体方法如下：

①试验仪器。人工加速老化试验采用人工加速耐候性试验箱进行。主要测试条件为：光源为 6kW 水冷管式低灯，样板与光源距离为 35 ~ 40cm；稳定装置采用磁饱和稳定器或其他稳压装置；试验用水为冷却用蒸馏水（循环利用），降雨用离子交换树脂净化水。

②试验条件。工作室空气温度为 45℃ ±2℃，相对湿度为 70%±5%，降雨周期为每小时降雨 12min。特殊用途漆膜可根据使用环境不同，按产品标准选择试验条件。

③试样准备。与大气老化试验的试样准备相同。

④试验步骤。将按规定制备好的试样，置于样板夹具架后，插入耐候性试验箱转鼓上，然后按照仪器说明书规定开动仪器，控制试验温度、湿度、降雨周期等条件进行试验。

⑤试验开始阶段，每隔 48h 停机检查一次，192h（8d）后每隔 96h 停机检查一次。每次停机检查后，试样上下位置互换，终止指标应根据各种漆膜老化破坏程度及具体要求而定。一般当漆膜达到破坏程度符合产品标准评定中“差级”的任何一项时为止。

⑥结果评定。将人工加速老化试验后的试样从耐候性试验箱取出，用毛巾擦干背面的水迹，正面朝上置于试验台上晾干后，进行检查与评级。也可按照大气老化试验结果的各项规定评级。

2. 大气加速老化试验

大气加速老化试验检验涂层老化性能，采用大气加速老化机进行。

大气加速老化机是利用一个能随太阳旋转的框架，框架上有10块150mm×1500mm铝板作为反射镜，每块反射镜将太阳光反射集中到一条150mm×1500mm的试样架上。反射镜的铝板用电抛光成镜面，使之能反射85%的可见光和70%～81%的紫外光。

试验架上方装有鼓风机，使试样表面温度与朝南方向45°角的曝晒温度相接近，试样架下面设有喷水管，定时对试样喷出蒸馏水，使涂层进一步加速老化速度。

试验直接利用自然光照射，消除了人工光源的差别，而且随着反射强度的增大及日照时间的增加，起到加速涂层老化而缩短试验周期的作用。

经试验证明，大气加速老化试验的结果，其老化速度相当大气老化试验时，朝南45°角曝晒结果的6～12倍，可取得较理想的效果。

①试样准备。与大气老化试验的试样准备相同。

②测试方法。将试样（通常每一品种用两块样板）在试验前仔细检查并记录其原始状态后，按要求置于大气加速老化机的试样架上。按设备使用说明书的规定要求，启动设备，开启喷射泵，在规定的温度、湿度等条件下对试样进行老化试验。

试验的终止指标应根据漆膜的老化破坏程度及具体条件而定。

③结果评定。参照大气老化试验结果评定方法进行。

参考文献

[1] 黄惠，周继禹，何亚鹏 . 表面工程原理与技术 [M]. 北京：冶金工业出版社，2022.03.

[2] 马晋芳，乔宁宁 . 金属材料与机械制造工艺 [M]. 长春：吉林科学技术出版社，2022.03.

[3] 张则荣，李志娟，宋冠英 . 新编工程材料学及其基本实验 [M]. 北京：北京理工大学出版社，2022.01.

[4] 崔国栋，张程崧，陈大志 . 材料表面技术原理与应用 [M]. 北京：化学工业出版社，2022.06.

[5] 肖进新，赵振国 . 表面活性剂应用配方 [M]. 北京：化学工业出版社，2022.05.

[6] 闫牧夫，由园，陈宏涛 . 金属热扩渗层微结构性质第一性原理计算 [M]. 哈尔滨：哈尔滨工业大学出版社，2022.05.

[7] 葛亚琼 . 快速冷却下镁合金激光表面改性行为 [M]. 北京：知识产权出版社，2022.O4.

[8] 王巍 . 室温辉光放电电子还原制备贵金属复合体及催化剂研究 [M]. 哈尔滨：黑龙江大学出版社，2022.06.

[9] 冯博，彭金秀，郭宇涛 . 铜铅锌硫化矿物表面氧化行为与浮选 [M]. 北京：冶金工业出版社，2022.09.

[10] 何洋 . 金属材料中氢行为的第一性原理研究 [M]. 北京：化学工业出版社，2022.08.

[11] 王森，卜显忠 . 非金属矿加工与应用 [M]. 北京：冶金工业出版社，2022.10.

[12] 熊伟，王学武 . 金属表面处理技术 [M]. 北京：机械工业出版社，2021.09.

[13] 张文颖 . 中温固体氧化物燃料电池金属连接材料的表面改性和新合金的研制 [M]. 武汉：中国地质大学出版社，2021.09.

[14] 陶海岩，宋琳，林景全 . 飞秒激光金属表面微纳结构制备及其润湿功能特性应用 [M]. 北京：国防工业出版社，2021.12.

[15] 张跃忠 . 金属特殊润湿性表面制备及性能研究 [M]. 北京：化学工业出版社，2021.11.

[16] 刘晓明 . 电站金属部件焊接修复与表面强化 [M]. 北京：冶金工业出版社，2021.07.

[17] 王晶彦，李慕勤 . 医用镁基金属材料表面改性技术 [M]. 北京：化学工业出版社，2021.12.

[18] 余杨，王彩妹，余建星 . 海洋结构金属腐蚀机理及防护 [M]. 天津：天津大学出版社，2021.03.

[19] 叶育伟，陈颢，章杨荣 . 金属氮化物基硬质涂层耐磨防腐技术 [M]. 北京：冶金工业出版社，2021.05.

[20] 王昌建，李满厚 . 高温熔融金属遇水爆炸 [M]. 北京：冶金工业出版社，2021.06.

[21] 姚建华，张群莉，李波 . 多能场激光复合表面改性技术及其应用 [M]. 北京：机械工业出版社，2021.11.

[22] 葛金龙，张茂林 . 无机非金属材料工程专业综合实验 [M]. 合肥：中国科学技术大学出版社，2021.06.

[23] 陈小明，张磊，伏利 . 表面工程与再制造技术水力装备抗磨蚀涂层技术及应用 [M]. 郑州：黄河水利出版社，2021.09.

[24] 田保红，张毅，刘勇 . 材料表面与界面工程技术 [M]. 北京：化学工业出版社，2021.07.

[25] 贾祥凤，于帅芹 . 金属表面气体吸附与解离 [M]. 北京：化学工业出版社，2020.07.

[26] 李东光 . 金属表面处理剂配方与制备手册 [M]. 北京：化学工业出版社，2020.02.

[27] 聂华伟，沈明明 . 模具材料及表面处理 [M]. 重庆：重庆大学出版社，2020.09.

[28] 杜艳迎 . 金属塑性成形原理 [M]. 武汉：武汉理工大学出版社，2020.05.

[29] 陈小明，刘德有，伏利 . 表面工程与再制造技术 [M]. 郑州：黄河水利出版社，2020.03.

[30] 徐江 . 等离子表面冶金纳米涂层材料与性能研究 [M]. 广州：华南理工大学出版社，2020.12.

[31] 陈瑞，康磊 . 金属与塑料的表面处理 [M]. 中国环境出版集团，2019.09.

[32] 宋娓娓 . 有色金属表层搅拌摩擦表面加工（FSSP）改性机理研究 [M]. 武汉：武汉理工大学出版社，2019.07.

[33] 郭巧能 . 半导体和金属表面界面及薄膜性能计算模拟 [M]. 郑州：郑州大学出版社，2019.01.

[34] 刘瑞良，闫扶摇，闫牧夫 . 表面热扩渗技术与应用 [M]. 哈尔滨：哈尔滨工业大学出版社，2019.05.